语文课件 PPT

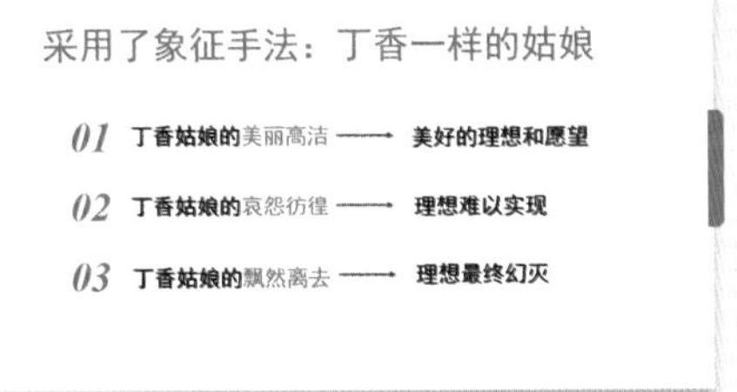

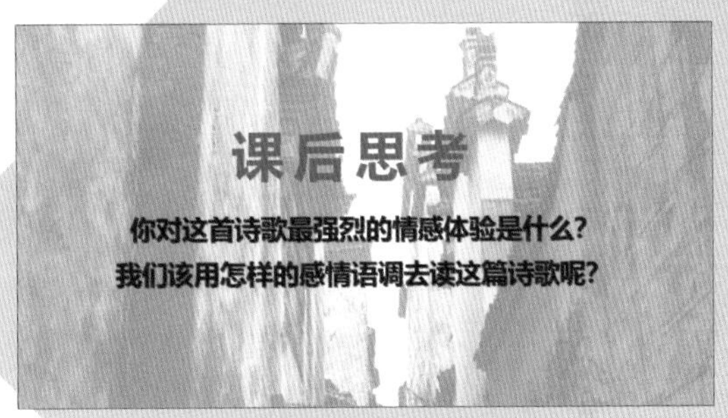

创建学员画册 PPT

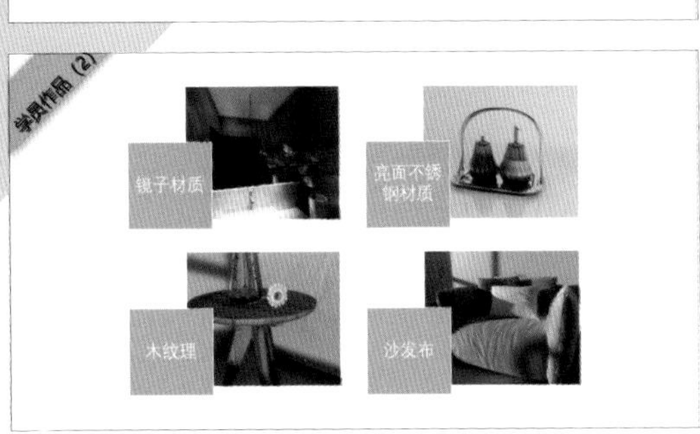

项目展示 PPT

优秀项目展示

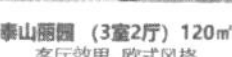

泰山丽园（3室2厅）120㎡
客厅效果 欧式风格

金丽豪苑（3室2厅）125㎡
书房效果 现代简约风格

尚苑 联排别墅 360㎡
三层卧室效果 新中式风格

上半年开展的项目

开工时间	项目名称	项目类型	设计面积	装修类型
1月20日	城市嘉园4-3-504 张先生	住宅	75㎡	半包
1月25日	泰山丽园12-2-201 刘先生	住宅	120㎡	半包
2月25日	金丽豪苑26-4-1106 陈女士	住宅	125㎡	全包
3月20日	万恒集团售楼处	工装	480㎡	全包
4月5日	联华致力科技有限公司	工装	650㎡	半包
5月16日	尚苑5栋 吴先生	联排别墅	360㎡	半包

各项目进度统计情况

联华致力 30%

尚苑 40%

万恒集团 60%

金丽豪苑 80%

城市嘉园 90%

泰山丽园 100%

下半年项目计划

1. 需结束上半年未完成的项目；
2. 重点处理好 联华致力科技 装修工作；
3. 做好客户回访以及售后工作。

求职简历 PPT

姚清 室内设计师

毕业学校 南京师范大学　专业方向 环境艺术

出生年月 1989.10　籍　贯 江苏苏州

联系方式 185689****8　现 居 地 南京市

工作认真负责,不推卸责任；能承受工作中的压力；工作上可以独当一面；具有团队精神，能与同事，其它部门积极配合，公司利益至上；相信您的选择会让您我更加成功。

工作历程（2012年-2021年）从毕业至今一直从事室内设计相关工作

2012-2015
- 南京逸品装饰设计有限公司
- 职位：设计师助理
- 辅助设计师收集资料，绘制设计图纸

2014-2018
- 江苏华隆建筑装饰集团（南京分公司）
- 职位：室内设计师
- 主要负责家装部的项目设计

2019-2021
- 江淮建筑工程有限公司（南京分公司）
- 职位：主案设计师
- 主要负责办公空间、商业空间、平层大宅空间项目设计

个人技能

对设计行业抱着有极强的感知和热情能力，能够熟练使用Adobe系列软件、例如Photoshop、3Dmax、AutoCAD、天正建筑、草图大师等、对色彩搭配有很好的把握，能有效的将想法转化为设计方案。

AutoCAD　3DMax　草图大师　Photoshop　手绘技能

作品展示 中庭嘉园-别墅户型 主卧效果

就算天再高又怎样，踮起脚尖就更接近阳光

教学课件 PPT

目 录
CONTENTS

01 学习目标
02 新课导入
03 走进作者
04 字词梳理
05 整体感知
06 精读细研
07 疑难探究
08 写作特色

01 学习目标

- （重点）1.找出文中富有感情的语句，体味其中蕴含的情感。
- （难点）2.理清文章的抒情线索，学习象征的艺术手法、排比、反问修辞手法。
- 3.理解白杨树的象征意义，感受对白杨树以及像白杨树一样的抗战军民的赞美之情。

02 新课导入

树是大自然中一道美丽的风景，为历代文人墨客所歌咏。

- “碧玉妆成一树高，万条垂下绿丝绦”是柳的风韵；
- “大雪压青松，青松挺且直”是松的雄姿；
- “墙角数枝梅，凌寒独自开”是梅的倩影。

这节课我们将到西北高原走一走，看看白杨树的勃发英姿。

04 字词梳理

1. 阅读生字

kěn 开垦　zǎi 主宰　zhù 诸如　dài 倦怠　qián zī 潜滋暗长　suō 婆娑　nán 楠木

qí 秀颀　qiú 虬枝　cān 参天　yín 无边无垠　dǐ 坦荡如砥　yān 恹恹欲睡

课后思考

1. 文章中楠木象征什么？作者将白杨树与楠木对比，目的何在？
2. 文章结尾再次赞美白杨树，你觉得这样反复赞美是否累赘？为什么？

新产品宣传 PPT

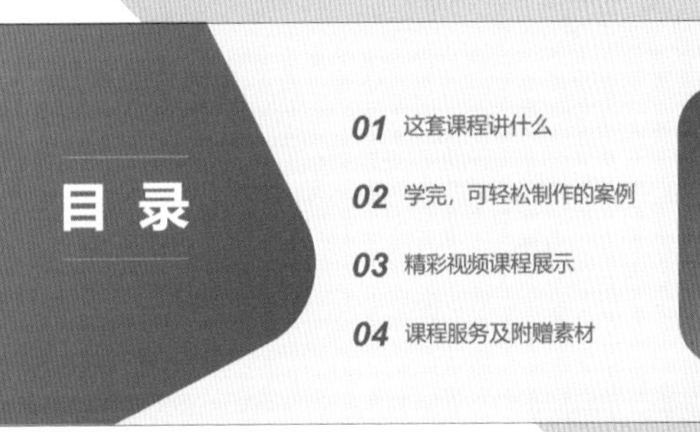

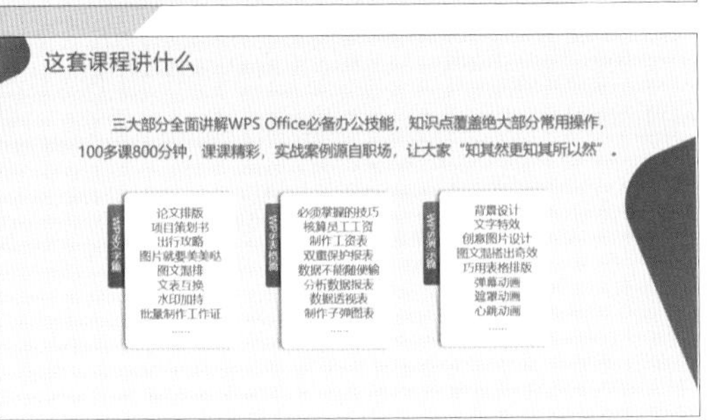

欢迎您加入德胜团队
新员工入职培训

CONTENTS | 目 录
01 企业背景与组织结构
02 公司行政与人事制度
03 公司财务报销规定
04 公司员工责任和义务

01
企业背景组织构架

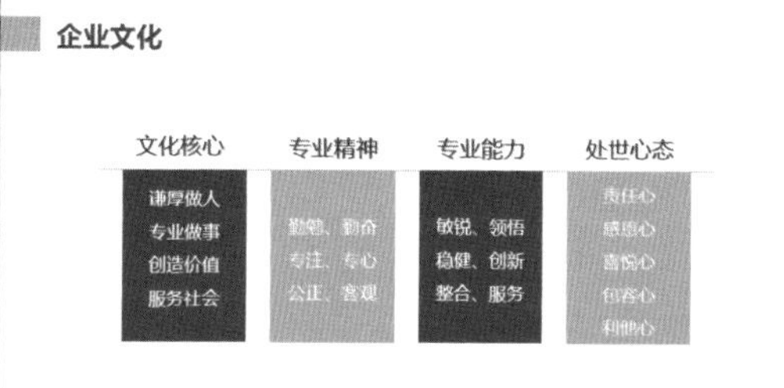
企业文化
文化核心
谦厚做人
专业做事
创造价值
服务社会
专业精神
专业能力
敏锐、领悟
稳健、创新
整合、服务
处世心态

02
公司行政与人事制度

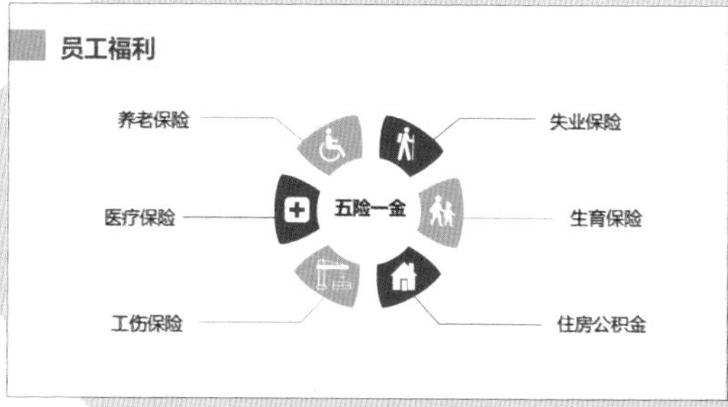
员工福利
养老保险
失业保险
医疗保险
五险一金
生育保险
工伤保险
住房公积金

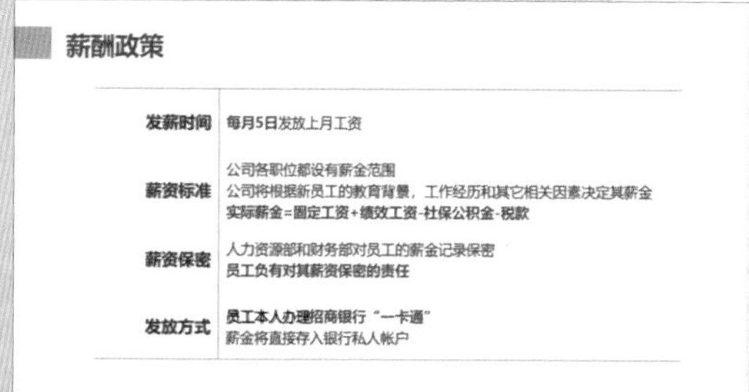
薪酬政策
发薪时间 每月5日发放上月工资
薪资标准 公司各职位都设有薪金范围
公司将根据新员工的教育背景，工作经历和其它相关因素决定其薪金
实际薪金=固定工资+绩效工资-社保公积金-税款
薪资保密 人力资源部和财务部对员工的薪金记录保密
员工负有对其薪资保密的责任
发放方式 员工本人办理招商银行“一卡通”
薪金将直接存入银行私人帐户

03
公司财务报销规定

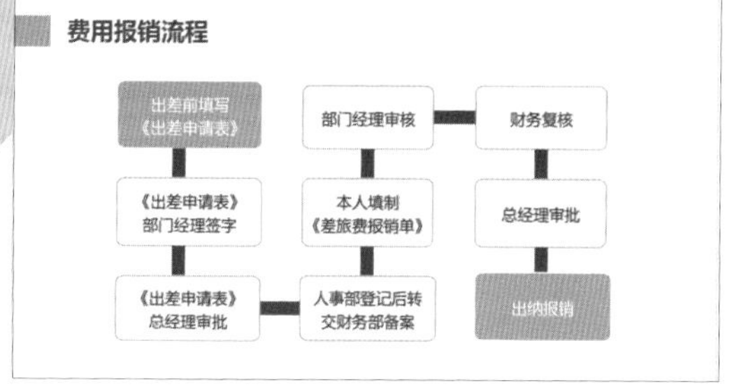
费用报销流程
出差前填写《出差申请表》
《出差申请表》部门经理签字
《出差申请表》总经理审批
部门经理审核
本人填制《差旅费报销单》
人事部登记后转交财务部备案
财务复核
总经理审批
出纳报销

敢闯敢拼 才有未来
Thanks
预祝大家 工作顺利

新应用 真实战 全案例 信息技术应用新形态立体化丛书

PowerPoint 2016 高级应用案例教程

主编 杨玉蓓 冯琳涵
副主编 陈颖 黄宪通

人 民 邮 电 出 版 社
北 京

图书在版编目（CIP）数据

PowerPoint 2016高级应用案例教程 : 视频指导版 / 杨玉蓓，冯琳涵主编. -- 北京 : 人民邮电出版社，2022.10（2023.10重印）
（新应用·真实战·全案例 : 信息技术应用新形态立体化丛书）
ISBN 978-7-115-59009-1

Ⅰ. ①P… Ⅱ. ①杨… ②冯… Ⅲ. ①图形软件－教材 Ⅳ. ①TP391.412

中国版本图书馆CIP数据核字(2022)第050364号

内 容 提 要

本书以实际应用为写作目的，围绕 PowerPoint 2016 软件展开介绍，遵循由浅入深、从理论到实践的原则进行讲解。全书共 12 章，依次介绍了关于 PPT 的那些事，做 PPT 前必会的操作，简化文本很重要，用图片、图形提升设计感，合理应用表格和图表，制作个性化的动画效果，在 PPT 中应用多媒体，把控好 PPT 的放映节奏，制作新产品宣传 PPT，制作个人简历 PPT，制作教学课件 PPT，制作企业入职培训 PPT 等内容。本书在讲解理论知识的同时，介绍了大量的实操案例，以帮助读者更好地掌握所学知识并达到学以致用的目的。

本书适合作为普通高等院校相关专业学生的教材或辅导书，也适合作为商务办公人员提高 PPT 技能的参考书。

◆ 主　　编　杨玉蓓　冯琳涵
副 主 编　陈　颖　黄宪通
责任编辑　李晓雨
责任印制　王　郁　陈　犇

◆ 人民邮电出版社出版发行　　北京市丰台区成寿寺路 11 号
邮编　100164　　电子邮件　315@ptpress.com.cn
网址　https://www.ptpress.com.cn
三河市祥达印刷包装有限公司印刷

◆ 开本：787×1092　1/16　　彩插：2
印张：12　　2022 年 10 月第 1 版
字数：382 千字　　2023 年 10 月河北第 2 次印刷

定价：59.80 元

读者服务热线：(010)81055256　印装质量热线：(010)81055316
反盗版热线：(010)81055315
广告经营许可证：京东市监广登字 20170147 号

前言

PREFACE

对于职场人员来说，熟练使用 PowerPoint 办公软件，是最基本的职业技能要求之一。通常，利用 PowerPoint 可以制作辅助教学和演讲的演示文稿，如制作课程教学、工作汇报、论文答辩、企业宣传、环保宣传等演示文稿。

基于此，我们深入调研了多所本科院校的教学需求，组织了一批优秀且具有丰富教学经验和实践经验的教师编写了本书。本书以“学以致用”为原则搭建内容框架，以“学用结合”为依据精选案例，旨在帮助各类院校培养优秀的技能型人才。

■ 本书特点

本书在结构安排及写作方式上具有以下几大特点。

（1）立足高校教学，实用性强

本书以高校教学需求为创作背景，以计算机等级考试大纲为蓝本，对 PowerPoint 软件操作方法进行了详细的讲解。本书以理论与实操相结合的方式，从易讲授、易学习的角度出发，帮助读者快速掌握 PowerPoint 应用技能。

（2）结构合理紧凑，体例丰富

本书知识结构安排合理，穿插了大量的**实操案例**。部分章结尾处安排了“**实战演练**”和“**疑难解答**”的内容，其目的是巩固本章所学，提高操作技能。书中还穿插了“**应用秘技**”和“**新手提示**”两个小栏目，以拓展读者的思维，使读者“知其然，也知其所以然”。

（3）案例贴近职场，实操性强

书中的实操案例均取自企业真实案例，且具有一定的代表性，旨在帮助读者学习相关理论知识后，能将知识点运用到实际操作中，既满足课堂对 PowerPoint 软件的应用需求，也符合企业对员工办公技能的要求。

■ 配套资源

本书配套以下资源。

（1）案例素材及教学课件

书中所有案例素材及教学课件均可在人邮教育社区（www.ryjiaoyu.com）下载。

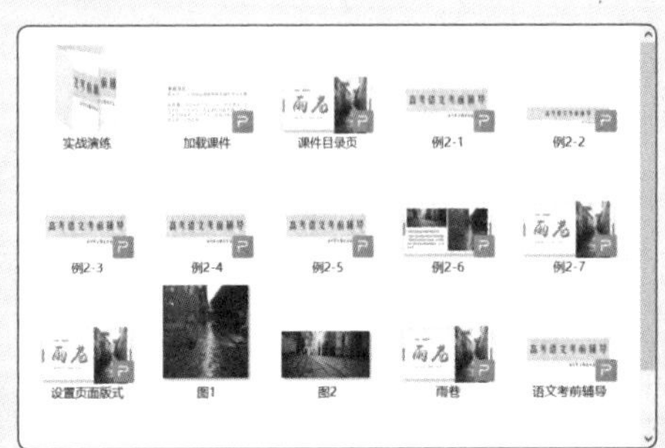

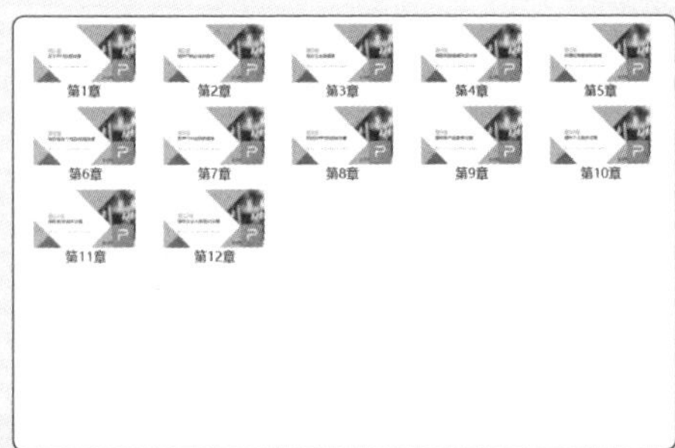

（2）视频演示

本书涉及的典型案例操作配有高清视频讲解，读者只需扫描书中的二维码，便可以观看视频。

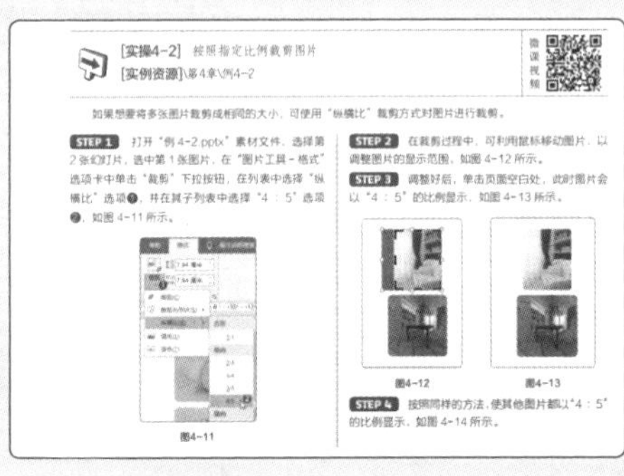

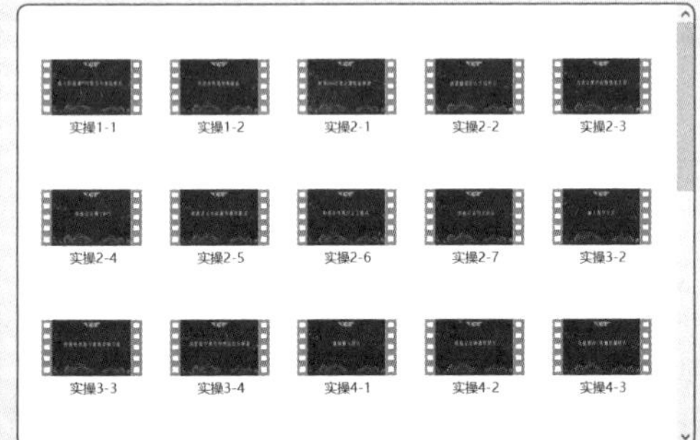

（3）相关资料

本书提供了 PPT 技能动图演示、PPT 专题视频、精品模板、模拟试题、日常办公模板等资源。

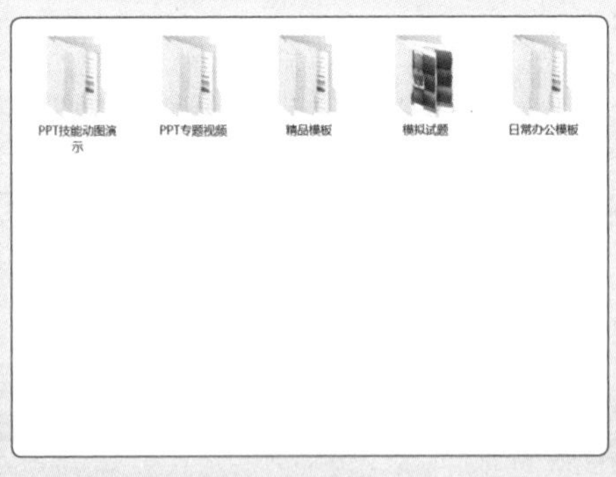

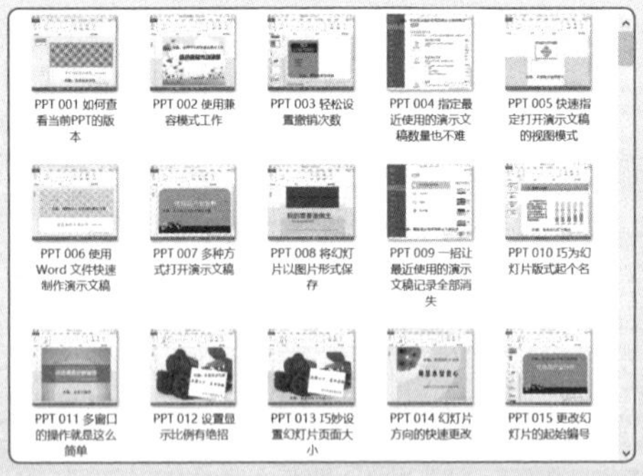

（4）作者在线答疑

作者团队具有丰富的实战经验，可以在线为读者答疑解惑。读者在学习过程中如有任何疑问，可加入 QQ 群（626446137）与作者交流联系。

编者

2022 年 5 月

CONTENTS 目录

基础入门篇

实战案例篇

基础入门篇

第 1 章

关于 PPT 的那些事

职场人对 PPT 应该再熟悉不过了，可以说各行各业或多或少都会用到 PPT，所以制作 PPT 已成为职场必备技能之一。本章将简单介绍 PPT，包括 PPT 的应用领域、组织结构、常见文件格式、制作软件，做好 PPT 需具备的技能、PPT 的制作误区和 PPT 优化建议等内容。

1.1 认识 PPT

PPT是指由PowerPoint软件制作的演示文稿，被普遍应用于现代办公领域。本节将带领读者全面地认识PPT。

1.1.1 PPT 的应用领域

PPT的应用领域很广泛，各行各业都会使用到。例如，政府机构需利用PPT制作相关的工作报告；各企业需利用PPT制作产品推介、企业宣传等演讲稿；设计类公司需利用PPT制作项目竞标文稿、项目方案；而各类学校、培训机构则需利用PPT来制作教学课件；学生需利用PPT制作毕业答辩文稿、求职简历等。

图1-1所示为疫情防控宣传PPT；图1-2所示为WPS Office精品课的PPT。

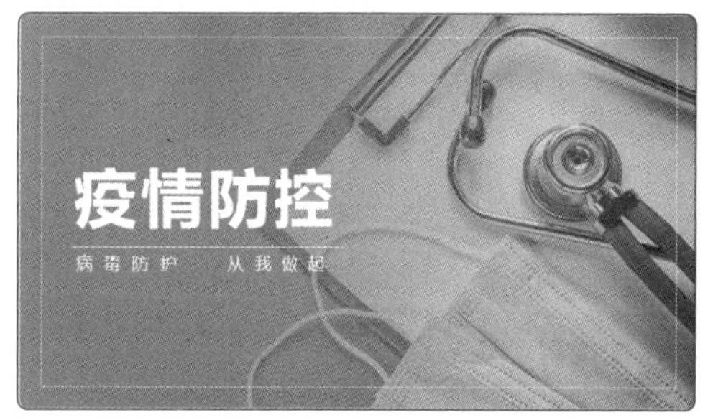

图1-1

图1-2

1.1.2 PPT 的组织结构

一个完整的PPT一般由5个部分组成，分别为封面页、目录页、过渡页、内容页及结尾页。

1. 封面页

封面页在PPT中有着举足轻重的作用，其设计直接影响着PPT的整体品质。在制作封面页时，要尽量保持页面简洁大方、主题突出，如图1-3所示。

图1-3

2. 目录页

目录页位于封面页之后，用来展示PPT的整体结构，即内容大纲，使PPT更具条理性，如图1-4所示。通过目录页，观者可以对PPT内容有一个大致的了解。在制作PPT时，需注意目录页与封面页风格应统一。

3. 过渡页

过渡页在PPT中起着承上启下的作用，能够使各部分内容很好地进行衔接，如图1-5所示。过渡页比较适用于页数较多的PPT。在制作过渡页时，需注意：过渡页中的内容应与目录页中的内容保持一致，风格也应统一，页面版式可稍有变化。

图1-4

图1-5

4. 内容页

内容页是整个PPT中非常重要的一部分，其表现形式有很多种，用户可以根据自己的需求用不同的形式来传递观点或内容，如图1-6所示。

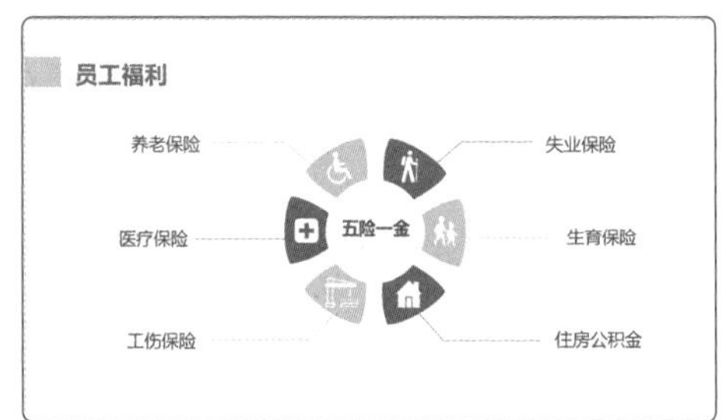

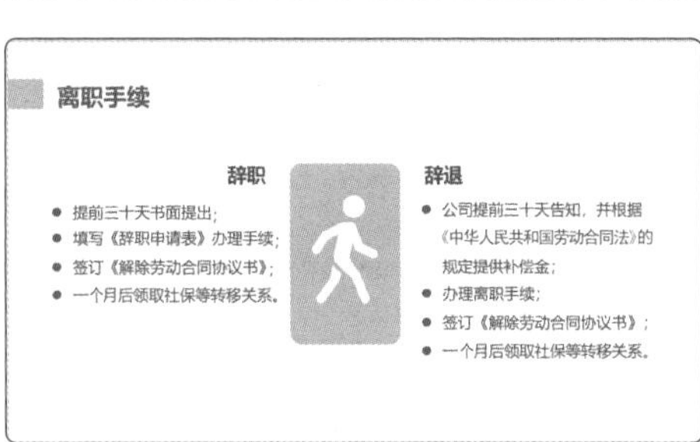

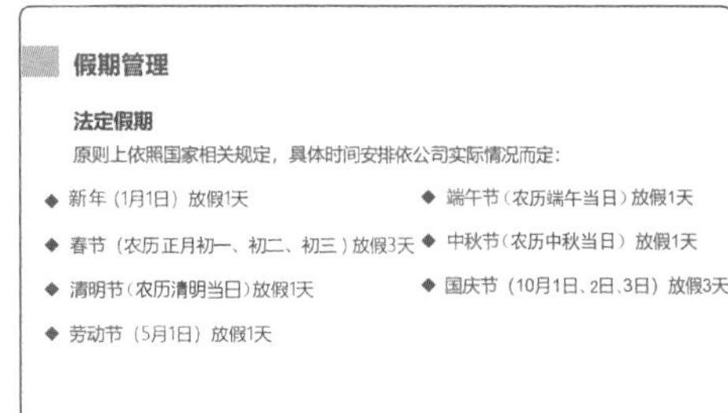

图1-6

5. 结尾页

结尾页位于PPT末尾，在结尾页中可以写对工作团队表示感谢的话语，也可以写一些励志的话语或祝福语点明PPT主题，起到总结全文、强化影响的作用，如图1-7所示。

图1-7

1.1.3 PPT 的常见文件格式

PPT的文件格式有多种，常见的有.pptx、.ppt和.ppsx这3种。

- .pptx格式是由PowerPoint 2007或以上版本生成的文件格式。当对PPT执行保存操作时，系统将默认以该格式保存。该文件格式只能用PowerPoint 2007及以上版本打开。
- .ppt格式是由PowerPoint 2003版本生成的文件格式。对于PowerPoint 2003之前版本生成的文件，系统会以兼容模式打开，但很多新的特效将不能展示。
- .ppsx格式为PPT放映格式，双击该文件格式，系统将以PPT放映模式来展示文件内容。在该模式下，用户无法对文件内容进行编辑。

应用秘技

除了以上常见文件格式外，PPT的文件格式还包括.pptm和.potx这两种。.pptm格式表示PPT启用了宏，宏的用途就是使常用任务自动化，避免用户进行重复性操作，提高制作效率。而.potx格式为PPT模板文档，如果需要经常使用固定的文档版式，可将PPT以.potx格式保存，这样下次调用时，就可直接套用文档版式。

[实操1-1] 将入职培训PPT保存为兼容模式

[实例资源] 第1章\例1-1

微课视频

一般来说，高版本的PowerPoint可以打开低版本PowerPoint生成的PPT，但低版本的PowerPoint无法打开高版本PowerPoint生成的PPT。当因版本问题无法打开PPT时，将PPT保存为兼容模式即可。

STEP 1 打开“入职培训.pptx”素材文件，选择“文件”选项卡，选择“另存为”选项，打开“另存为”对话框，单击“保存类型”下拉按钮，从列表中选择“PowerPoint 97-2003 演示文稿”选项，如图 1-8 所示。

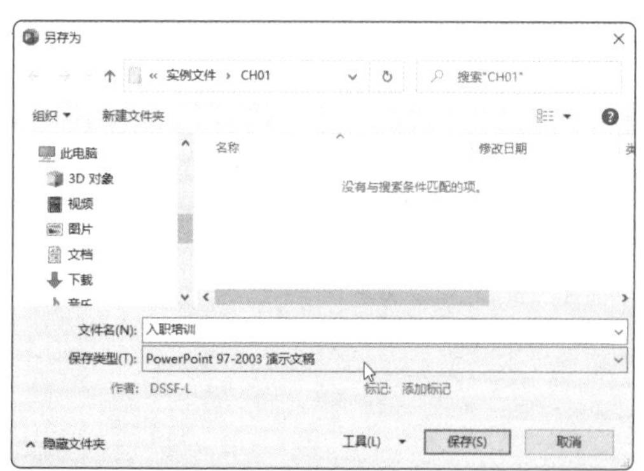

图1-8

STEP 2 单击“保存”按钮，保存好后，文档的标题栏中就会显示“兼容模式”字样，如图 1-9 所示。此时的文档就可在 PowerPoint 2007 以下版本中打开了。

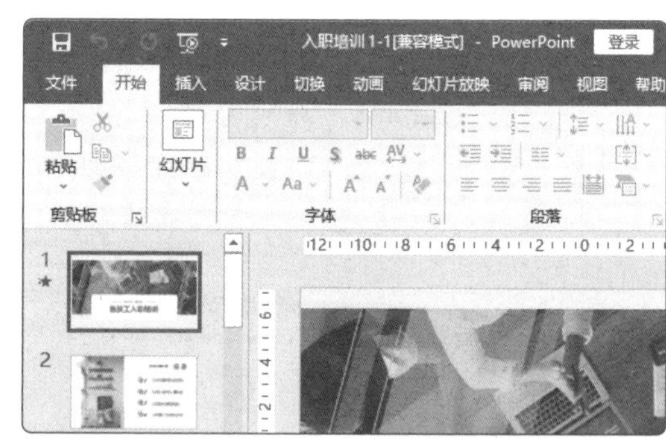

图1-9

新手提示

在保存为兼容模式时，系统会弹出提示对话框，告知用户更改为兼容模式后，文档中哪些特效或功能将不被支持。一般情况下只需单击“继续”按钮，如有特殊要求，用户可以按照“摘要”列表框中的说明逐个修改。提示对话框如图1-10所示。

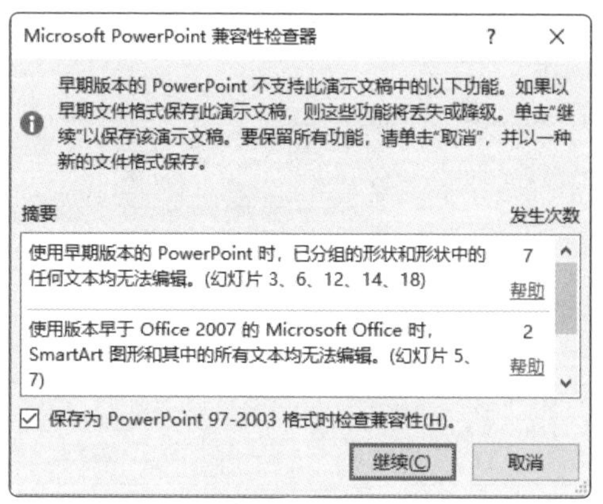

图1-10

1.1.4 PPT 的制作软件

目前主流的演示文稿制作软件有PowerPoint和WPS演示两款。PowerPoint是Microsoft Office中的一款组件，如图1-11所示；而WPS演示是WPS Office中的一款组件，如图1-12所示。这两款软件各有千秋，用户根据自己的使用习惯选择即可。下面对这两款软件的优缺点进行总结归纳。

图1-11

图1-12

1. 功能

PowerPoint和WPS演示的基本功能几乎是相同的，完全能够满足用户日常制作PPT的需求。但从一些比较专业的方面来说，WPS演示稍有欠缺。例如动画功能，PowerPoint内置了多种动画效果，动画属性设置很全面，动画效果更为连贯、真实；WPS演示虽然也有多种动画效果，但在动画细节的处理上有所欠缺。这也是PPT爱好者倾向于选择PowerPoint来制作PPT的关键所在。

2. 文件兼容性

与PowerPoint相比，WPS演示的兼容性稍微差一些。利用WPS演示制作的文档，其文件格式为.dps。将.dps文件导入PowerPoint后，系统会以兼容模式来显示，说明两款软件的某些功能是不兼容的。用户可以在保存文件时，将文件类型设置为“Microsoft PowerPoint文件(*.pptx)”，如图1-13所示。

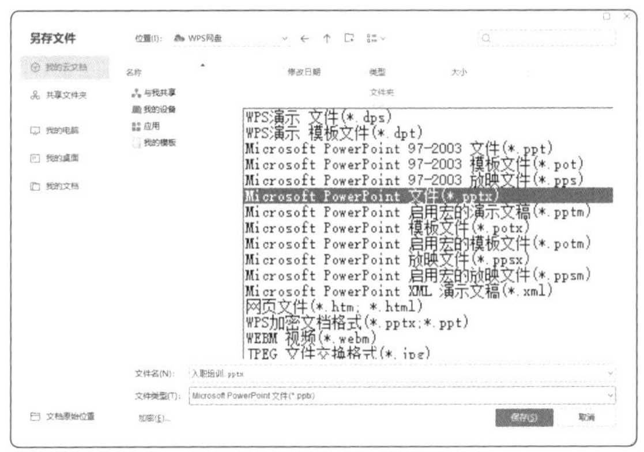

图1-13

3. 资源

从软件资源方面来说，WPS演示比较占优势，为用户提供了资源下载平台，该平台有大量的免费资源，用户下载后即可使用，操作非常方便。此外，WPS演示的云存储功能也很强大，可以轻松实现多人在线编辑文档的操作。PowerPoint在这方面稍有欠缺。

应用秘技

从软件下载资源来说，WPS Office分企业版和个人版，其中个人版是可免费使用的，网络上提供的下载资源很多，为保险起见，建议用户到金山官网下载。而Microsoft Office是付费使用的，这也是大多数用户选择WPS Office的原因。

1.2 做好 PPT 需具备的技能

做PPT很容易，但想要做好PPT就有些难度了。要想提升自己制作PPT的水平，需具备以下3项技能。

1. 强大的逻辑推理能力

内容结构清晰、逻辑合理是好的PPT最基本的要求。所以，在制作PPT之前，需做好以下几项准备工作。

- 拟好大纲，调整好内容的逻辑结构；
- 对内容进行有效的划分，分清主次，详略得当；
- 收集好所需素材，如图片、音视频等；
- 对成段的文字进行提炼，使之精简化、层次化、框架化。

2. 良好的设计能力

人们对美的事物是无法抗拒的，对美的PPT也不例外。设计精美的PPT能够给人留下好的印象。所以要制作出好的PPT，除了需有强大的逻辑思维能力外，还需具备一定的设计和审美能力，为PPT锦上添花。

可从以下几个方面着手美化PPT。

- 整体风格选择；
- 页面版式设计；

● 页面配色设计；
● 字体、图片、图形、图表元素的合理选取与美化。

3. 熟练的软件操作能力

只有熟练地掌握软件的操作，才能将所有的想法按照部署好的计划一步步呈现出来。当然，这项技能也是最容易实现的。用户只需系统地学习，并勤加练习即可。

1.3 PPT 的制作误区

在制作PPT时常常会陷入3个误区：PPT文档Word化、逻辑含糊不清、滥用动画。陷入这3个误区往往制作出的PPT质量不高。

1. PPT 文档 Word 化

做PPT是为了直观地呈现出所要表达的内容，让观者能够快速理解并接受，提高沟通效率。而不少人为了节省时间，将Word文档中的内容直接复制到PPT中，不加以提炼，导致整个页面都是文字，这样的PPT怎么样能将观点传达出去，让观者快速理解并接受呢？

2. 逻辑含糊不清

内容是判断PPT好坏的重要标准。而内容好坏的关键在于逻辑是否清晰。内容毫无逻辑的PPT，就算设计得再美观，也毫无意义。因为观者很难从中获取到有价值的信息，也无法领会讲述者的意图。

好的PPT的内容是经过提炼的，能突出讲述者的观点和意图，经过层级化分段式的讲解，使观点更清晰明了。

3. 滥用动画

动画是PPT的精髓，它能够快速吸引观者的注意力，从而提高双方的沟通效率。而盲目地追求酷炫的动画效果，不考虑实际需求，是新手最容易犯的错误之一。

无论PPT动画有多精彩，它都应该服务于内容。用户只需为该强调的内容添加动画，其他次要内容可以不添加动画。总之，强调该强调的，忽略该忽略的，这样的动画设计才合理。

1.4 PPT 优化建议

如果制作的PPT比较单调乏味，用户可以试着通过改变字体、选择好的配图、应用好动画、调整好整体配色这4点来进行优化。

1.4.1 选择多样化字体

大多数人在制作PPT时，都喜欢使用系统默认的字体，这样整个PPT只使用一种字体，就会显得枯燥乏味。此时，只需将某些字体稍微变换一下，效果就会大不相同。图1-14、图1-15所示为设置字体前后的对比效果。

根据对比，很明显图1-15所示效果给人以大气、稳重的感觉，更符合当前的主题风格；而图1-14所示效果使用默认字体，略显小气。

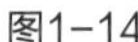
图1-14

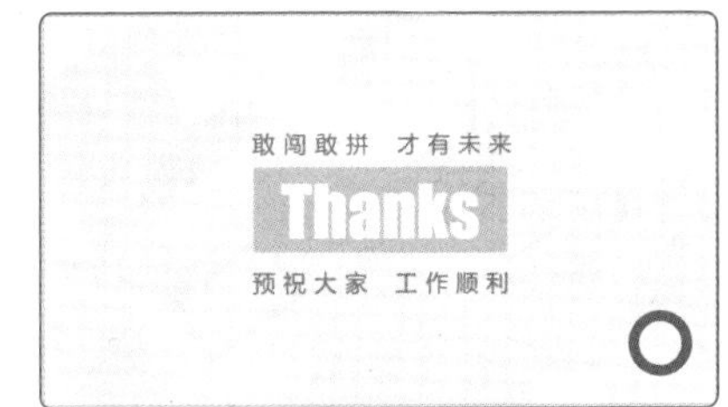

图1-15

1.4.2 选用恰当的配图

在PPT中选用恰当的配图会提升页面的整体效果。用户在选择配图时，应遵循以下两点原则。

1. 选用干净的配图

在选择配图时，应尽量考虑干净的图片。在选择背景图时，这一点尤为重要。如果背景图比较复杂，颜色比较多，就无法突出重点内容。相反，干净、简洁的图片可以很好地衬托主题内容，同时也能提升页面的质感。如图1-16、图1-17所示。

图1-16

图1-17

从以上两张幻灯片可以看出，同样以森林图片作为背景，图1-17中的内容就比较规整，整体看起来也更干净，更适合作为背景图片使用。

2. 图片要与主题内容相符

与主题内容相符的图片能够引起观者的共鸣，从而起到强调观点、增强说服力的作用。相反，与主题无关的图片往往会打断观者的思绪，破坏气氛。如图1-18、图1-19所示。

图1-18

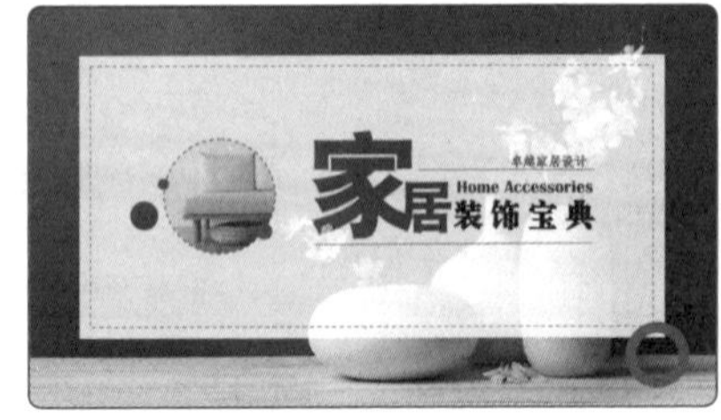

图1-19

以上两张幻灯片的主题都是家居设计，相比之下，图1-19所示配图与主题相符，看上去更加和谐。

新手提示

在选择配图时，除了应遵循以上两点原则外，还应选择分辨率较高的大图。此外，不要随意拉伸图片，以免图片发生模糊或变形。

1.4.3 合理使用动画

动画是PPT的吸睛点，要用于一些重点或需强调的内容上。千万不要为了追求酷炫效果随意添加动画，以致喧宾夺主，扰乱观者视线。添加动画需要遵循以下3点原则。

- 必要性。动画是为了强调某一项观点而添加的，并非为了博人眼球。添加动画要适度，过多的动画会喧宾夺主，使人忽略主题内容；而过少的动画则略显单薄，效果平平。所以动画需用在该强调的内容上，至于一些陪衬内容，则无须添加动画。
- 连贯性。添加的动画一定要流畅、连贯，符合自然规律。例如，球体运动往往伴随着其自身的旋转；两物体相撞时会发生一系列惯性运动。
- 简洁性。只有用简洁的动画表达出的观点，才会让观者记忆深刻。相反，节奏拖拉、动作烦琐的动画则会快速消耗观者的耐心，令观者无心听讲。

1.4.4 选择合适的页面配色

优质的PPT，除了有合理的版式和内容外，还有着令人舒适的页面配色。页面配色的好坏，会影响到PPT的整体格调。本小节将对页面配色的一些制作常识和技巧进行简单的介绍。

1. 页面配色原则

用户在选用颜色时，需注意以下几点配色原则。

- 整体页面颜色应和谐舒适。一般来说，页面尽量选用低纯度颜色进行配色。高纯度颜色可以作为点缀色使用，但不要大面积使用。此外，高纯度颜色较吸引眼球，容易使观者分神，从而忽略了该页面中的主题内容。页面的大部分区域应使用低纯度颜色，而需要强调的区域可选用高纯度颜色，这样一来，页面就形成了鲜明的对比，提升了观看效果。
- 根据主题或企业标志来配搭。一般来说，科技商务类PPT的配色以蓝色为主；公益环保类PPT的配色以绿色为主；儿童启蒙类PPT的配色以黄色或橙色为主；宣传教育类PPT的配色以红色为主等。用户在选用颜色时，可根据PPT的主题来决定。

此外，用户还可根据企业标志的颜色来为PPT选定颜色。例如，中国移动通信集团有限公司的标志颜色由蓝色和绿色组成，其网站的页面颜色均以蓝色和绿色为主；中国工商银行的标志颜色为红色，其网站页面的颜色也选用了红色。用户使用这种方法来为PPT配色是比较稳妥的。

- PPT页面颜色不宜过多。根据色彩学的相关研究可知，用户在对PPT进行配色时，一个页面中有三类颜色即可，分别为主色、辅助色和点缀色。其中，主色是整个页面的主要颜色；辅助色可帮助主色建立更完整的形象，所以用户可以选择主色的同类色，这样会使画面看起来更和谐统一；点缀色则起着引导观者视线的作用，占页面的面积较小。用户合理地运用这三类颜色，制作的PPT画面将更为精致。

应用秘技

色彩的纯度指色彩的鲜艳程度。通常色彩越鲜艳，它的纯度就越高。任何一种高纯度颜色混入黑色、白色、灰色后，其纯度都会降低。

2. 利用取色工具快速配色

利用取色工具可以将一些好的配色方案应用到自己的幻灯片中。下面介绍两种常用的取色方法，以供参考。

（1）利用取色器取色。

PowerPoint中的取色器与Photoshop中的吸管工具相似，可用于快速地复制颜色。

[实操1-2] 利用取色器更换颜色

[实例资源] 第1章\例1-2

微课视频

如果认为当前页面所选颜色不太理想，可以利用取色器来快速更改。

STEP 1 打开“取色器.pptx”素材文件，将配色图样插入其中，如图1-20所示。

图1-20

STEP 2 选中大矩形，在“绘图工具－格式”选项卡中单击“形状填充”下拉按钮❶，在其列表中选择“取色器”选项❷，如图1-21所示。

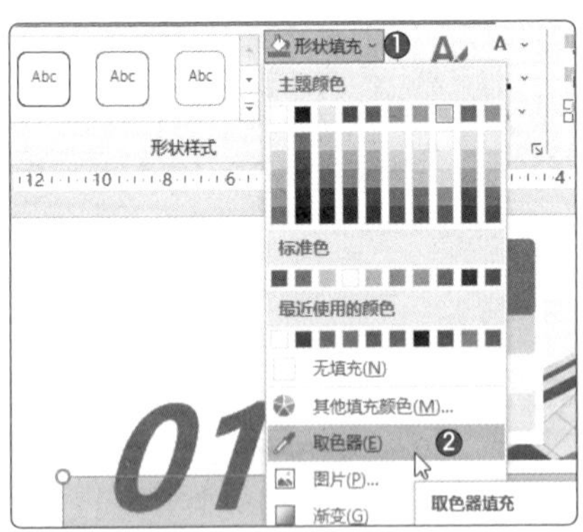

图1-21

STEP 3 当鼠标指针变成吸管形状时，将其移至配色图样上，此时鼠标指针右侧会显示当前颜色的RGB值，如图1-22所示。

STEP 4 此时单击即可吸取颜色，而被选中的矩形的颜色将会发生相应改变，如图1-23所示。

图1-22

图1-23

STEP 5 选择“01”文本内容，在“开始”选项卡中单击“字体颜色”下拉按钮❶，在列表中选择“取色器”选项❷，如图1-24所示。

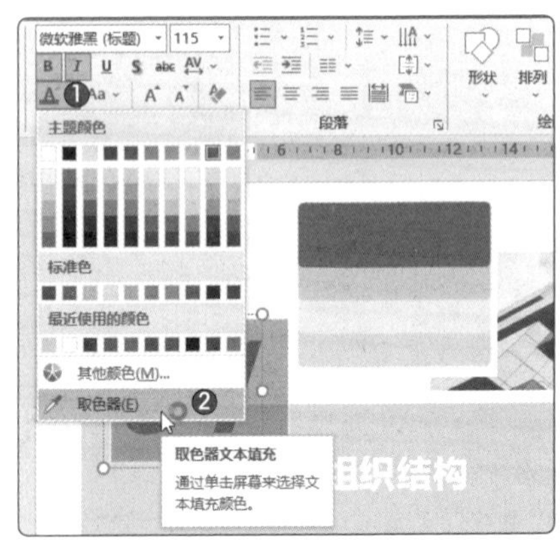

图1-24

STEP 6 按照步骤 3 和步骤 4 所述方法，在配色图样中取色即可更改文本颜色，如图 1-25 所示。

图1-25

STEP 7 按照同样的方法，更改标题文本的颜色，如图 1-26 所示。更改好后删除配色图样。

图1-26

（2）利用RGB值取色。

每种颜色都有它独有的色值，为了能够准确地区分各种颜色，系统使用R、G、B 3种颜色的数值（0~255）来表示某个具体的颜色。R代表红色，G代表绿色，B代表蓝色。将这3种颜色按不同的比例混合在一起，可产生各种不同的颜色。

例如红色，R值为最大值255，G值和B值为最小值0，所以它的RGB值为（255,0,0）。利用这种方式可表达出1600多万种颜色，图1-27所示为几种基础色的RGB值。由此可以看出，R、G、B中只要有一个数值发生变化，颜色就会有所不同。

白	黑	红	黄	绿	蓝	青	紫
R: 255 B: 255 G: 255	R: 0 B: 0 G: 0	R: 255 B: 0 G: 0	R: 255 B: 0 G: 255	R: 0 B: 0 G: 255	R: 0 B: 255 G: 0	R: 0 B: 255 G: 255	R: 255 B: 255 G: 0

图1-27

当用户获取到所需的RGB值后，只需在设置填充色时，选择“其他填充颜色”选项❶，在弹出的“颜色”对话框中选择“自定义”选项卡❷，再输入“红色(R)”“绿色(G)”“蓝色(B)”参数的值❸即可，如图1-28所示。

应用秘技

“颜色”对话框中的“颜色模式”分为两种：一种是RGB模式，另一种是HSL模式。HSL模式是工业界的一种颜色标准，是改变色相（H）、饱和度（S）、亮度（L）3个颜色通道的值并将它们相互叠加得到各种颜色，H、S、L的取值范围同样为0~255的整数，如图1-29所示。

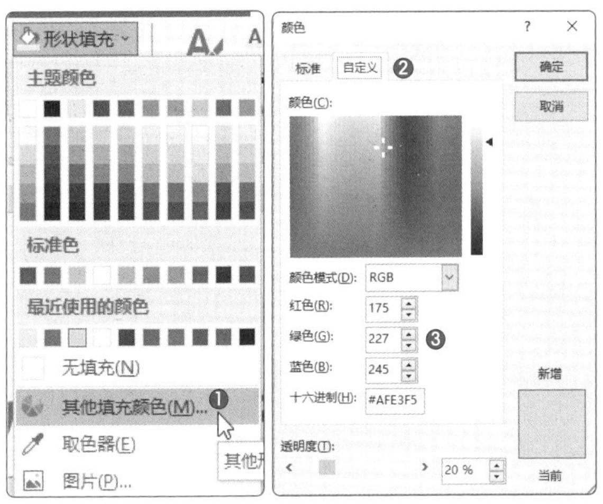

图1-28

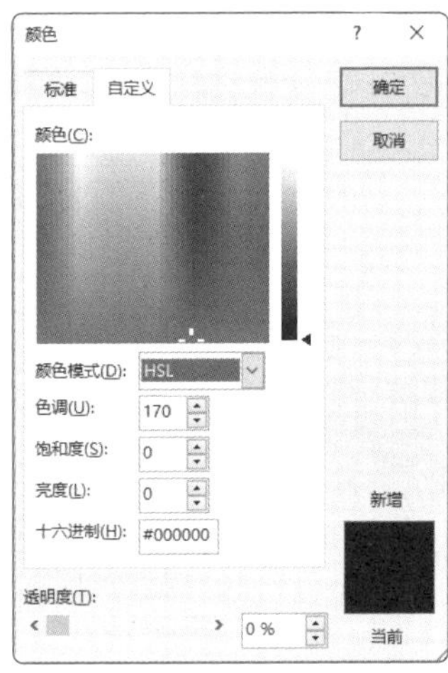

图1-29

疑难解答

Q1：怎样能去掉图片上的水印呢?

A：利用PowerPoint中的裁剪功能就可以去除。选中图片，在“图片工具-格式”选项卡中单击“裁剪”按钮，然后调整好图片的裁剪范围进行裁剪即可。如果水印处于图片的关键位置，无法通过裁剪去除的话，就需要使用Photoshop中的“修复工具”进行处理了。

Q2：如何能够获取到颜色的RGB值?

A：获取RGB值的方法有很多，大多数配色网站上都会标明每种颜色的RGB值，用户只需将其复制到相应的数值框中即可，如图1-30所示；如果没有标明，可开启QQ截图功能，在截取时，将鼠标指针移至所需颜色上方，鼠标指针右下角会显示出相应的RGB值，如图1-31所示。

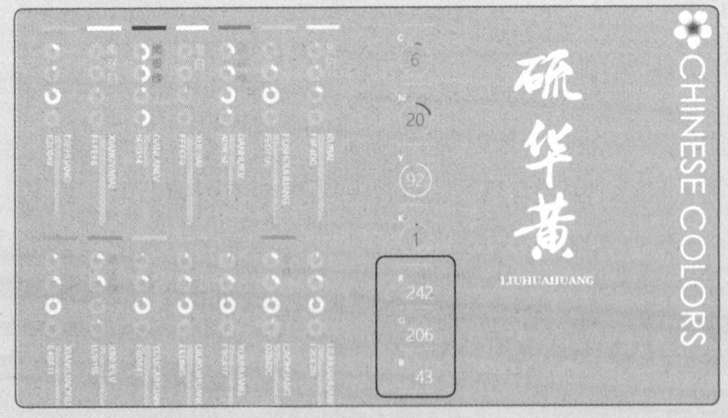

图1-30

图1-31

Q3：在哪里能够找到比较好的图片素材呢?

A：在很多专业的图片网站能够收集到高质量的图片素材。但需要说明的是，大多数图片网站的图片都是有版权限制的，请勿商用。图1-32所示为图片素材网站页面的截图。

图1-32

Q4：高品质的PPT有哪些特征呢？

A：高品质的PPT一般都具备以下3个特征。

- 版式简约大气，视觉冲击力强。简约的版式设计可以增强信息的传达效果。
- 设计风格统一。所有页面的版式、颜色、装饰等元素都应保持风格一致，这样呈现的视觉效果才会更出彩。相反，风格各异的PPT页面会让人眼花缭乱，从而影响观者思路的延续性。
- 内容逻辑性强。有逻辑的PPT能够精准地表达出制作者的观点，让观者迅速理解并"消化"，从而提高双方的沟通效率。

Q5：幻灯片与PPT之间的关系是什么？

A：一个PPT由多张幻灯片组合而成。如果将PPT比作一本书，那么幻灯片就是这本书中的每一页。

Q6：常见的PPT风格有哪些？

A：按风格分类，可将PPT分为商务类、扁平类、中国风类、手绘风类和iOS风类等。

- 商务类：该风格应用比较广泛，通常是白色、蓝色搭配，以简约风格为主。无论是项目汇报还是学术讨论，都可以使用。
- 扁平类：该风格以各类平面图形为主，使用色块来突出或区分重点内容，整体颜色鲜明，具有对比性，比较夺人眼球。
- 中国风类：该风格以中国传统元素为主，利用水墨、山水、闲云野鹤及古典纹理背景来烘托主题，让人回味无穷。
- 手绘风类：该风格利用简笔画、卡通人物、手写字等元素来装饰页面，给人以文艺、清新感。
- iOS风类：该风格是基于iOS的外观衍生出的一种设计风格，其特点是清新、简洁，善于利用渐变元素，整体给人耳目一新的感受。

Q7：从哪里能下载到免费的PPT模板？

A：现在绝大部分PPT模板网站都是收费的，用户可以关注一些PPT论坛，论坛中会有网友不定期分享一些PPT模板。此外，关注PPT达人公众号，也能够获取到一些免费的PPT资源和高品质模板；Microsoft Office也自带了一些模板，启动后即可下载使用。

基础入门篇

第 2 章

做 PPT 前必会的操作

对 PPT 有了大致的了解后，接下来就可以开始制作 PPT 了。在这之前，用户需要先学会一些幻灯片的基本操作，例如，如何新建幻灯片、如何调整幻灯片的顺序、如何调整幻灯片的大小等。本章将对这些基本操作进行讲解，为后期的学习奠定基础。

2.1 幻灯片的基本操作

一个PPT由多张幻灯片组合而成，制作PPT时大部分的操作都是在幻灯片中进行的，所以掌握好幻灯片的基本操作很关键。本节将对幻灯片的一些基本操作进行介绍。

2.1.1 批量创建多张幻灯片

一般情况下，单击“新建幻灯片”按钮就可以新建一张幻灯片。如果需要批量添加多张相同版式的幻灯片，可通过以下两种方法进行操作。

- 使用Ctrl+D组合键创建；
- 使用Enter键创建。

[实操2-1] 利用Ctrl+D组合键批量创建
[实例资源] 第2章\例2-1

微课视频

当要创建多张内容相同的幻灯片时，可以使用Ctrl+D组合键进行复制操作。

STEP 1 打开“语文课件 .pptx”素材文件，按住Ctrl键在导航窗格中选中多张幻灯片，这里选择第2、3张幻灯片，如图2-1所示。

STEP 2 按Ctrl+D组合键，此时系统会自动在第3张幻灯片下方创建出与第2、3张幻灯片相同的幻灯片，如图2-2所示。

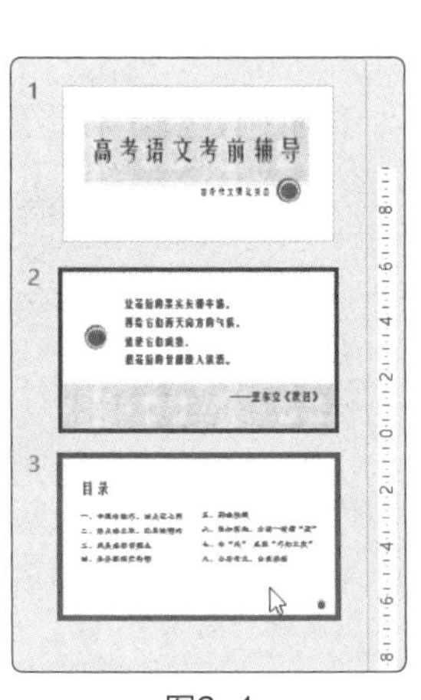

图2-1

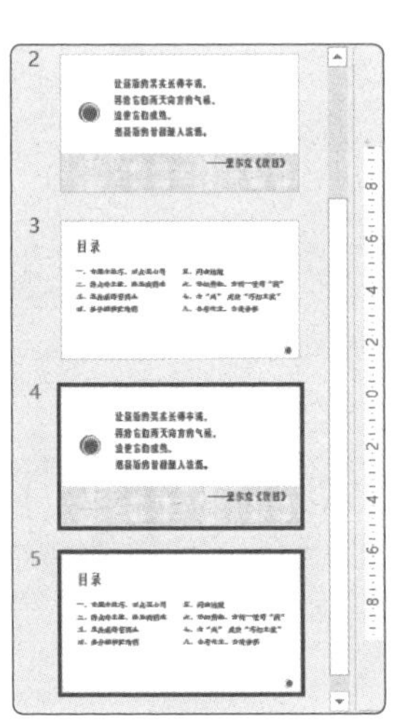

图2-2

此外，使用Enter键也能够快速创建幻灯片。选中所需幻灯片，连续按Enter键即可在被选中的幻灯片下方批量创建多张空白的幻灯片，如图2-3所示。

应用秘技

Ctrl+D组合键与Ctrl+C/V组合键的效果相似，都属于复制操作。其区别在于，使用Ctrl+D组合键只能将幻灯片复制到被选中的幻灯片下方，而使用Ctrl+C/V组合键可以将幻灯片复制到任意位置。

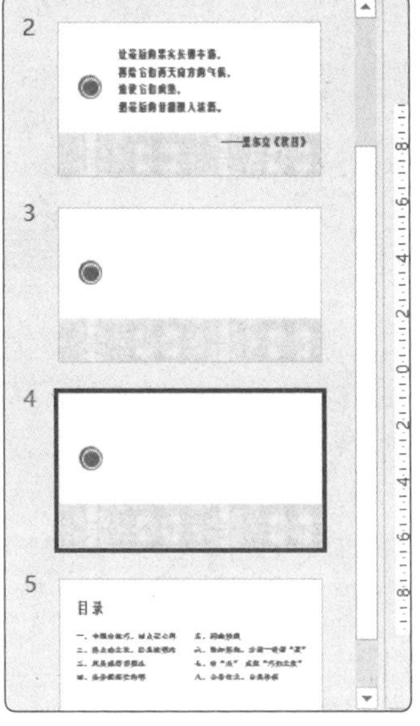

图2-3

2.1.2 根据要求设置幻灯片大小

幻灯片大小可以根据需要进行设置。默认情况下，幻灯片以16：9（宽屏）尺寸显示，如果需要设置特殊尺寸，可通过“幻灯片大小”对话框进行操作，如图2-4所示。

在该对话框中，用户可选择内置的幻灯片大小，也可根据需求自定义“宽度”和“高度”参数。

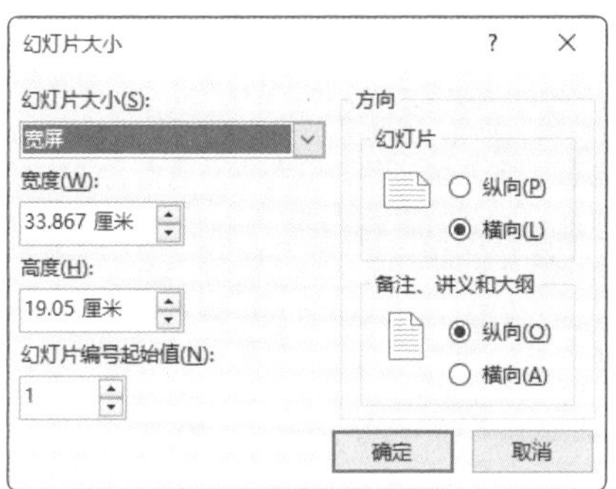

图2-4

[实操2-2] 创建超宽屏尺寸幻灯片

[实例资源] 第2章\例2-2

微课视频

当投影幕布或电子屏为特殊尺寸时，就需要根据其尺寸来设置幻灯片大小。

STEP 1 打开“例2-2.pptx”素材文件，在“设计”选项卡中单击“幻灯片大小”下拉按钮，从列表中选择“自定义幻灯片大小”选项，如图2-5所示。

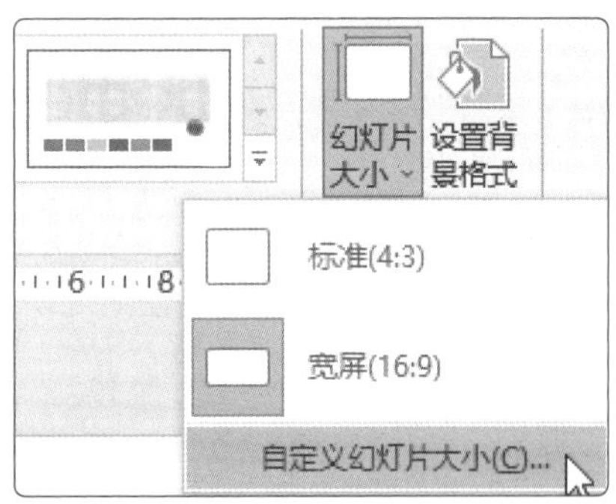

图2-5

STEP 2 在弹出的“幻灯片大小”对话框中，将“宽度”设为“60厘米”❶，将“高度”设为“20厘米”❷，单击“确定”按钮❸，如图2-6所示。

STEP 3 在弹出的提示对话框中单击“确保适合”按钮，完成设置幻灯片大小的操作，如图2-7所示。

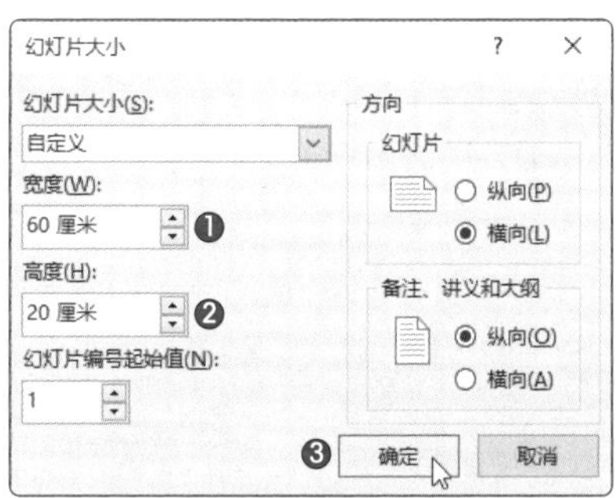

图2-6

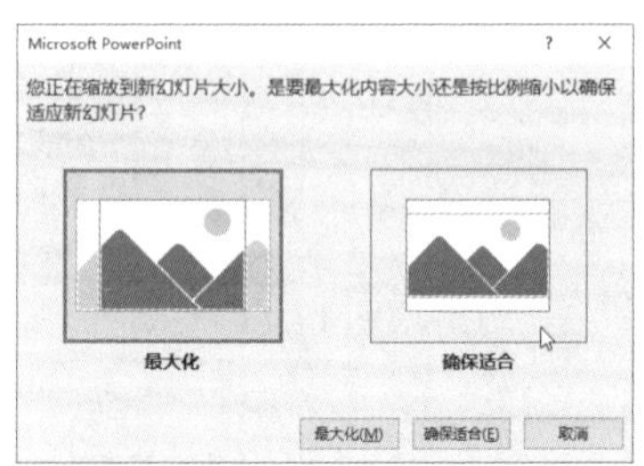

图2-7

基础入门篇

新手提示

很多新手习惯先制作幻灯片内容，再调整幻灯片大小，这一做法是错误的。正确的做法是先调整好幻灯片大小，再制作幻灯片内容，以避免因幻灯片大小更改后，需对内容进行二次调整。

2.1.3 更改幻灯片背景

默认情况下，幻灯片背景为“自动”颜色，该颜色接近白色。如果需要对幻灯片背景进行更改，可通过“设置背景格式”窗格进行操作，如图2-8所示。

在该窗格中，用户可设置4种类型的背景填充，分别为纯色填充、渐变填充、图片或纹理填充及图案填充。单击相应的单选按钮即可设置相应的背景填充。

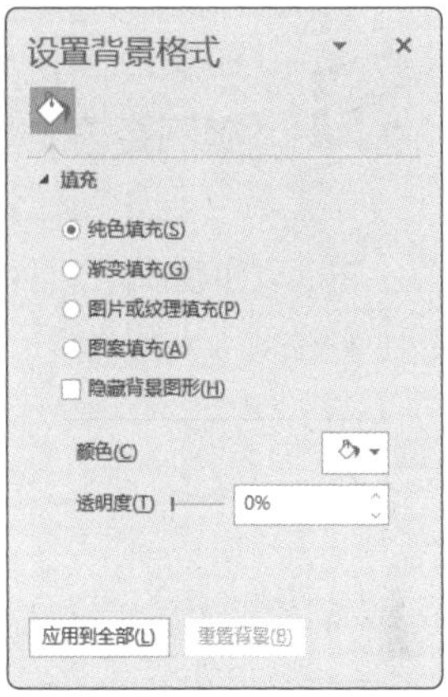

图2-8

[实操2-3] 为语文课件设置图案背景

[实例资源] 第2章\例2-3

微课视频

若当前PPT整体效果比较单调，用户可通过设置背景来丰富页面内容。

STEP 1 打开“语文课件.pptx”素材文件，选择第3张幻灯片，在“设计”选项卡中单击“设置背景格式”按钮，打开“设置背景格式”窗格，如图2-9所示。

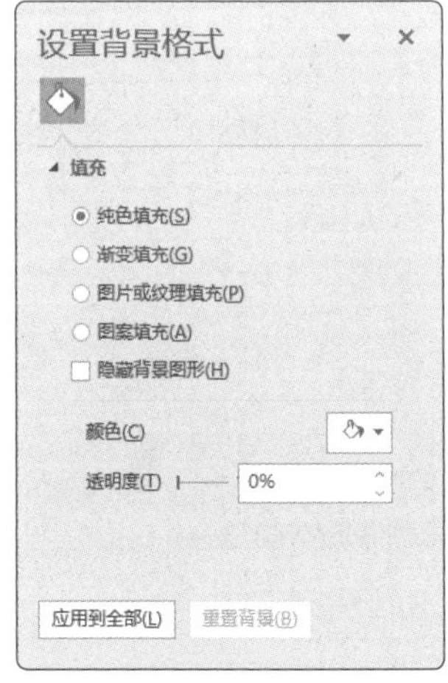

图2-9

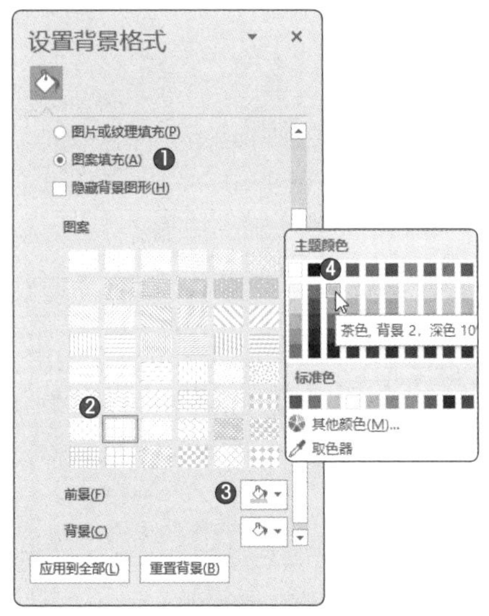

图2-10

STEP 2 单击“图案填充”单选按钮❶，打开相应的选项列表。在“图案”列表中选择一款图案样式❷，单击“前景”下拉按钮❸，在颜色列表中选择一种合适的前景色❹，如图2-10所示。

STEP 3 设置完成后，当前幻灯片背景会发生相应的变化，如图2-11所示。在“设置背景格式”窗格中单击“应用到全部”按钮，即可将该背景应用到其他幻灯片中。

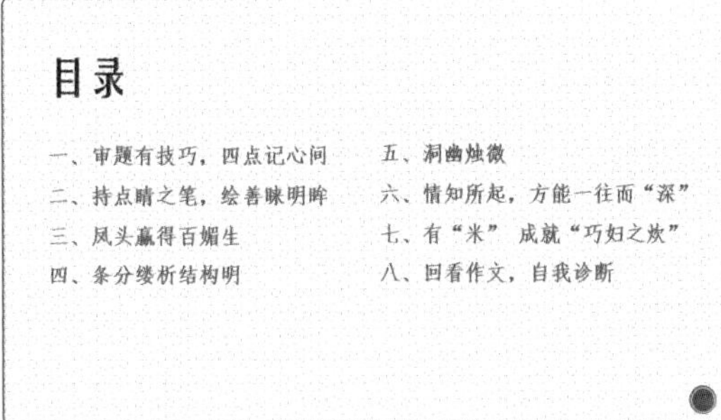

图2-11

2.1.4 合并幻灯片内容

当需要在当前幻灯片中加载其他PPT时，用户可利用“重用幻灯片”功能进行操作。使用该功能可以批量插入多个PPT内容，并快速统一整体PPT风格，操作起来非常便捷，如图2-12所示。

[实操2-4] 快速合并两个PPT

[实例资源] 第2章\例2-4

微课视频

下面以加载辅导课件内容为例，完善语文课件。

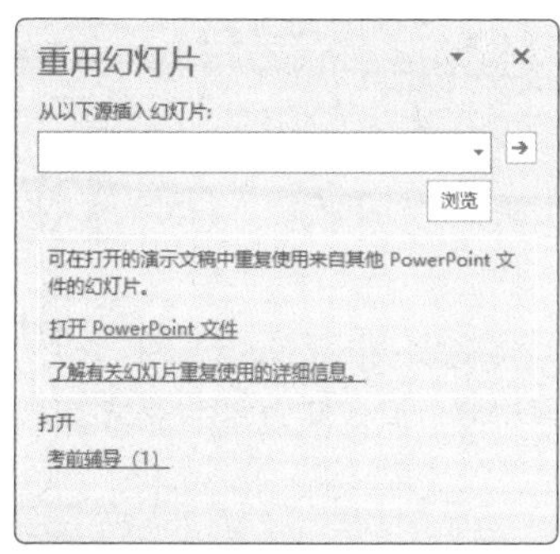

图2-12

STEP 1 打开“语文课件.pptx”素材文件，在“开始”选项卡中单击“新建幻灯片”下拉按钮，在列表中选择“重用幻灯片”选项，如图2-13所示。

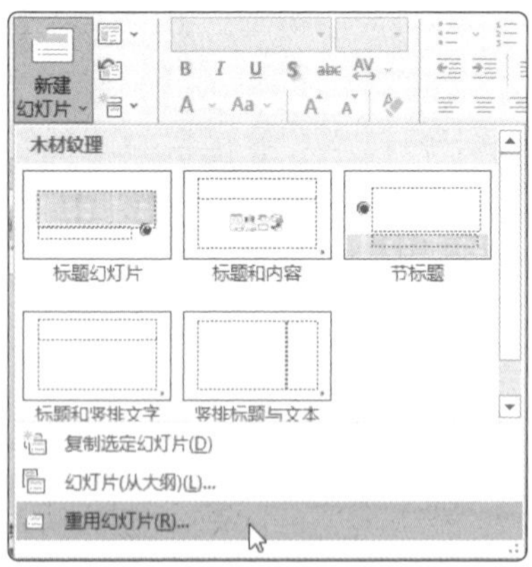

图2-13

STEP 2 打开同名窗格，单击“浏览”按钮❶，打开“浏览”对话框，选择要加载的课件内容❷，单击“打开”按钮❸，如图2-14所示。

STEP 3 此时，被选中的PPT将显示在该窗格中。用户根据需要选择要加载的幻灯片数量，即可在当前幻灯片下方加载相应的幻灯片内容，如图2-15所示。

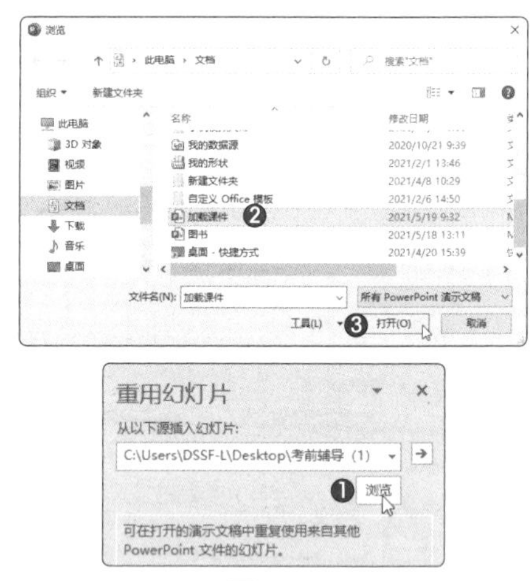

图2-14

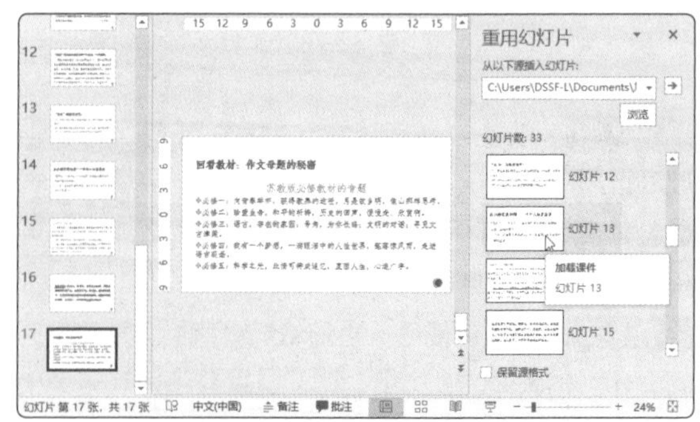

图2-15

应用秘技

被加载的幻灯片将应用当前幻灯片的主题风格。如果需要保持幻灯片原有的风格，在“重用幻灯片”窗格中勾选“保留源格式”复选框即可。此外，如果想要批量加载所有幻灯片内容，可在该窗格中的某张幻灯片上单击鼠标右键，在弹出的快捷菜单中选择“插入所有幻灯片”选项，如图2-16所示。

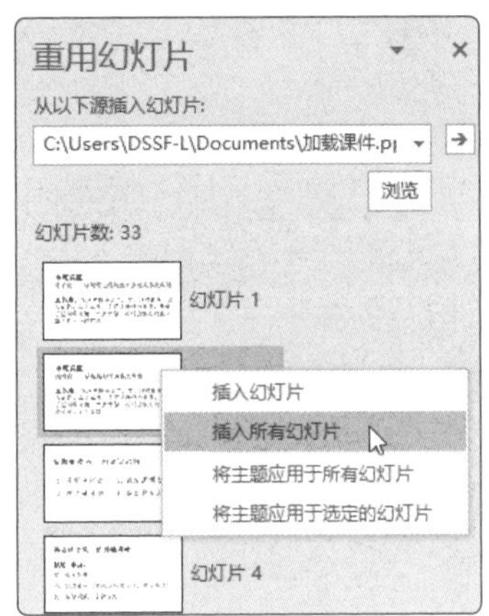

图2-16

2.2 用母版调整页面版式

幻灯片版式的设计是PPT制作的一大难点，版式设计的好坏会直接影响到页面的整体效果。在制作过程中，用户可以直接套用系统内置的版式，也可以自定义页面版式。本节将介绍PPT内置版式的一些常见操作。

2.2.1 认识版式与母版

PPT自带的版式有11种，分别为“标题幻灯片”“标题和内容”“节标题”“两栏内容”“比较”“仅标题”“空白”“内容与标题”“图片与标题”“标题和竖排文字”“竖排标题与文本”，如图2-17所示。其中“标题幻灯片”为默认版式，每新建一份PPT，就会显示出该版式，如图2-18所示。

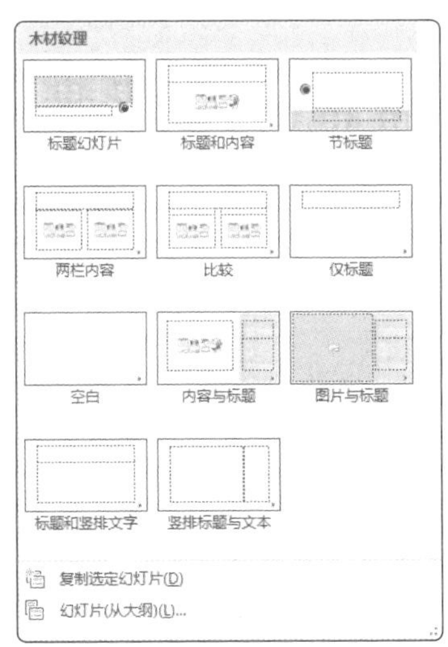

图2-17

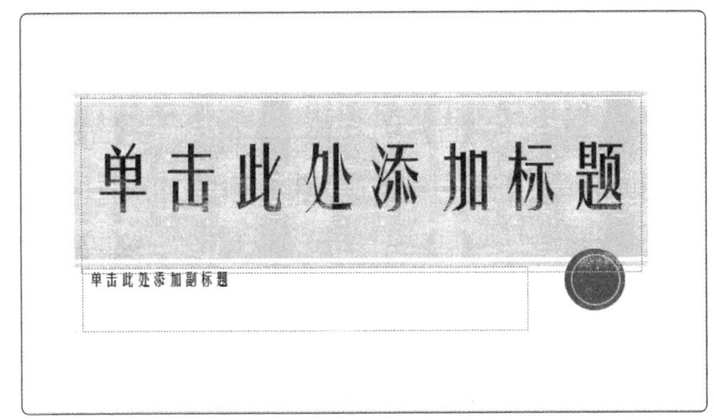

图2-18

在该版式中除了标题文本可以编辑外，其他元素都是无法编辑的。如果需要调整，就要使用幻灯片母版功能。简单地说，母版是用来修改版式的。在“视图”选项卡中单击“幻灯片母版”按钮即可进入母版视图界面，如图2-19所示。在该界面中，用户可选择相应的版式页面进行修改。

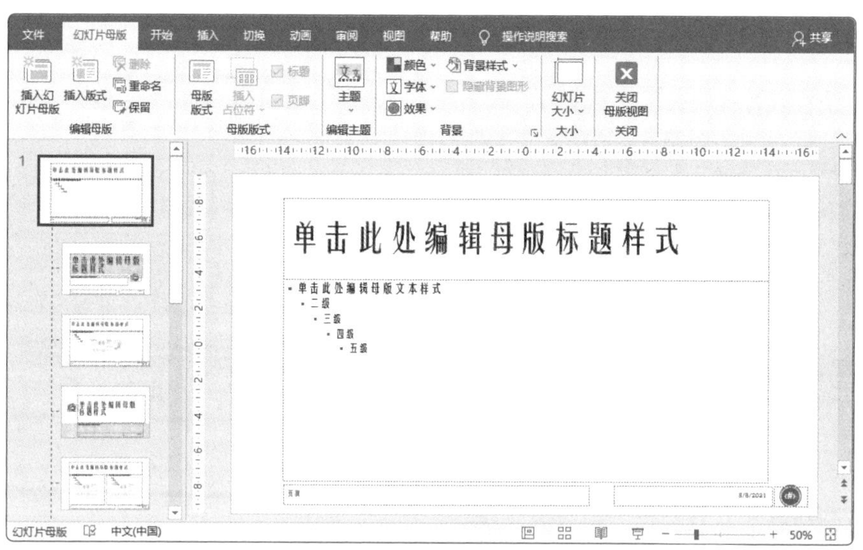

图2-19

2.2.2 修改并调用版式

在了解了母版和版式的关系后，接下来就可以动手修改内置的版式了。

[实操2-5] 修改语文考前辅导课件版式

[实例资源] 第2章\例2-5

微课视频

下面对语文考前辅导课件的目录页、内容页的版式进行修改，具体操作如下。

STEP 1 打开“语文考前辅导 .pptx”素材文件，在“视图”选项卡中单击“幻灯片母版”按钮，进入母版视图界面，选择“节标题 版式”页，如图 2-20 所示。

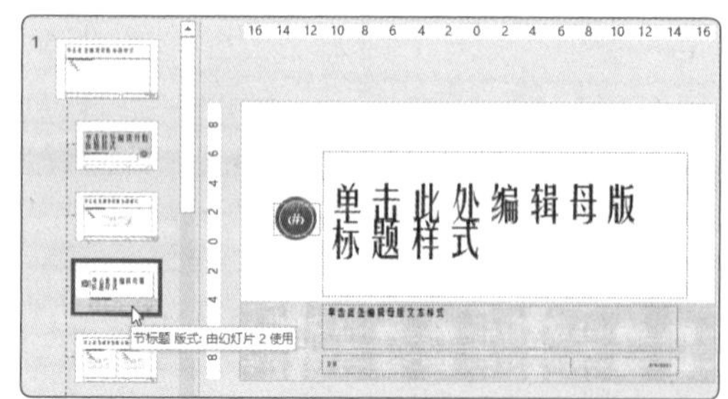

图2-20

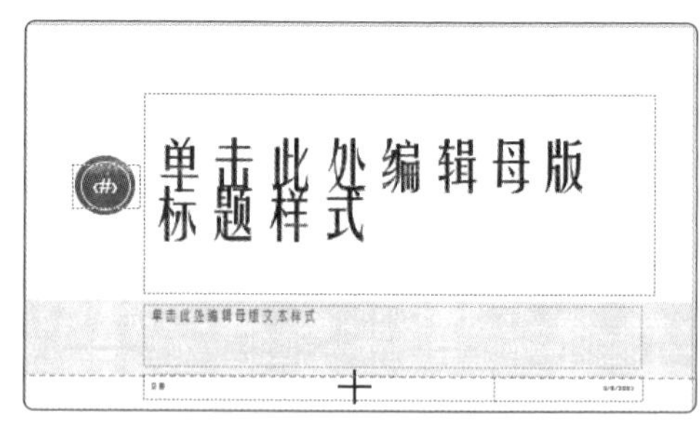

图2-21

STEP 2 选中页面中的灰色矩形，适当调整其大小，并按 Ctrl+C 组合键复制，如图 2-21 所示。

STEP 3 选择“标题和内容 版式”页，按 Ctrl+V 组合键粘贴矩形，并调整该矩形的大小和位置。删除该页内所有的文本框，如图 2-22 所示。

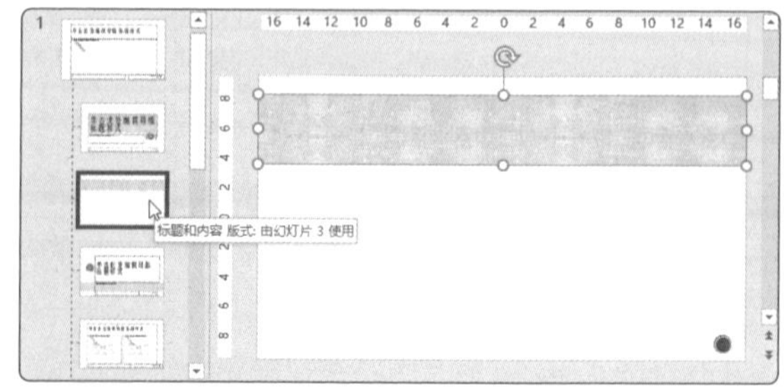

图2-22

STEP 4 选择“空白 版式”页，按 Ctrl+V 组合键粘贴矩形，并调整好矩形的大小和位置。删除该页内所有的文本框，如图 2-23 所示。

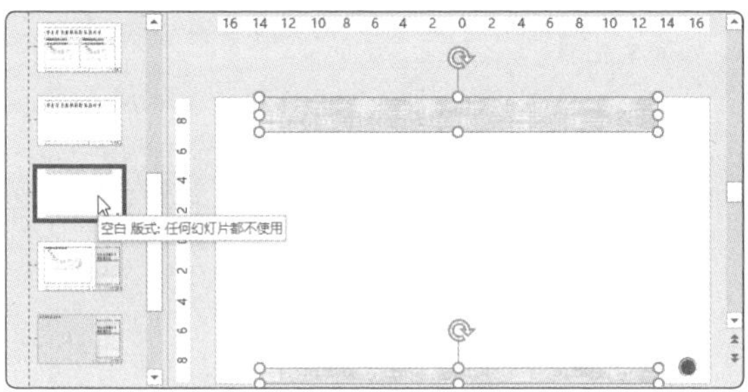

图2-23

STEP 5 设置完成后单击“关闭母版视图”按钮，返回到普通视图界面。此时会发现目录页的版式已经发生了相应的变化，如图 2-24 所示。

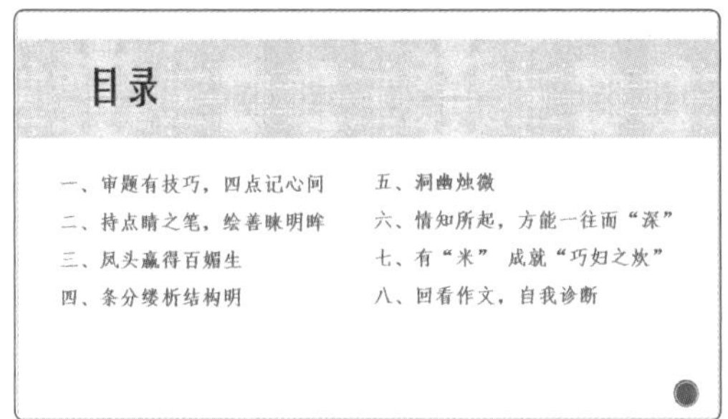

图2-24

STEP 6 结合 Shift 键选中所有内容页，在“开始”选项卡中单击“版式”下拉按钮❶，在列表中选择设置好的“空白”版式❷，如图 2-25 所示。

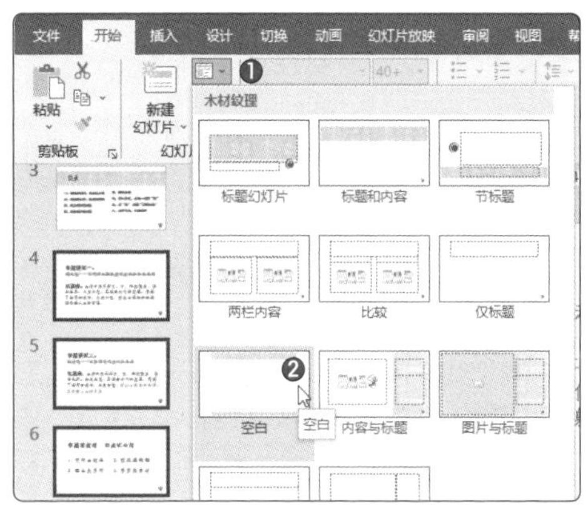

图2-25

STEP 7 设置完成后，所有被选中的内容页均套用了设置好的版式，如图 2-26 所示。

图2-26

2.3 设置个性化页面版式

以上介绍的是内置版式的使用方法，如果用户认为这些版式都不太适合，那么可以重新布局页面版式。下面介绍自定义版式的一些常用技巧，其中包括版式设计原则、常见的版式布局及好用的排版工具等。

2.3.1 版式设计原则

在对页面进行排版时，通常需遵循亲近、对比、重复、对齐这4项原则。

- 亲近。将页面中的内容分门别类，相关联的内容可以靠近一些，不相关的内容可以隔远一些。这样可以呈现出清晰的内容结构，以便观者迅速筛选信息。图2-27所示排版方式让人感觉很拥挤，容易产生压迫感，阅读起来很累；而图2-28所示排版方式则给人很轻松的感觉，各段落的间距恰到好处。
- 对比。用户可通过修改大小、颜色、远近、虚实等方式，构建出内容的主次关系，让观者将目光快速聚焦到关键内容上。从图2-29、图2-30所示两张幻灯片来看，后者达到了突出重点的目的。

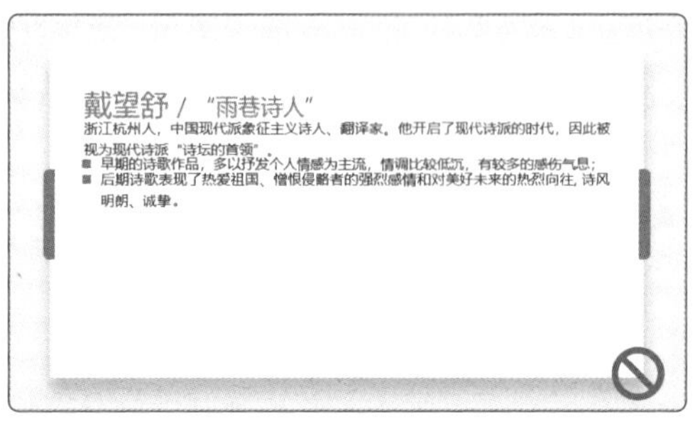

图2-27

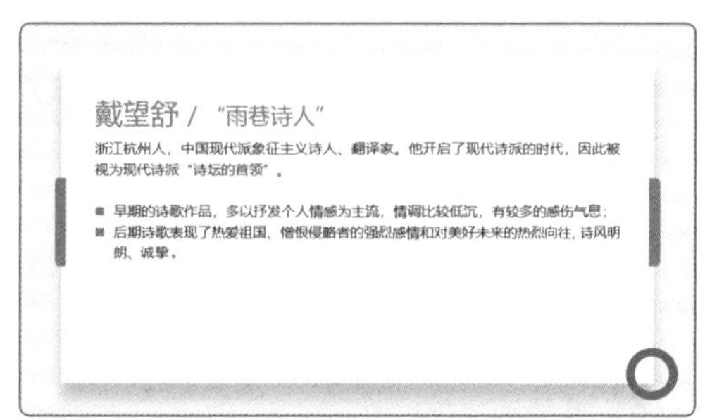

图2-28

图2-29

图2-30

● 重复。重复使用相同的颜色、相同的形状、相同的字体等，使PPT内容具有统一的风格，如图2-31所示。

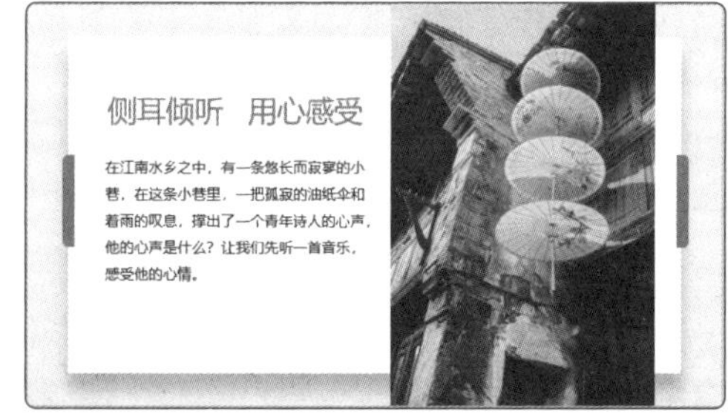

图2-31

● 对齐。页面元素与元素之间都存在着某种视觉关联，不能随意摆放，否则会显得非常混乱。对齐是为了让画面更加清爽整洁，使内容更具条理性，从而很好地传达信息，如图2-32所示。

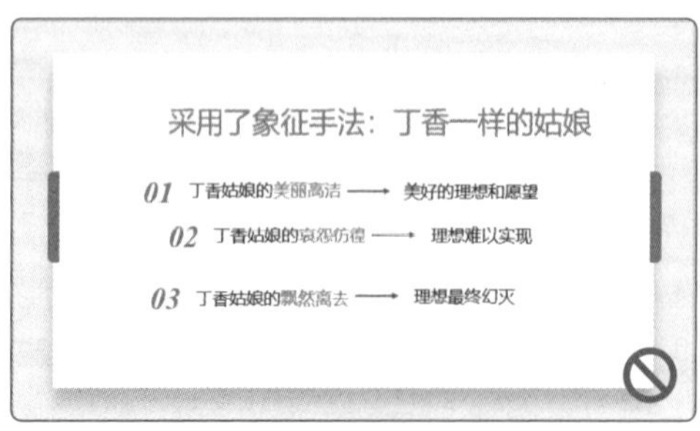

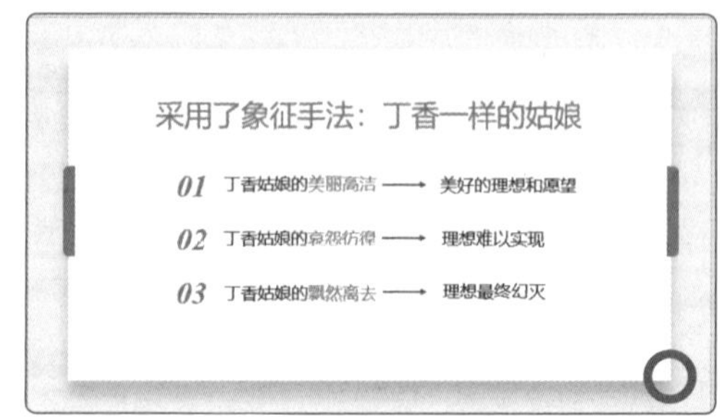

图2-32

2.3.2 常见的版式布局

简单地说，版式就是将文字、图片、图形等元素按照合理的规划进行摆放，使页面看起来简洁、大方。常见的页面版式大致分为4种，分别为左右型版式、上下型版式、居中型版式及全图型版式。

- 左右型版式。该版式将页面分成左右两个部分，左边放图片，右边放文字，或者左边放文字，右边放图片，如图2-33所示。

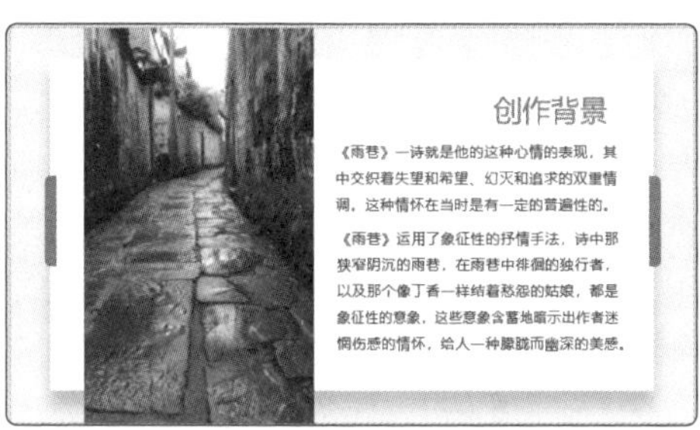

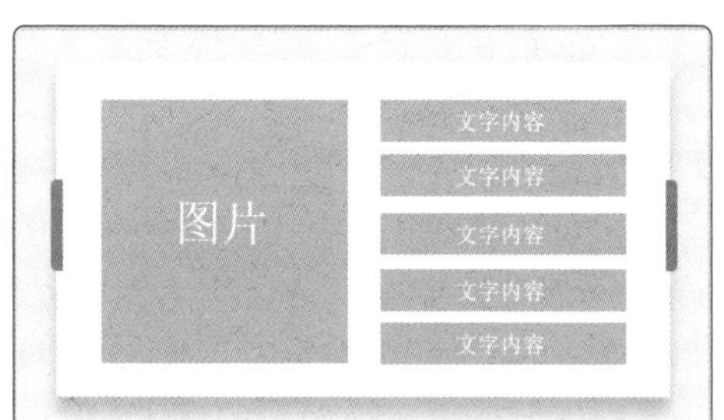

图2-33

- 上下型版式。该版式将页面分为上、下两个部分，上图下文或上文下图都是可以的，如图2-34所示。

图2-34

- 居中型版式。该版式将内容居中对齐，画面聚焦在内容本身。虽然这种版式比较简单，但可以有效地突出主题，聚集全场焦点，如图2-35所示。

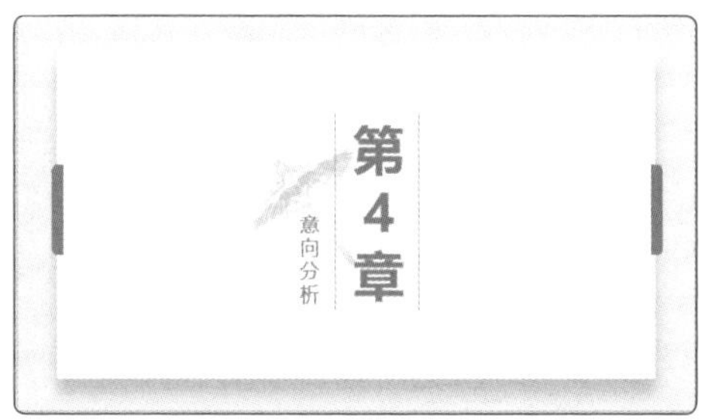

图2-35

- 全图型版式。该版式是将图片作为页面背景的一种排版形式。当页面内容较少时，可以采用这种版式，使页面更有场景感，以吸引观者的注意力，如图2-36所示。

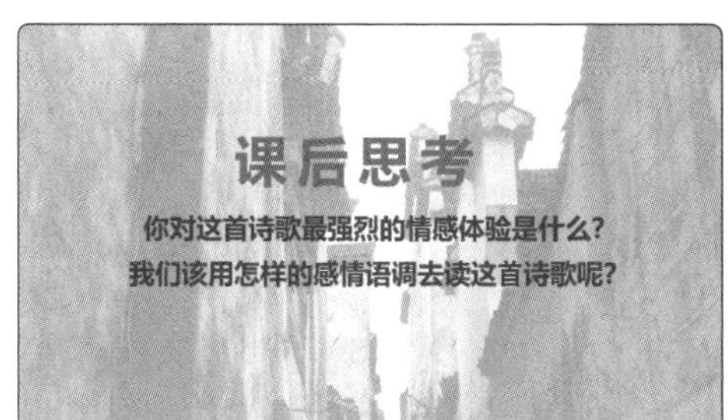

图2-36

2.3.3 实用的排版工具

参考线和对齐工具是两款很实用的排版工具。利用参考线可以精准地对齐页面元素；而利用对齐工具则可将多个相关联的元素快速对齐，实现等距离分布的效果。

1. 参考线

利用参考线可以有效地定位页面中的各个元素。默认情况下，参考线功能是关闭的，如需启用，可在“视图”选项卡中勾选“参考线”复选框，此时页面正中会出现两条相互垂直的参考线，如图2-37所示。

图2-37

将鼠标指针放置在参考线上方，鼠标指针会呈双向箭头显示，按住鼠标左键拖曳鼠标至合适位置后松开，即可将参考线移动到指定位置。如果想要复制参考线，只需在按住Ctrl键的同时拖曳参考线即可，如图2-38所示。

调整好参考线的位置后，当用户使用图形工具绘制图形时，系统会自动将图形插入点吸附至参考线的交点，从而实现精准绘图，如图2-39所示。

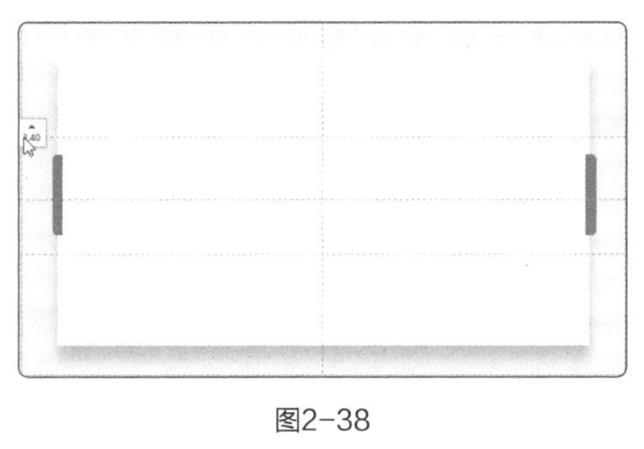

图2-38

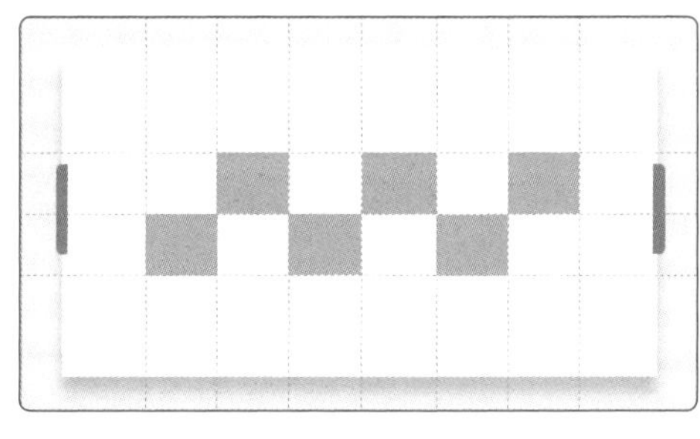

图2-39

[实操2-6] 利用参考线自定义版式

[实例资源] 第2章\例2-6

微课视频

利用参考线可以先对页面进行合理的规划，制作出大致的布局板块，然后再利用各种元素进行填充，以丰富内容。下面介绍其具体操作。

STEP 1 打开“自定义页面版式 .pptx”素材文件，启用“参考线”功能。复制参考线并调整好各参考线的位置，如图 2-40 所示。

图2-40

STEP 2 插入两张图片素材，并根据参考线的位置，调整好图片的大小。必要时可使用“裁剪”功能对图片进行裁剪，效果如图 2-41 所示。

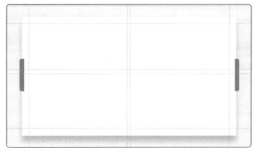

图2-41

STEP 3 根据参考线划定的范围，插入文本框，输入文本内容，同时调整好文字的字体、字号及颜色。此时，本页面的版式制作完成，最终效果如图 2-42 所示。

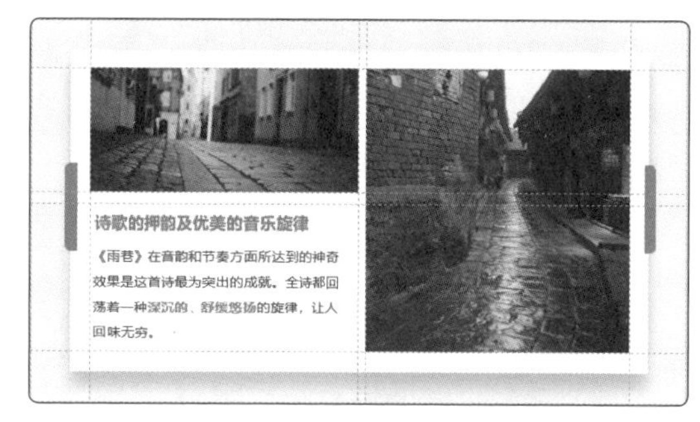

图2-42

应用秘技

要想删除参考线，只需选中要删除的参考线，并将其拖曳至页面外即可。此外，在参考线上单击鼠标右键，在弹出的快捷菜单中，可以对参考线的颜色进行设置。

2. 对齐工具

利用对齐工具可以实现一键对齐多个元素的操作。系统为用户提供了多种对齐方式，其中“水平居中”“垂直居中”“横向分布”“纵向分布”这4种对齐方式较为常用，如图2-43所示。

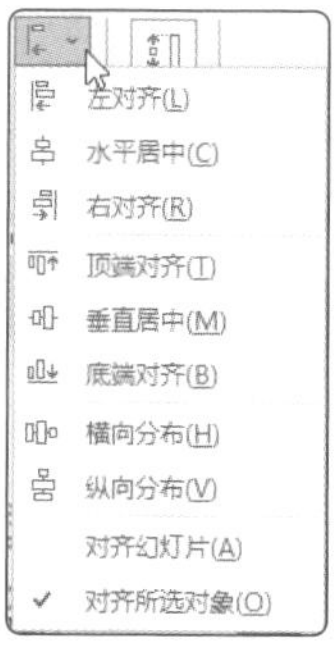

图2-43

[实操2-7] 快速对齐目录页的内容

[实例资源] 第2章\例2-7

微课视频

下面以对齐目录页的内容为例，介绍对齐工具的具体用法。

STEP 1 打开“课件目录页 .pptx”素材文件，可以发现该目录页的内容没有对齐，看上去很不美观，如图 2-44 所示。

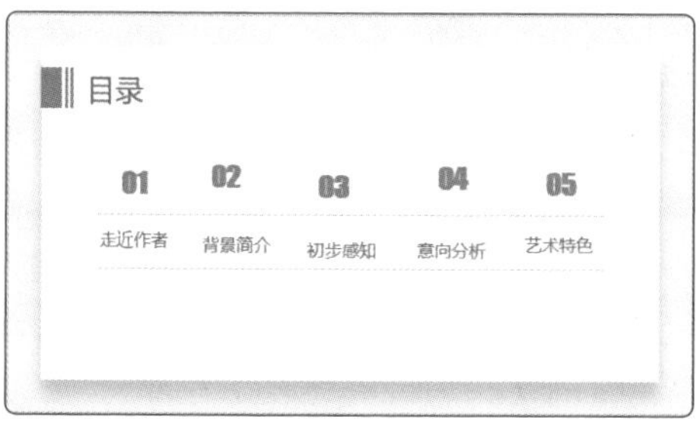

图2-44

STEP 2 按住 Ctrl 键，选中所有文字，如图 2-45 所示。

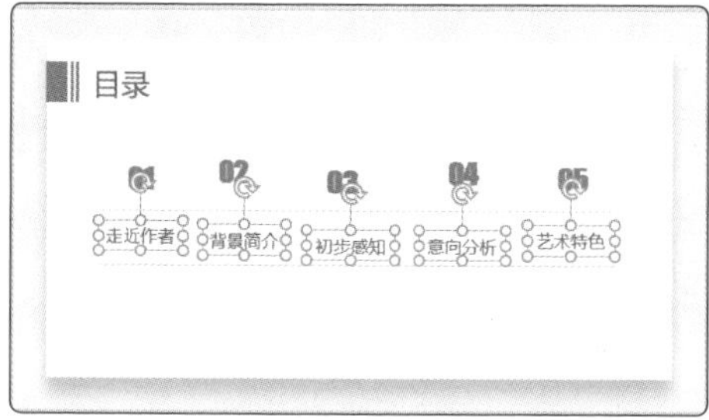

图2-45

STEP 3 在“绘图工具 - 格式”选项卡中单击“对齐对象”下拉按钮❶，在其列表中选择“垂直居中”选项❷，如图 2-46 所示。

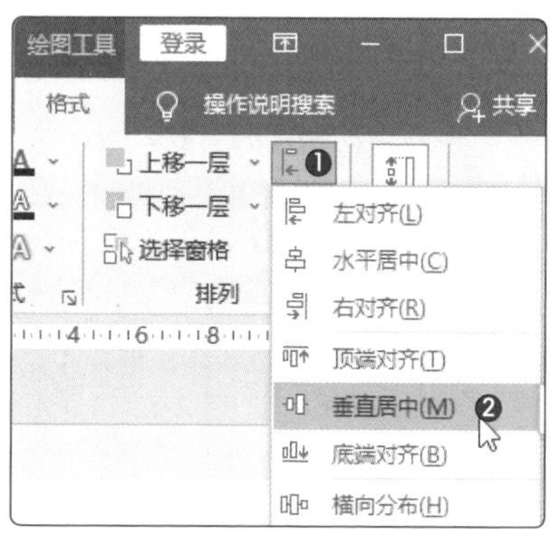

图2-46

STEP 4 此时，被选中的文字已居中对齐，如图 2-47 所示。

STEP 5 用同样的方法，选中所有数字内容，并将其先以“垂直居中”方式进行对齐，再以“横向分布”方式进行横向等距对齐，效果如图 2-48 所示。

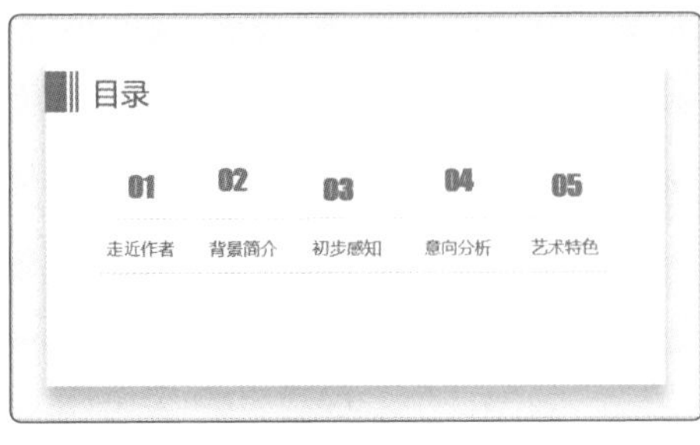

图2-47

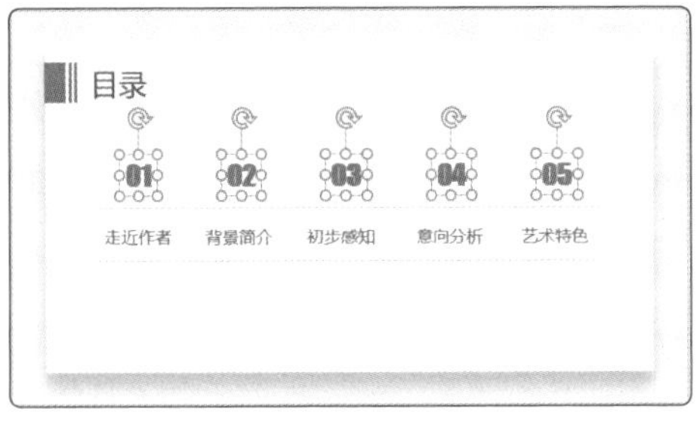

图2-48

STEP 6 将所有文字以“横向分布”方式进行等距对齐。

至此，目录页的内容对齐完毕，效果如图2-49所示。

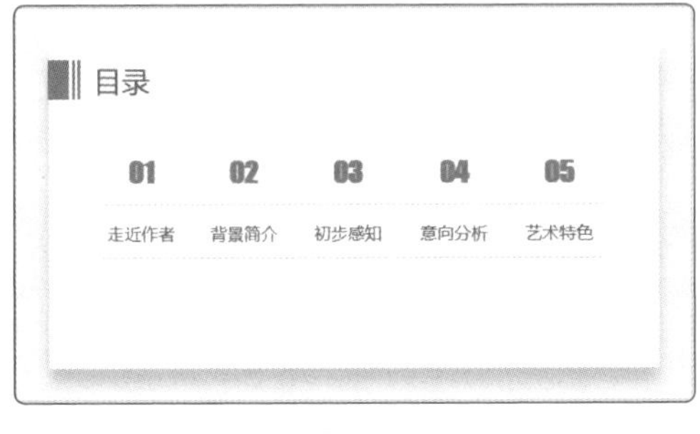

图2-49

2.4 必要的保存操作

相信读者对常规的保存操作都有所了解，按Ctrl+S组合键就可以快速保存。而有时也会出现意外情况，如计算机突然断电，但文件未能及时保存，这时可通过以下方法找回未保存的文件。

2.4.1 迅速找回未保存的文件

Office软件有自动保存的功能，当计算机出现意外情况时，用户可再次启动软件找回之前未保存的文件。此外，还可以通过系统默认的保存路径，找回最后一次保存的文件。下面介绍具体找回未保存文件的方法。

STEP 1 在“文件”选项卡中选择“选项”选项，打开“PowerPoint 选项”对话框，在左侧列表框中选择“保存”选项❶，打开“自定义文档保存方式”界面，选择并复制“自动恢复文件位置”文本框中的路径❷，如图 2-50 所示。打开文件资源管理器，并在地址栏中粘贴路径，按 Enter 键即可跳转到相应的文件窗口，如图 2-51 所示。

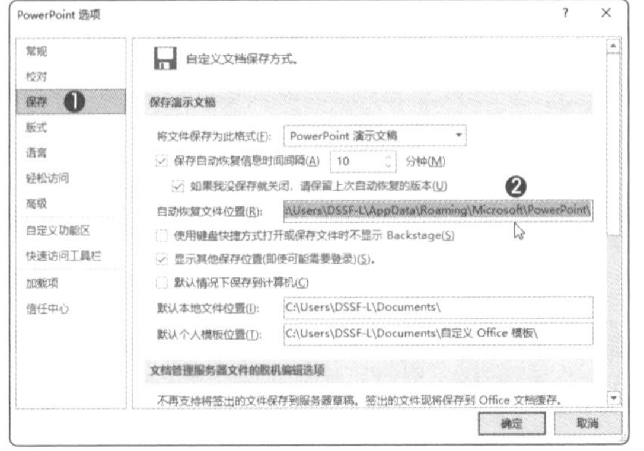

图2-50

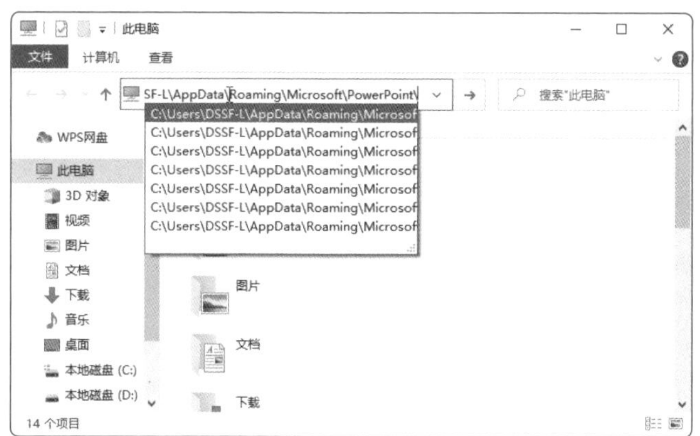

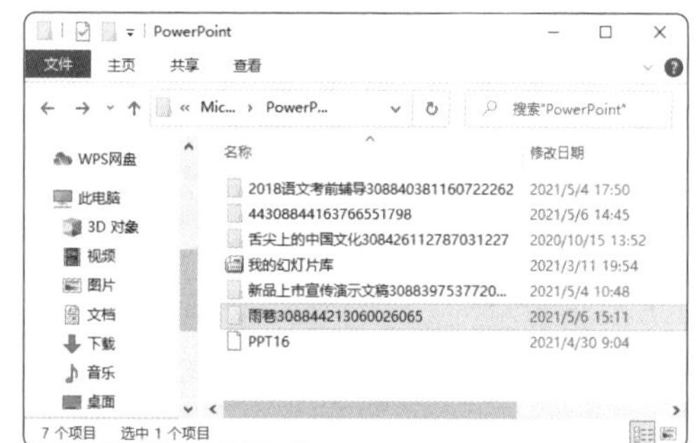

图2-51

STEP 2 在该窗口中双击最近一次保存的文件，文件会以只读方式打开，如图 2-52 所示。将其另存至其他位置后即可进行正常编辑。

图2-52

2.4.2 设置好自动保存的时间间隔

Office软件有自动保存的功能，能够帮助用户及时找回未保存的文件，但对保存时间间隔的设置还是有一定要求的。默认情况下，自动保存的时间间隔为10分钟。也就是说，系统每隔10分钟会自动保存当前文档。用户可以根据计算机性能的高低来设置自动保存的时间间隔。

打开“PowerPoint选项”对话框，在左侧列表框中选择“保存”选项，打开相应的界面，在“保存自动恢复信息时间间隔”右侧的数值框中输入时间值，单击“确定”按钮，如图2-53所示。

对于自动保存的时间间隔，如果设置得太短，系统频繁地进行保存，就可能会出现操作卡顿现象，从而影响PPT的制作；如果设置得太长，将达不到自动保存的目的，就可能会给用户带来很大的麻烦。所以，最佳的自动保存时间间隔为3～5分钟。

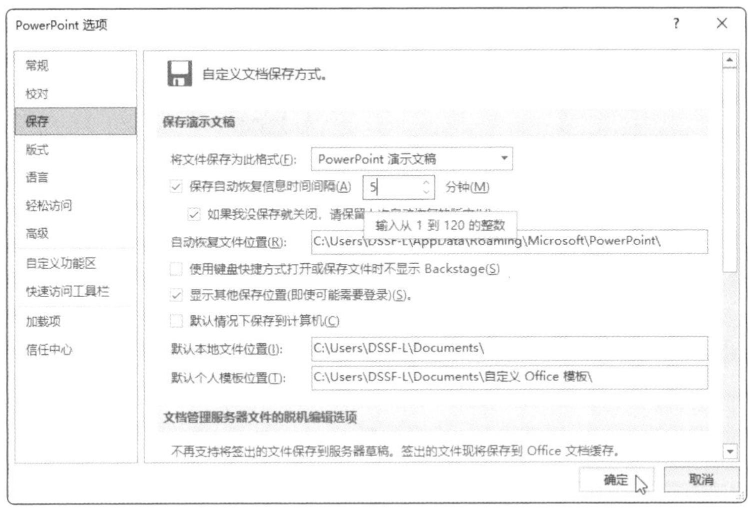

图2-53

制作语文考前辅导课件结尾页版式

微课视频

前面介绍了利用母版来调整页面版式的操作，接下来将对例2-5的版式进行完善，为其制作结尾页版式。

（1）利用母版制作结尾页版式，步骤如图2-54～图2-57所示。

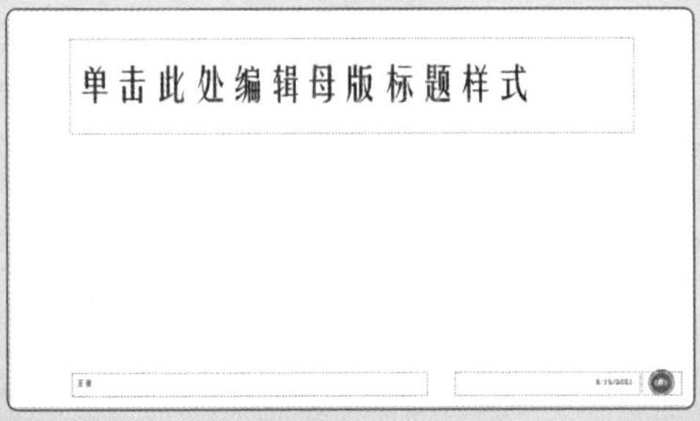

单击此处编辑母版标题样式

选择“仅标题”版式页

图2-54

勾选“隐藏背景图形”复选框，删除多余内容

图2-55

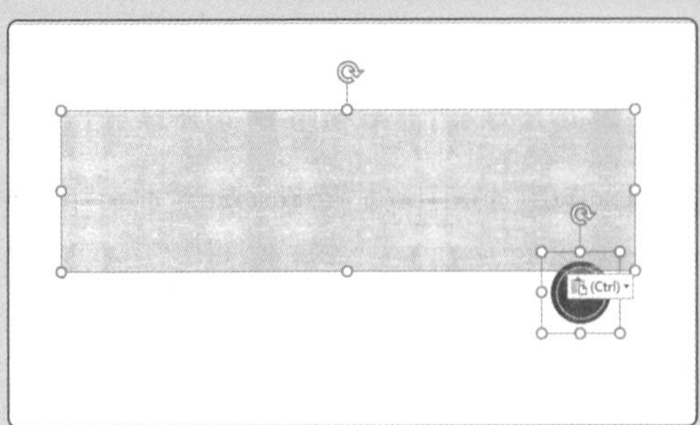

复制封面版式元素

图2-56

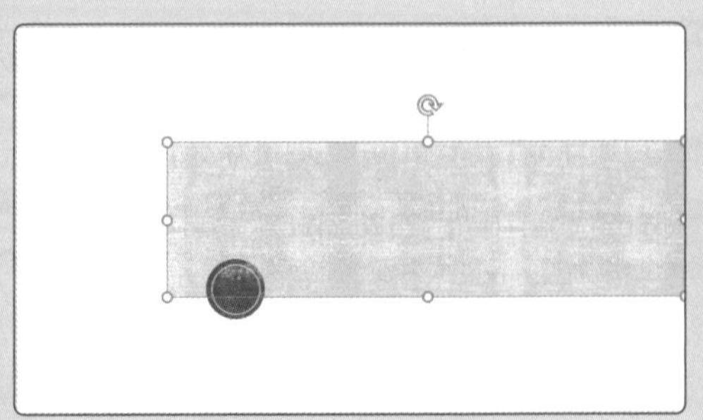

调整元素大小及位置

图2-57

（2）调用结尾页版式，并输入标题内容，步骤如图2-58和图2-59所示。

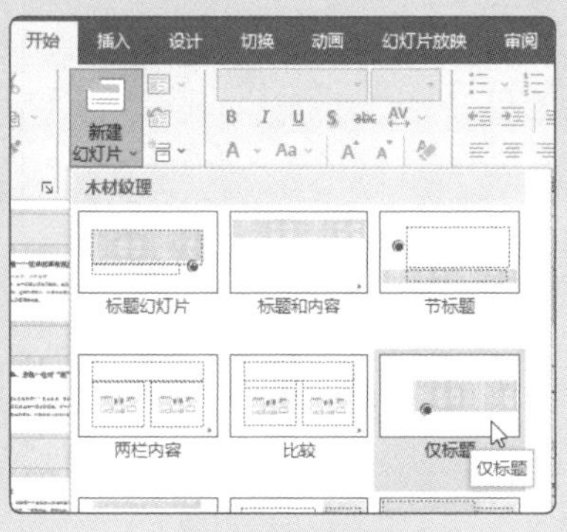

调用结尾页版式

图2-58

在文本框中输入结尾页标题

图2-59

疑难解答

Q1：设计页面版式时没有好的想法，怎么办？

A：新手要设计页面版式确实有点难度，但如果想让页面有好的效果，可以使用主题功能。用户可以在创建幻灯片时，选择使用主题模板。如果发现当前主题不合适，只需在“设计”选项卡中选择其他主题即可快速更换当前页面版式，如图2-60所示。此外，还可以通过“变体”选项组统一设置页面颜色、字体、效果和背景样式，如图2-61所示。

图2-60

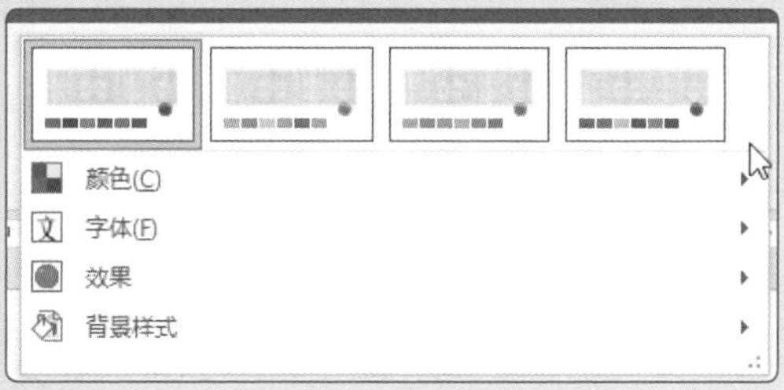

颜色(C)
字体(F)
效果
背景样式

图2-61

Q2：调整好主题后，如何保存以便后期调用呢？

A：设置好主题样式后，为了方便后期直接调用，可将主题予以保存。在“设计”选项卡的“主题”样式列表中选择“保存当前主题”选项，如图2-62所示。在弹出的“保存当前主题”对话框中设置好保存路径及文件名，单击“保存”按钮即可，如图2-63所示。当下次调用主题时，打开“主题”样式列表，选择“浏览主题”选项，在弹出的对话框中即可选择之前保存的主题。

图2-62

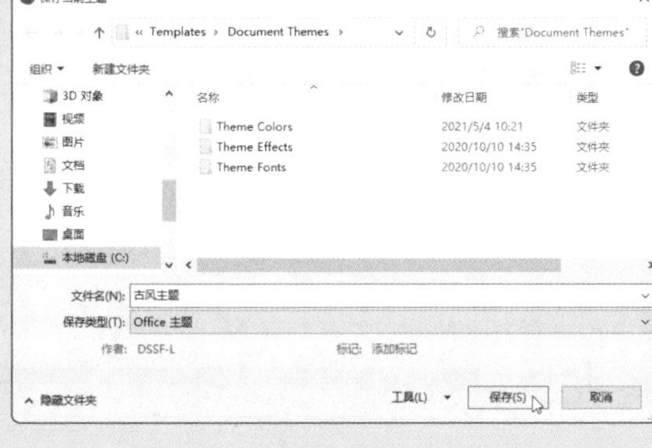

图2-63

Q3：如何隐藏幻灯片?

A：在导航窗格中选择所需幻灯片，单击鼠标右键，在弹出的快捷菜单中选择“隐藏幻灯片”选项，此时被选中的幻灯片的编号上显示“\”图样，说明该幻灯片已被隐藏，如图2-64所示。若要取消隐藏幻灯片，只需再次选择“隐藏幻灯片”选项即可。

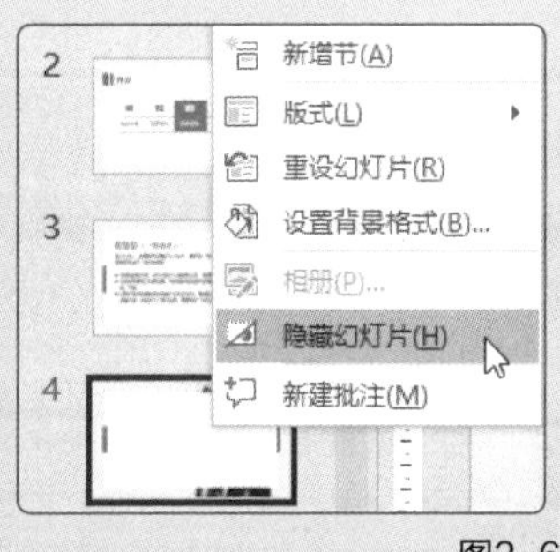

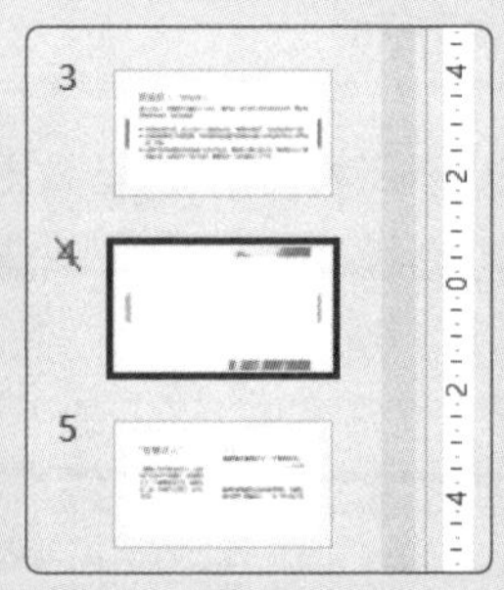

图2-64

Q4：PPT中的占位符是什么?

A：简单地说，占位符就是用来占位的。PPT中的占位符种类有很多，如文字占位符、图片占位符、图表占位符、表格占位符等。由于占位符使用起来比较烦琐，而且效果不太好，所以现在很少有人会使用占位符来设置版式。

Q5：浏览PPT的方式有哪些?

A：PPT主要通过普通视图、幻灯片浏览视图、阅读视图及幻灯片放映视图这4种模式进行浏览。其中，普通视图为默认的浏览模式。

- 普通视图。该视图左侧为幻灯片导航窗格，将鼠标指针移至该窗格中，滚动鼠标滚轮可预览所有幻灯片。此外，用户还可在窗格中对幻灯片进行一些基本操作，如新建幻灯片、复制幻灯片、移动幻灯片、隐藏幻灯片等。
- 幻灯片浏览视图。在该视图模式下，用户可以浏览当前PPT中的所有幻灯片。需要注意的是，在该模式下只能浏览而不能编辑幻灯片。若想对某张幻灯片进行编辑，需双击相应幻灯片切换至普通视图。
- 阅读视图。在该视图模式下，用户可以对幻灯片中的内容和动画效果进行浏览，按Esc键可返回到上一视图模式。
- 幻灯片放映视图。该视图与阅读视图相似，唯一不同之处在于，幻灯片放映视图是以全屏模式进行放映的，而阅读视图是以窗口模式进行放映的。按Esc键可退出放映状态，返回到普通视图界面。

第 3 章

简化文本很重要

文本是幻灯片的重要元素之一。处理文本的方式有很多种，但无论采用哪种，都要用对场合，这样才能锦上添花。本章将介绍如何在 PowerPoint 中简化文本。

3.1 学会提炼文本内容

烦琐的文本会让人产生压力，而简洁干练的文本会让人感到轻松愉悦。面对整页都是文字的幻灯片，想要快速地领会其中的意思，确实有些困难。这时就需要简化文本内容，提炼关键点，让所要表达的观点一目了然，便于观者阅读和记忆。

具体可通过以下3步简化文本。

1. 拆解段落

对于大段内容，用户需仔细阅读，然后根据内容大意拆解段落。例如，文本中有“首先”“然后”“最后”等类似字眼，可以据此对内容进行拆解并分段，如图3-1所示。

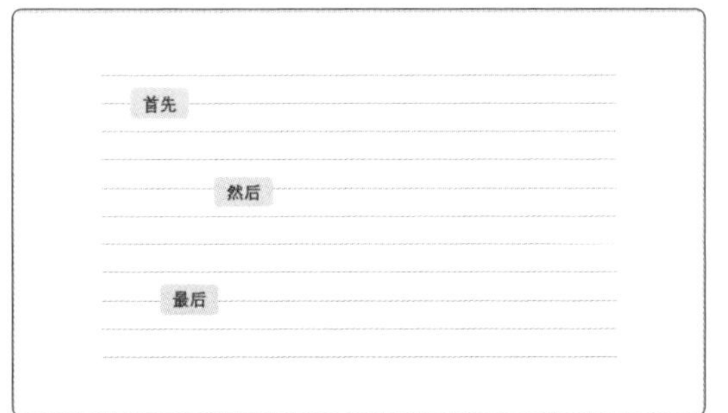

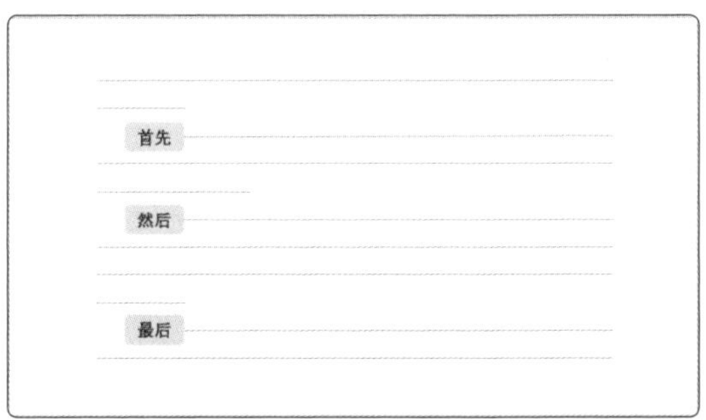

图3-1

2. 提炼关键词句

分段后，为分段的内容提炼关键词句或概括性词句。用户可直接在内容中查找关键的词或句，或者根据自己的理解对内容进行总结、概括，尽量用短句替换长句，如图3-2所示。

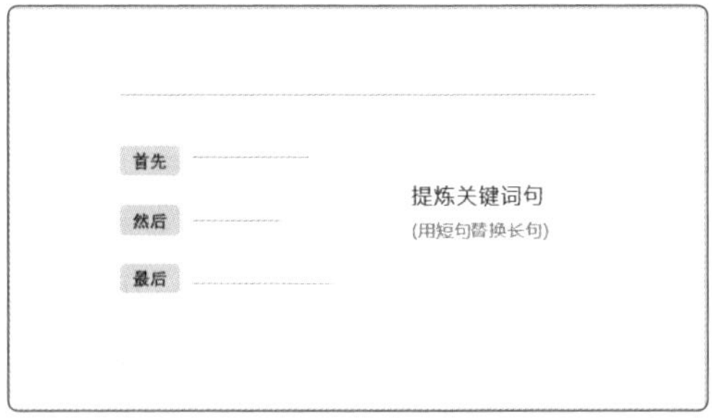

图3-2

3. 修饰美化页面

提炼内容后，页面会比较单调，用户可以利用各种装饰性元素来修饰页面。如果各段之间是并列关系，那么可以利用图形、图片元素来美化页面，如图3-3所示。如果各段之间是前因后果关系，那么可以利用流程图来修饰页面，如图3-4所示。

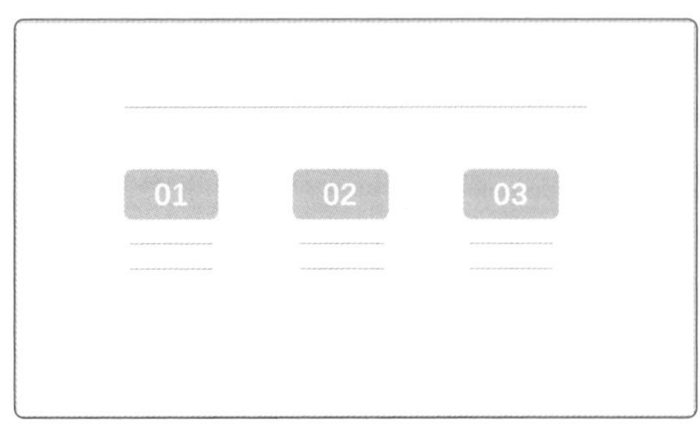

图3-3

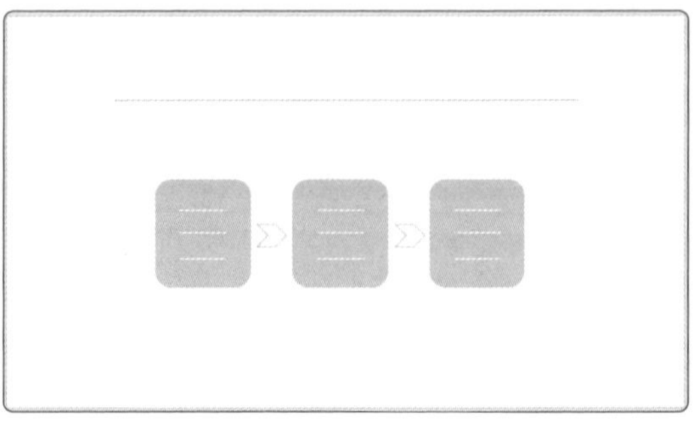

图3-4

应用秘技

如果遇到无法分段或提炼的文本内容，用户可根据实际情况进行优化。例如，一些辅助性语句（已经、终于、但是、所以……）、原因性语句（基于、因为、由于……）、解释性语句（冒号、引号、括号内的语句）都可以删除。因为在演讲时，演讲者可以将这些内容口述给观者，没有必要将前因后果都写入PPT。所以，PPT中只保留结果性语句即可。

3.2 选择合适的字体

字体与人一样，有其自身的性格和气质。制作PPT时，合理地选用字体可以起到锦上添花的作用。本节将介绍字体的分类及选用字体的小技巧。

3.2.1 字体的分类

常用字体可以分为两种：一种是衬线字，另一种是非衬线字。

衬线字的笔画开始和结束位置有额外的修饰性笔触。例如“宋体”就是标准的衬线字体，如图3-5所示。

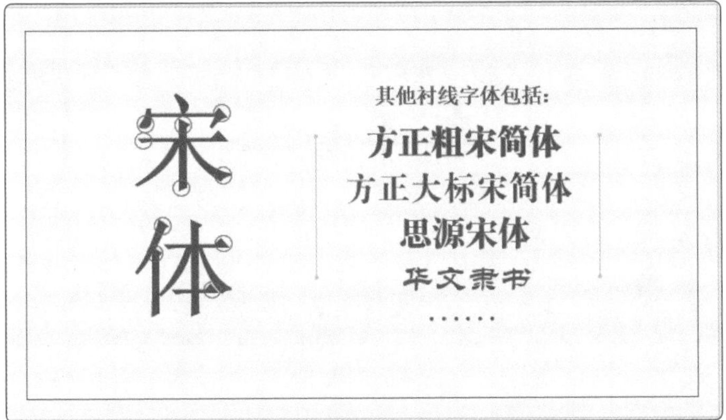

图3-5

衬线字看上去十分优雅，由于它有很强的装饰性，所以比较适用于标题内容，如图3-6所示。

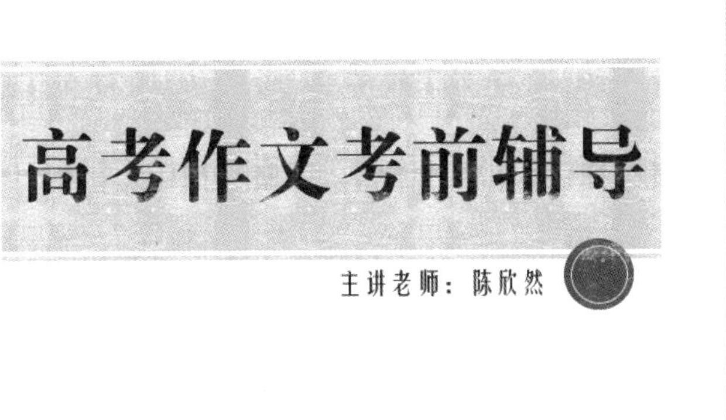

图3-6

与衬线字相比，非衬线字就显得简约大方，笔画干净整洁，没有过多的修饰笔触。其中“黑体”就是标准的非衬线字体，如图3-7所示。

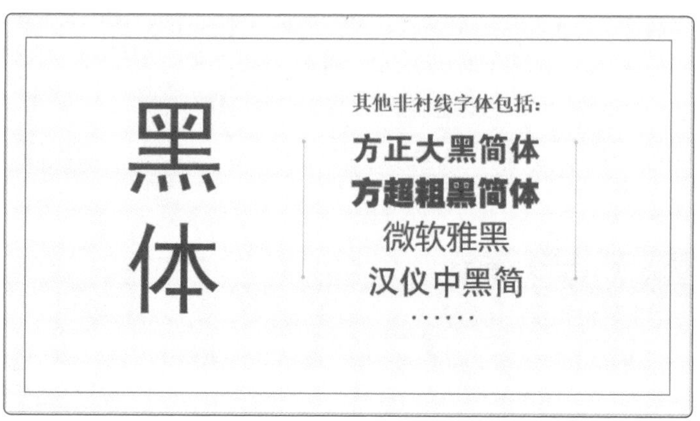

图3-7

非衬线字的可识别性很高，比较适用于正文内容。同时，该字体比较符合现代人干练、整洁、严谨的气质，所以成为职场商务PPT的通用字体，如图3-8所示。

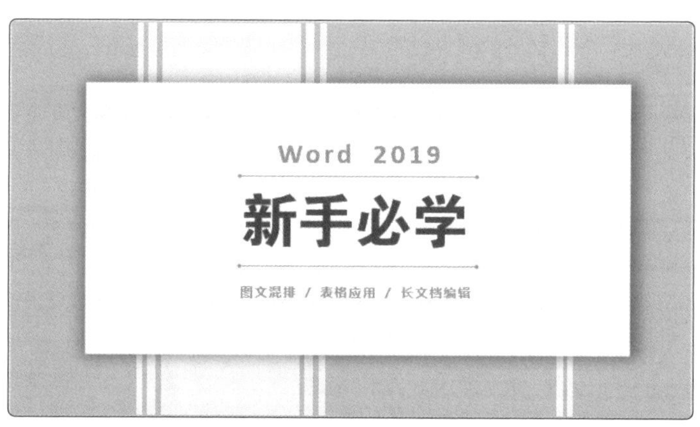

图3-8

基础入门篇

应用秘技

以上介绍的是一些常用字体的分类。除此之外，还有一些特殊的字体，如书法体、卡通体、创意广告体等。这些字体可统称为装饰字体，它们自带设计感，视觉冲击力强，一般用于封面标题。用户只要合理地运用各种字体，制作的PPT将会很出彩。

3.2.2 可免费商用的字体

除计算机自带的字体外，其余字体都是有版权限制的。在这种情况下，如果想尝试不同风格的字体，就要选用一些可免费商用的字体，如思源字体系列、站酷字体系列、方正字体系列等。

- 思源字体系列。思源字体系列中有部分字体是可免费商用的，如思源黑体、思源宋体、思源柔黑体、思源真黑体，如图3-9所示。

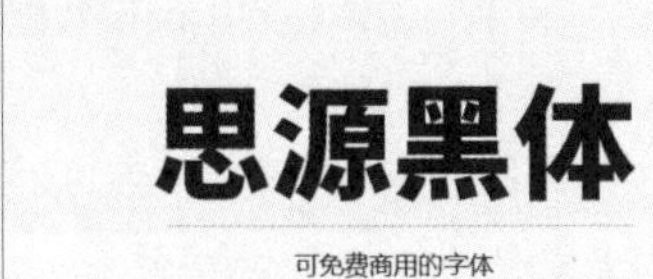

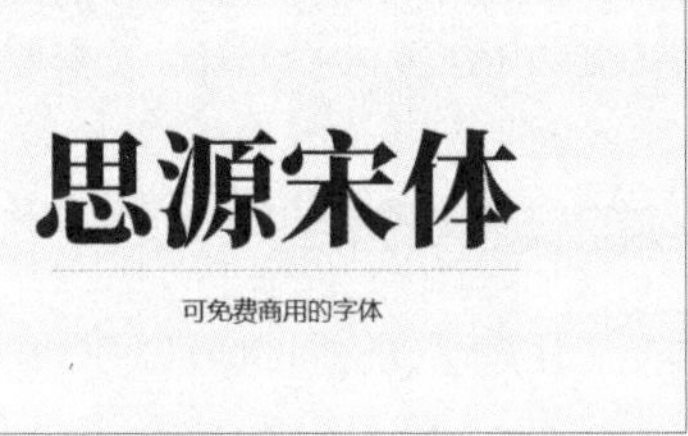

图3-9

- 站酷字体系列。站酷字体系列中可免费商用的字体有站酷高端黑、站酷酷黑、站酷快乐体、站酷庆科黄油体等，如图3-10所示。

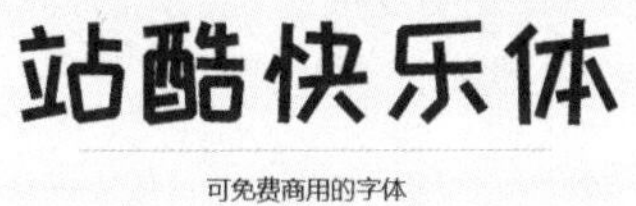

图3-10

- 方正字体系列。方正字体系列中可免费商用的字体有方正黑体、方正楷体、方正书宋和方正仿宋这4款，如图3-11所示。

图3-11

- 其他无版权限制的字体。除了上述常用的系列字体外，还有一些比较小众的无版权限制的字体可供使用。例如，王汉宗字体系列部分字体、文泉驿字体系列部分字体、装甲明朝体、阿里汉仪智能黑体等。

3.2.3 字体的安装与保存

下载好字体后，用户可以使用Ctrl+C和Ctrl+V组合键将其安装至C:\Windows\Fonts文件夹中，如图3-12所示。

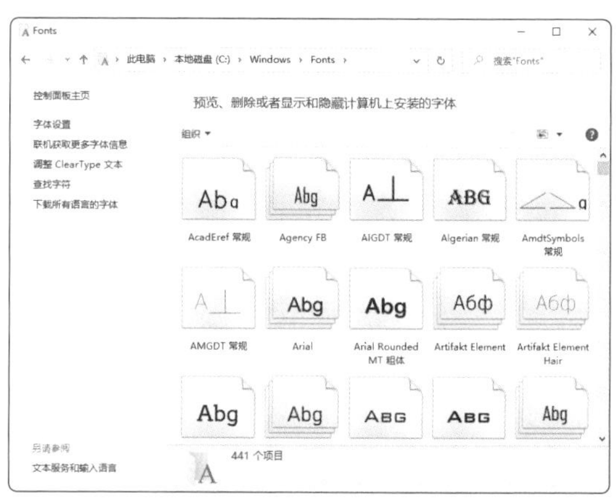

图3-12

有时在别人的计算机中打开自己的PPT时，会发现设置的字体完全变形了，这是因为别人的计算机中没有安装相应的字体。为了避免这种情况的发生，用户可将文字转换为图片。

[实操3-1] 保存数学课件封面的字体

[实例资源] 第3章\例3-1

当前数学课件封面的字体为免费的“站酷庆科黄油体”，是需要安装的。所以为了保证课件封面的字体在其他计算机中不发生变化，可将其以图片形式保存。

STEP 1 打开“数学课件 .pptx”素材文件，选择封面页中的标题文本框，按 Ctrl+C 组合键复制，在页面空白处单击鼠标右键，在弹出的快捷菜单中选择“粘贴选项”下的“图片”选项，如图 3-13 所示。

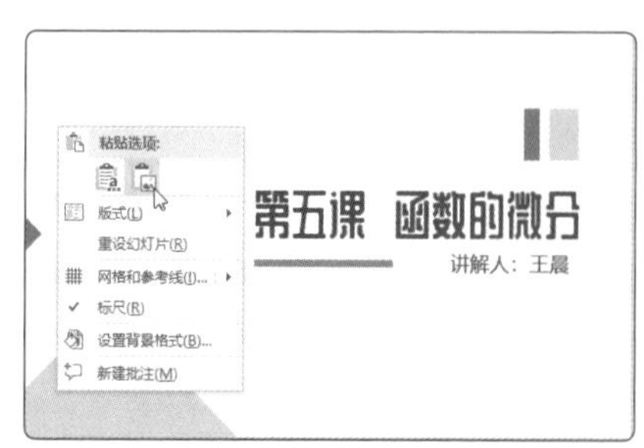

图3-13

STEP 2 此时选中的标题文本将以图片形式显示，删除原标题文本，调整好图片标题的位置即可，如图 3-14 所示。

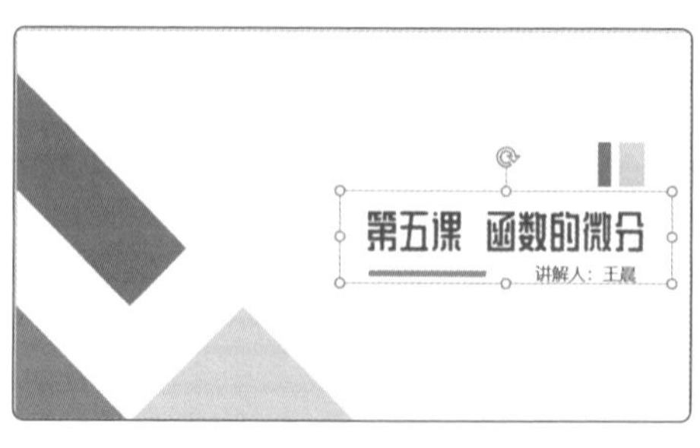

图3-14

新手提示

将文本保存为图片后，将无法对文本内容进行修改。所以，在保存之前要考虑好文本内容是否为最终状态。

3.3 文本的输入与编辑

相信读者对常规文本的输入方法都有所了解。但对一些非常规的文本，如公式、特殊符号等，就需要使用PPT中的“公式”和“符号”功能来操作。本节将以输入数学课件的内容为例，介绍特殊文本的输入方法，以及段落格式的设置操作。

3.3.1 输入特殊文本

如果需要在页面中输入一些特殊符号，就需启用“符号”功能进行操作。在“符号”对话框中，用户可根据需要插入各式各样的符号。例如数学运算符、拼音、货币符号、上标或下标，以及各类小图标等，用户可在“子集”列表中进行选择。图3-15所示为拼音字符；图3-16所示为各类小图标。

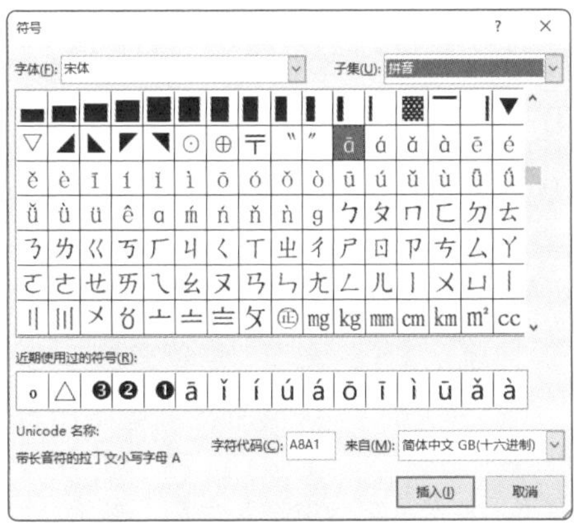

图3-15

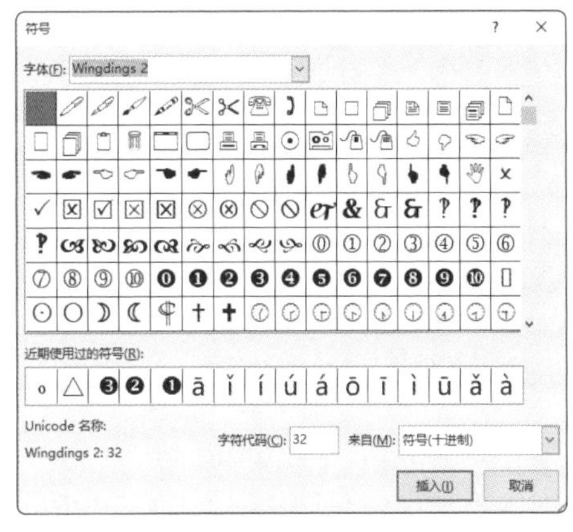

图3-16

如果需要在页面中输入公式，可在“公式工具-设计”选项卡中进行设置。在该选项卡的“符号”选项组中可以选择各类公式符号，在“结构”选项组中可以设计公式的各类组成结构，如图3-17所示。

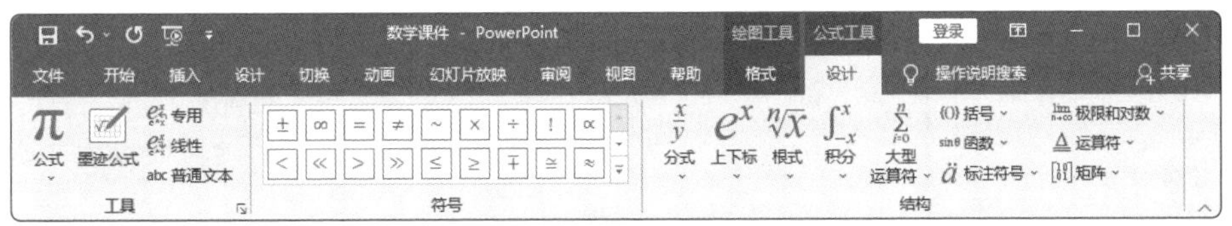

图3-17

[实操3-2] 输入数学公式

[实例资源] 第3章\例3-2

微课视频

在制作一些理科类课件时，公式及符号的输入是无法避免的。如何能够快速准确地输入各类公式的内容呢？下面以输入数学课件中的公式为例，介绍具体的操作方法。

STEP 1 打开“数学课件.pptx”素材文件，选择第3张幻灯片，将鼠标指针定位至下划线处，在“插入”选项卡中单击“公式”下拉按钮❶，在列表中选择“插入新公式”选项❷，如图3-18所示。

STEP 2 此时下划线处会显示“在此处键入公式。”字样，“公式工具-设计”选项卡也会打开，如图3-19所示。

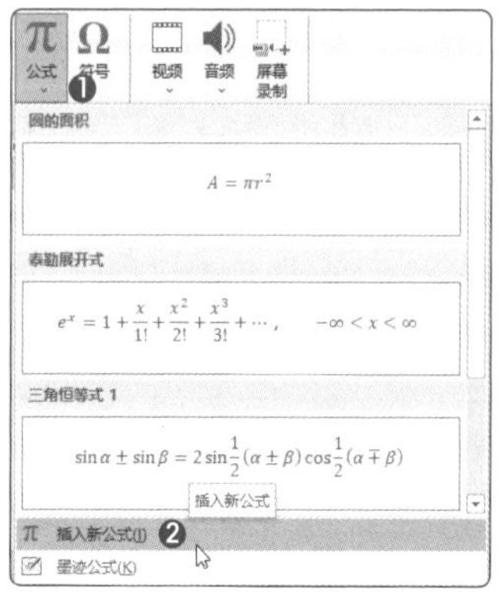

图3-18

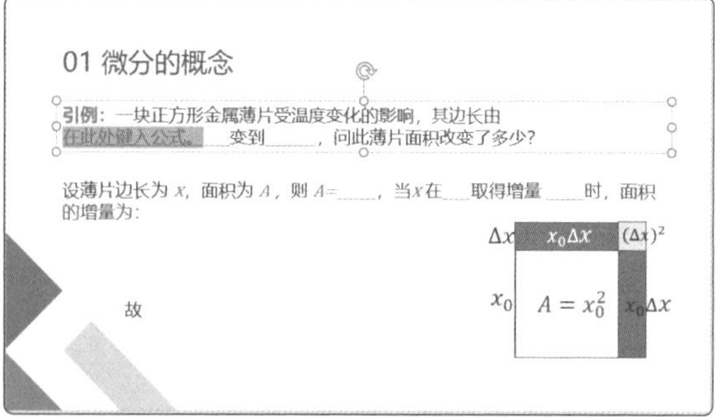

图3-19

STEP 3 在“结构”选项组中单击“上下标”下拉按钮❶，在列表中选择“下标”选项❷，此时下划线处会显示下标填充方框❸，如图 3-20 所示。

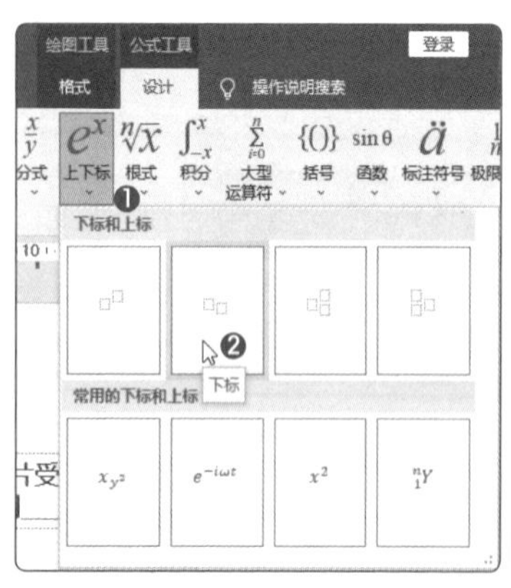

图3-20

STEP 4 根据需要在填充方框中输入内容，单击页面空白处即可完成公式的输入，然后取消该公式的下划线，如图 3-21 所示。

STEP 5 将“x_0”公式复制到第 2 条下划线处，并在其后输入“+”符号，选择“公式工具 - 设计”选项卡，在“符号”选项组中选择“△”符号，将其插入该公式中，如图 3-22 所示。

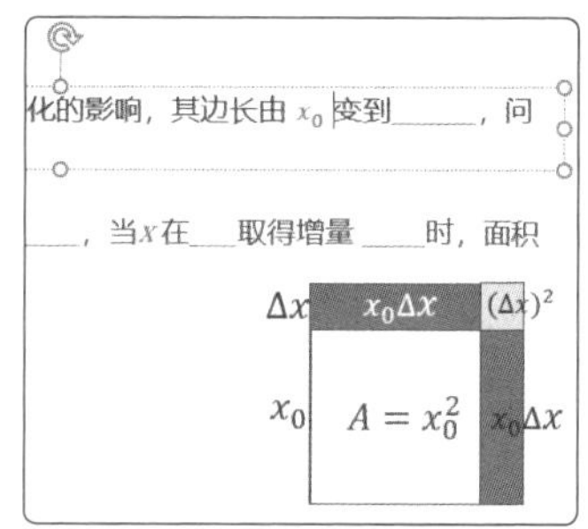

图3-21

图3-22

STEP 6 在公式后直接输入“x”，单击公式外任意位置，并取消下划线，即可完成输入，如图 3-23 所示。

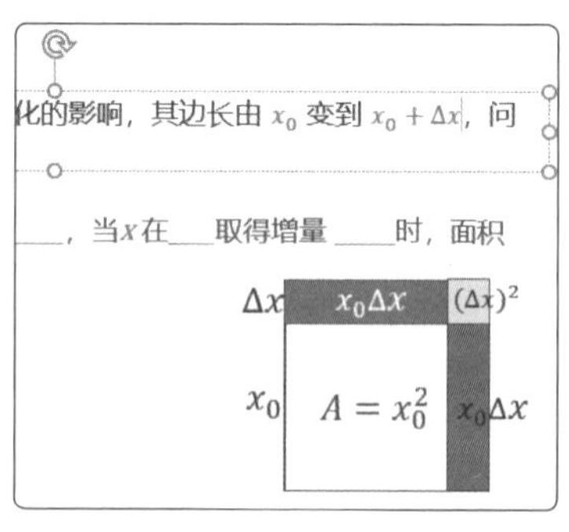

图3-23

新手提示

添加上标或下标后，如果需要在其后输入其他公式内容，应该先按“→”方向键，待退出上、下标模式后再输入，否则输入的内容将一直处于上标或下标状态。

STEP 7 按照同样的方法在其他下划线处输入公式，如图 3-24 所示。

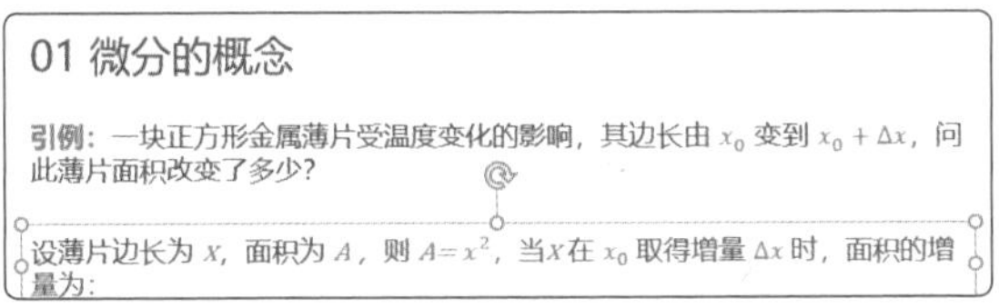

01 微分的概念
引例：一块正方形金属薄片受温度变化的影响，其边长由 x_0 变到 $x_0+\Delta x$，问此薄片面积改变了多少？
设薄片边长为 x，面积为 A，则 $A=x^2$，当x在 x_0 取得增量 Δx 时，面积的增量为：

图3-24

STEP 8 在页面中插入一个横排文本框，在“公式”列表中选择“墨迹公式”选项，如图 3-25 所示。

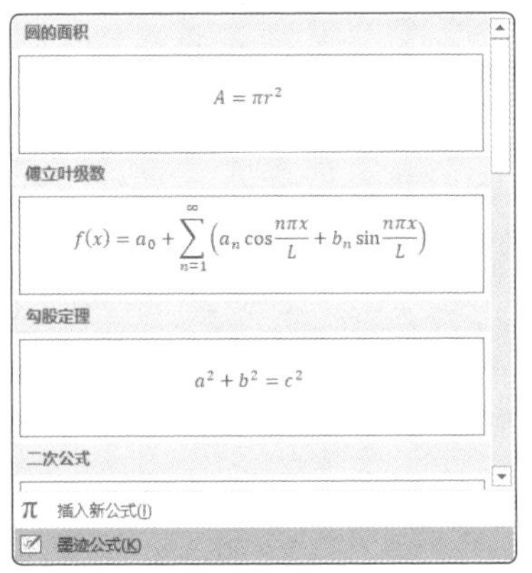

图3-25

STEP 9 在弹出的“数学输入控件”对话框中手动输入公式内容，此时系统会自动识别输入的公式，并显示在上方的预览框中，如图 3-26 所示。

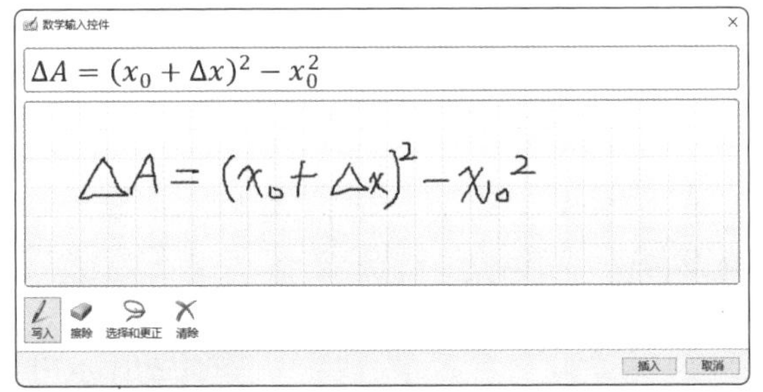

图3-26

应用秘技

在手动输入公式时，如果书写有误，或系统识别错误，可单击“擦除”按钮擦除有误的内容，再单击“写入”按钮重新写入正确的内容。在手动输入过程中要一笔一画地书写，不要连笔书写，否则系统将无法识别所写内容。

STEP 10 确认公式无误后单击“插入”按钮，即可将输入的公式插入文本框中，如图 3-27 所示。

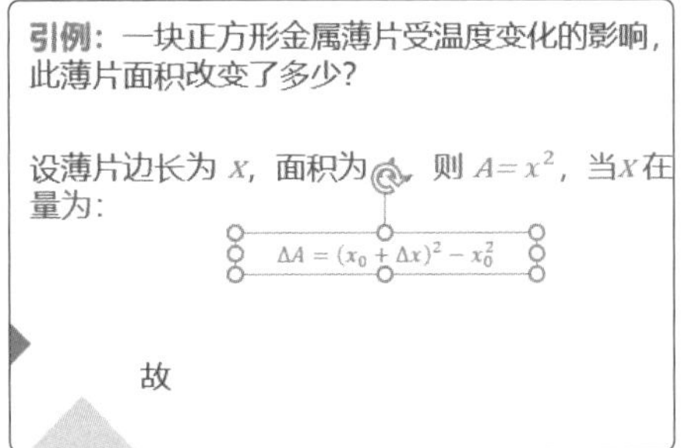

图3-27

STEP 11 将公式字号大小调至适中。同样使用“墨迹公式”功能，输入其他公式，并调整好字号大小及公式位置。

至此，该页面的数学公式输入完成，如图3-28所示。

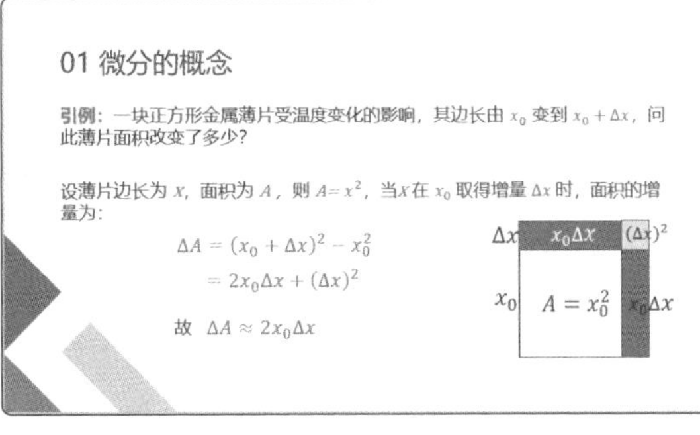

图3-28

上述案例介绍了两种输入公式的方法：一种是利用“插入新公式”功能操作，另一种是利用“墨迹公式”功能操作。两种方法都可以按顺序插入公式，用户可以根据公式的复杂程度来选择使用。对于结构比较复杂的公式，可以使用“墨迹公式”功能；相反，对于结构简单的公式，可以使用“插入新公式”功能。

3.3.2 字号大小有讲究

大多数人都会忽略页面字号大小这个问题，以至于在放映PPT时，显示的字号不是过大就是过小。字号过大，会显得整个页面的内容很拥挤；字号过小，会使观者无法看清页面内容。本节根据PPT的类型给出字号参考范围，如表3-1所示。

表3-1

PPT类型	最小字号值	最佳取值范围
演讲型PPT（专人演讲）	16号	18～28号
阅读型PPT（在手机或计算机上阅读）	10号	12～16号

上表中介绍的字号范围是针对内容页而言的。对于封面页、过渡页、结尾页等一些特殊页面而言，其内容的字号肯定要大于28号。图3-29所示封面页标题的字号为60号；图3-30所示内容页的字号为24号。在内容页中，页标题的字号是页面中最大的，小标题的字号次之，正文的字号可与小标题的字号一致或比小标题的字号更小。

第五课 函数的微分
讲解人：王晨

图3-29

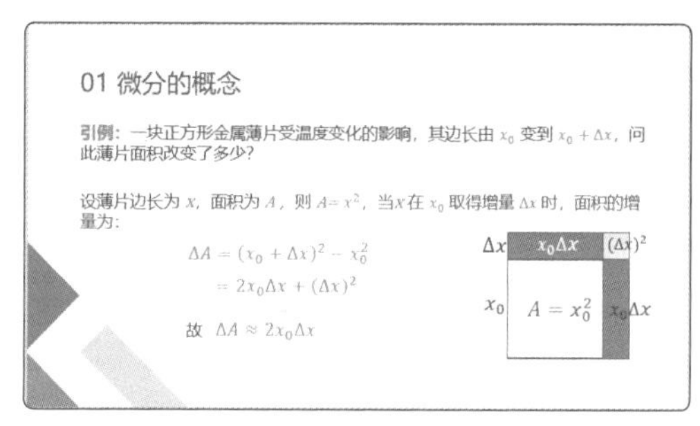
01 微分的概念
引例：一块正方形金属薄片受温度变化的影响，其边长由 x_0 变到 $x_0+\Delta x$，问此薄片面积改变了多少?
设薄片边长为 x，面积为 A，则 $A=x^2$，当 x 在 x_0 取得增量 Δx 时，面积的增量为：
$\Delta A=(x_0+\Delta x)^2-x_0^2$
$=2x_0\Delta x+(\Delta x)^2$
故 $\Delta A\approx 2x_0\Delta x$
Δx
$x_0\Delta x$
$(\Delta x)^2$
x_0
$A=x_0^2$
$x_0\Delta x$

图3-30

当然，在调整特殊页面的字号时，并非字号越大越好，而是要在保证能看清页面内容的情况下，以字号较小为优，这样页面才会显得比较精致。

应用秘技

影响字号大小的因素有很多，如放映场地的大小、投影幕布的尺寸大小、观众与幕布间的距离，还有字体的颜色、粗细等。因此，判断字号是否合适的最好方法就是提前去现场，并坐在最后一排测试能否看清页面的内容。

基础入门篇

3.3.3 字体的快速替换

对单张页面中某一个字或词的字体进行替换的操作很简单。但如果要批量替换所有页面中的某一类字体，该如何操作呢？其实也很简单，利用“替换字体”功能即可轻松解决。

[实操3-3] 快速替换数学课件中的字体

[实例资源] 第3章\例3-3

微课视频

数学课件正文的字体为“微软雅黑”，将其批量替换为“思源宋体 Heavy”的具体操作如下。

STEP 1 打开“数学课件 .pptx”素材文件，选择封面页，在“开始”选项卡中单击“替换”下拉按钮❶，在其列表中选择“替换字体”选项❷，打开“替换字体”对话框，如图 3-31 所示。

STEP 2 将“替换”选项设为“微软雅黑”❶，将“替换为”选项设为“思源宋体 Heavy”❷，如图 3-32 所示。

STEP 3 设置好后单击“替换”按钮，即可完成批量替换字体的操作，如图 3-33 所示。

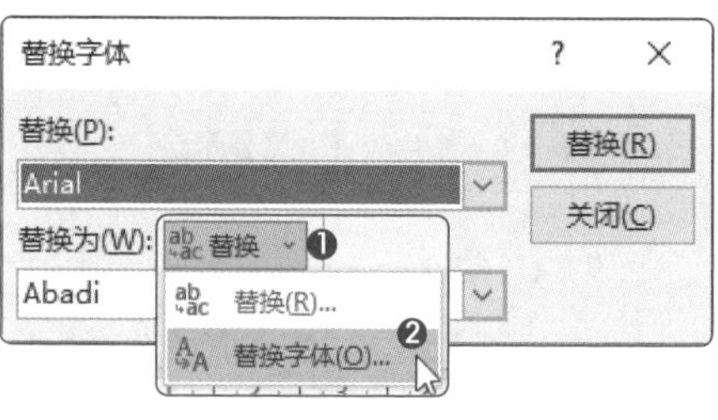

图3-31

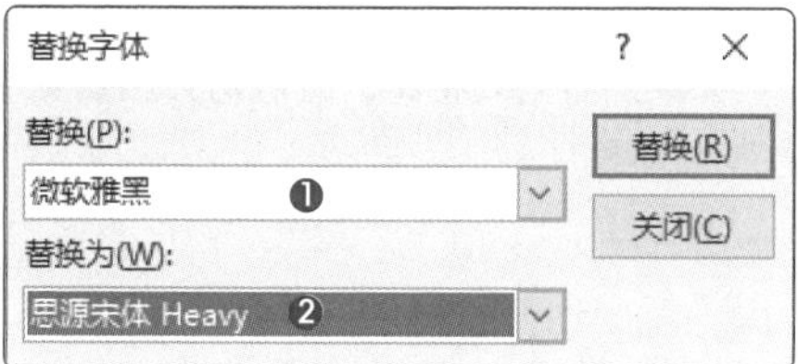

图3-32

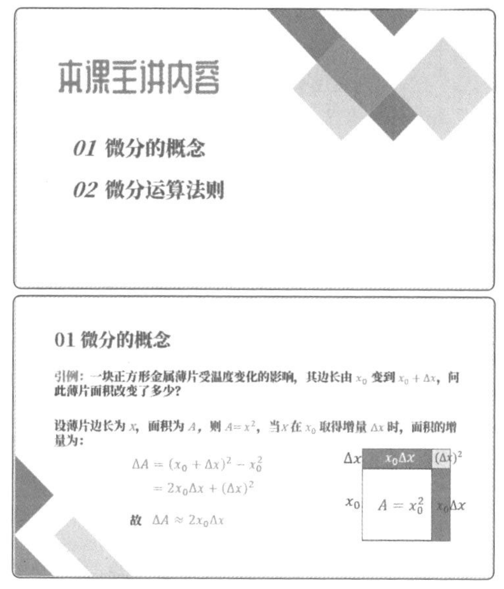

图3-33

3.3.4 设置文本的对齐方式

无论是文字还是段落，其默认的对齐方式都为左对齐。如要设置其他对齐方式，可在“开始”选项卡的“段落”选项组中单击相应的对齐按钮，如图3-34所示。

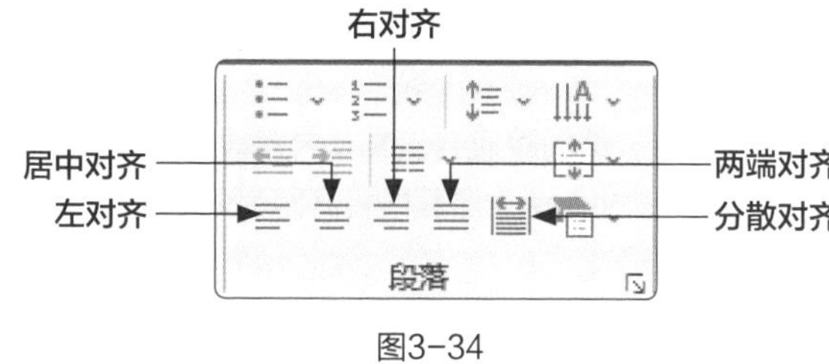

图3-34

下面对各对齐方式进行说明。

- 左对齐：段落文本以文本框左侧边线为对准基线进行对齐，如图3-35所示。
- 居中对齐：段落文本以文本框中线为对准基线进行对齐，如图3-36所示。

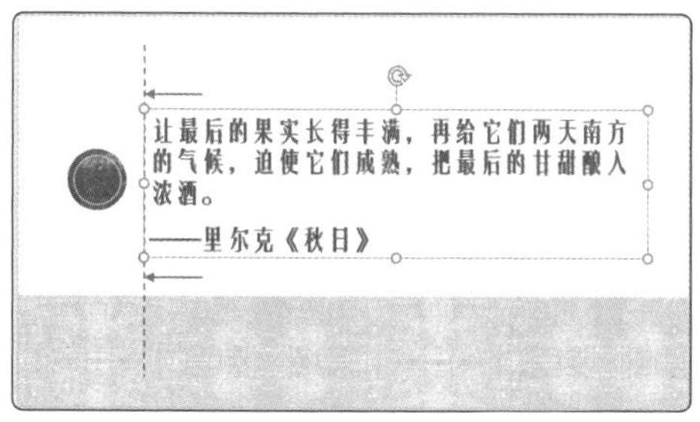

图3-35

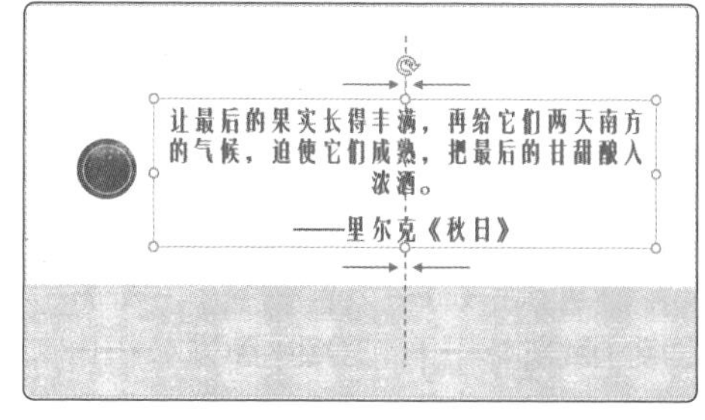

图3-36

- 右对齐：段落文本以文本框右侧边线为对准基线进行对齐，如图3-37所示。
- 两端对齐：段落文本以文本框左右两侧边线为对准基线进行对齐，如图3-38所示。

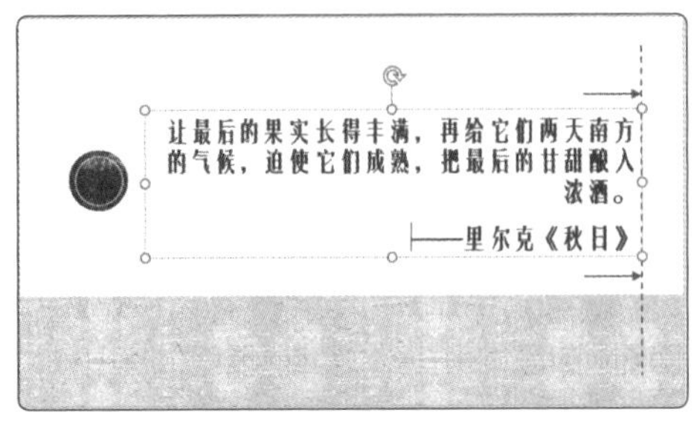

图3-37

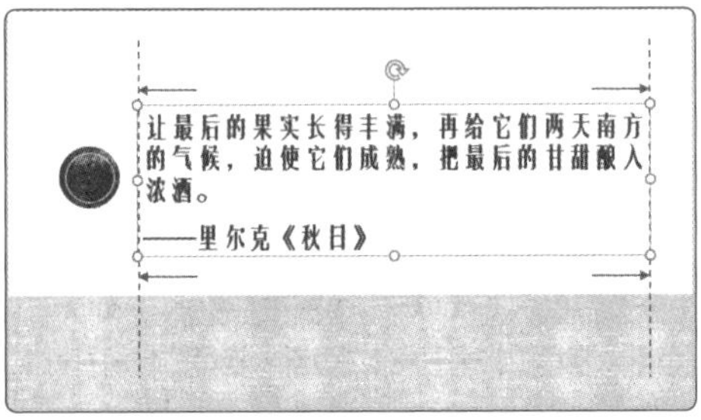

图3-38

● 分散对齐：段落文本以上一行长度为对准基线进行对齐。与两端对齐方式相比，分散对齐主要实现单行对齐的效果，如图3-39所示；而两端对齐主要实现多行对齐的效果。

图3-39

3.3.5 设置合理的段落行间距

默认情况下，段落行间距为单倍行距，该间距值会使文本内容看上去十分拥挤，特别是用于大段文本非常不利于阅读，如图3-40所示。在PPT中，让人感觉舒服的行间距为1.5倍行距，这样每行之间的距离适中，既不过于稀松，也不过于紧凑，如图3-41所示。

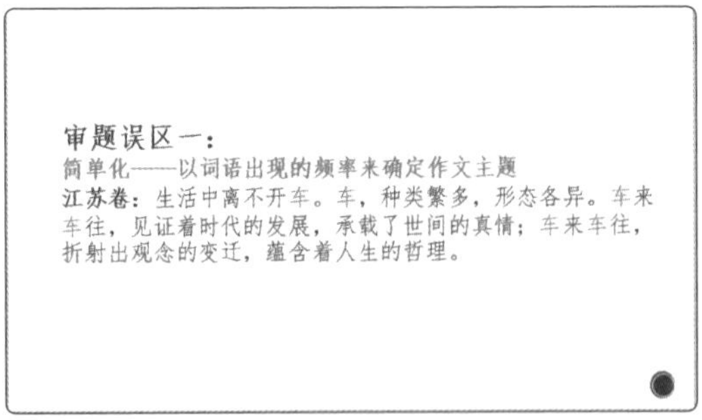

图3-40

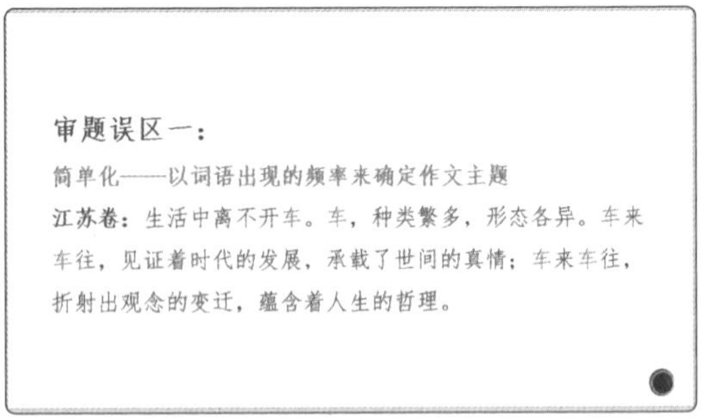

图3-41

[实操3-4] 调整数学课件中内容的行间距

[实例资源] 第3章\例3-4

微课视频

下面以调整课件内容的行间距为例，介绍设置段落行间距的具体操作。

STEP 1 打开“数学课件.pptx”素材文件，选择第1段落文本框，在“开始”选项卡的“段落”选项组中单击“行距”下拉按钮❶，从列表中选择“1.5”选项❷，如图3-42所示。

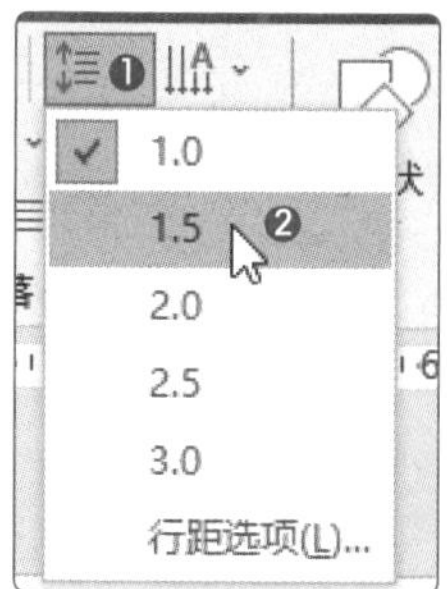

图3-42

应用秘技

单击“段落”右侧的小箭头，打开“段落”对话框，在其中也可以设置“行距”值，如图3-43所示。

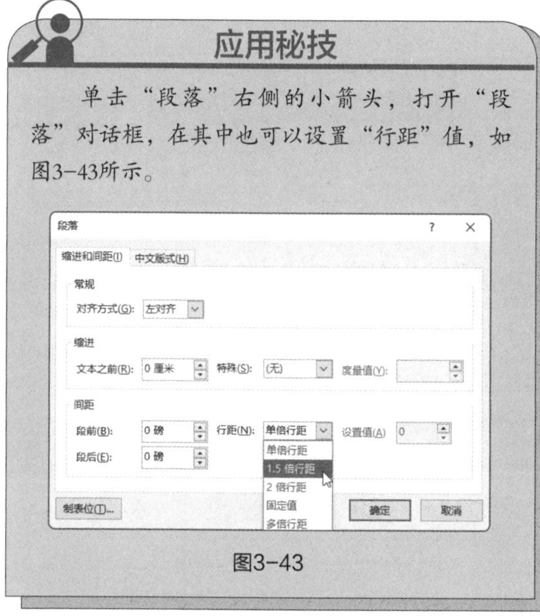

图3-43

STEP 2 此时第 1 段文本的行间距已经发生了变化，如图 3-44 所示。按照同样的方法，将第 2 段文本的行间距也设为 1.5 倍。调整好两段文本的位置，效果如图 3-45 所示。

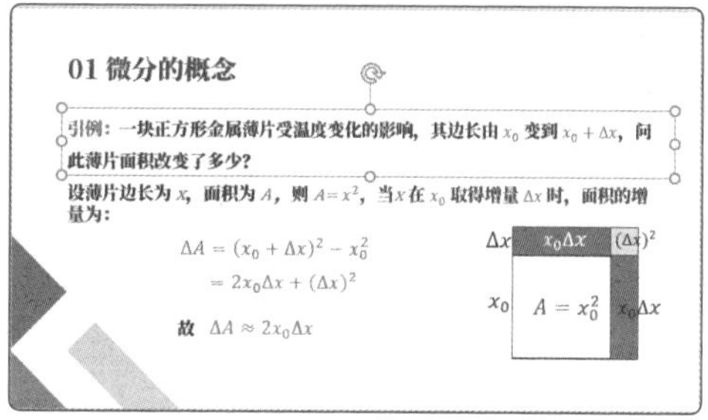

图3-44

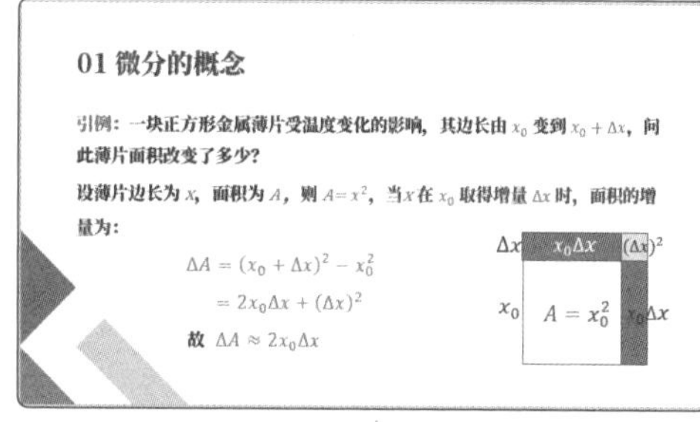

图3-45

实战演练

完善数学课件内容页

微课视频

前面介绍了制作数学课件第1张内容页的操作，接下来以制作第2张内容页为例，对本章所讲内容进行巩固。

（1）新建版式，并输入正常的文本内容，步骤如图3-46～图3-49所示。

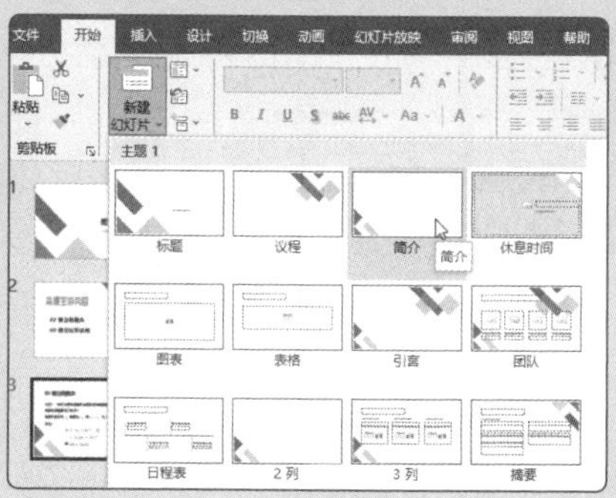

选择所需版式

图3-46

新建第2张内容页的版式

图3-47

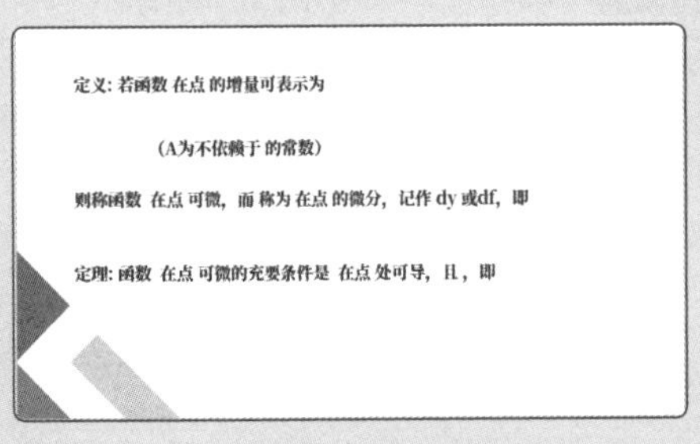

输入非公式内容

图3-48

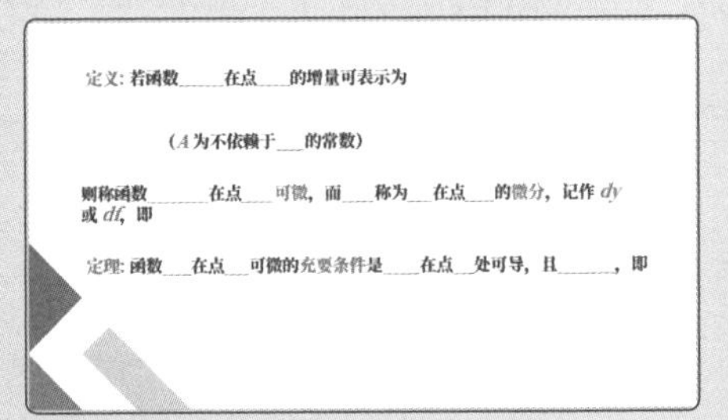

设置文本格式，并标注需输入公式的位置

图3-49

（2）利用“插入新公式”功能输入简单公式，步骤如图3-50～图3-55所示。

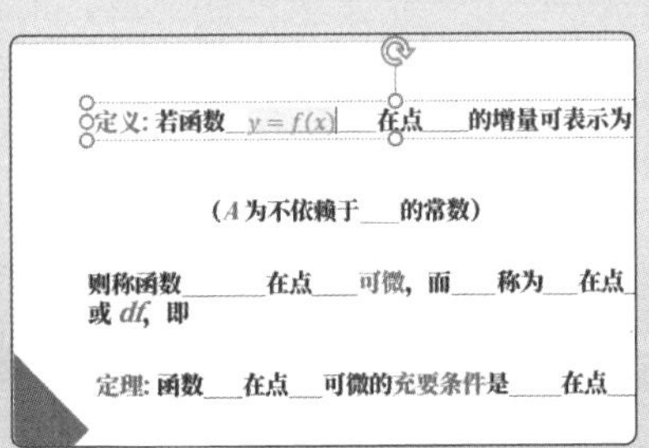

打开“公式工具-设计”选项卡，输入公式

图3-50

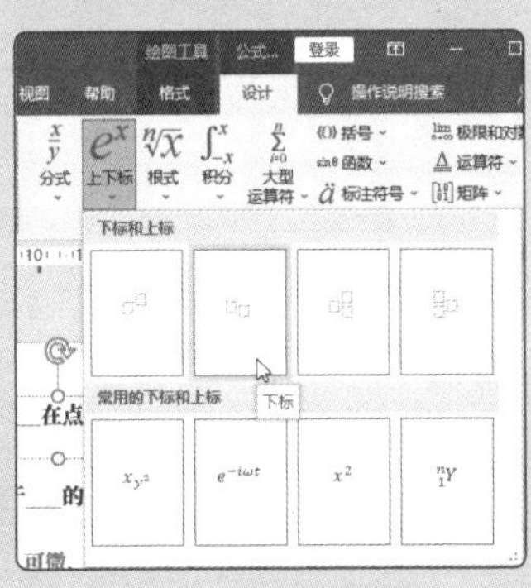

插入下标类型

图3-51

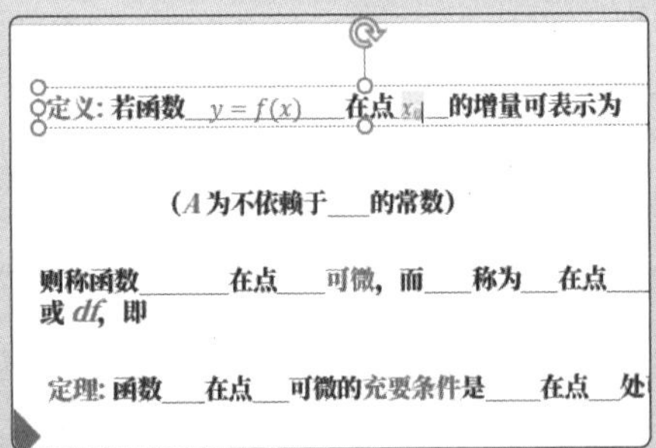

填入公式内容

图3-52

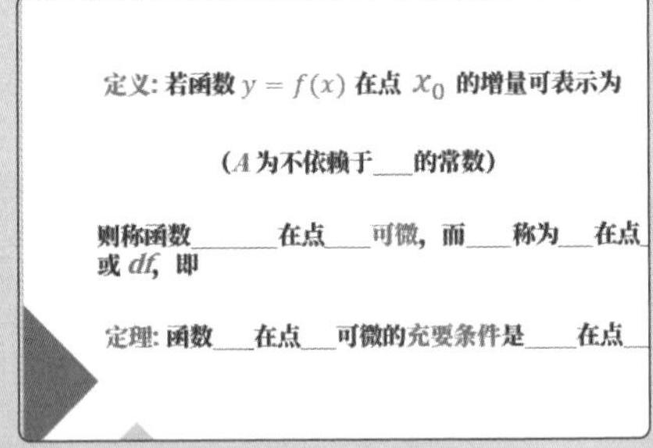

调整好公式的大小和位置

图3-53

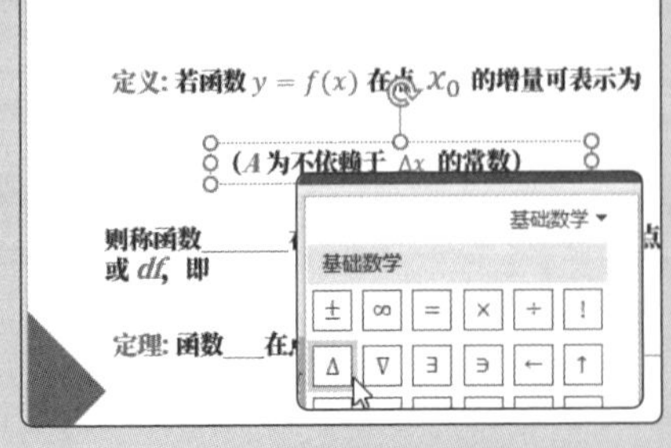

插入数学符号，并输入公式内容

图3-54

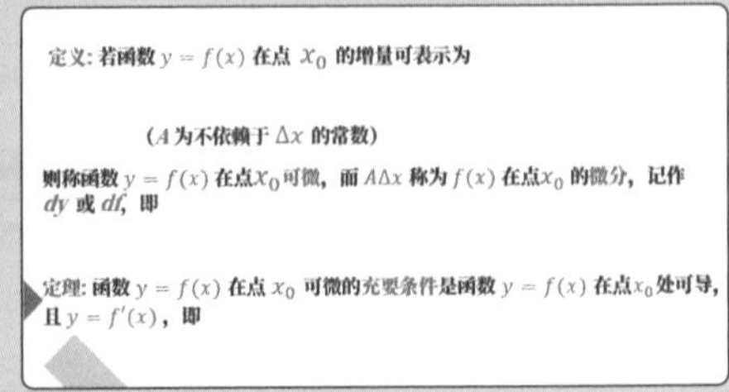

复制并修改其他公式内容

图3-55

基础入门篇

（3）利用“墨迹公式”功能输入复杂公式，步骤如图3-56和图3-57所示。

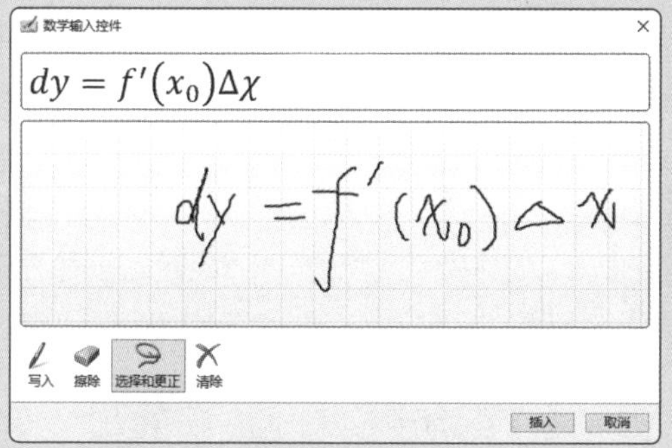

手动输入公式

图3-56

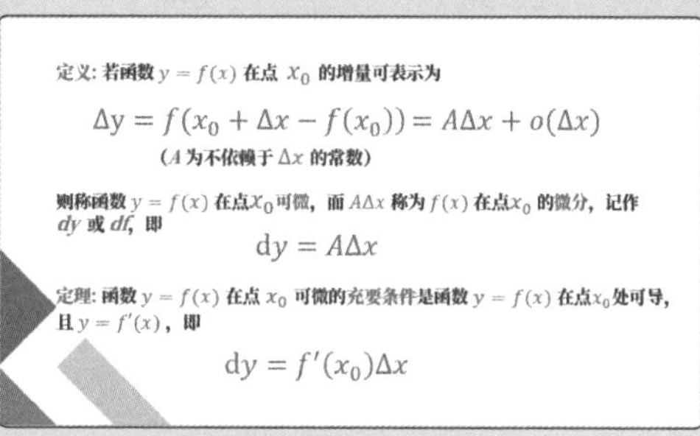

完成其他复杂公式的输入

图3-57

疑难解答

Q1：如何为文本内容添加项目符号?

A：在PowerPoint中为文本内容添加项目符号的方法与Word相似：选中所需文本，在“开始”选项卡的“段落”选项组中单击“项目符号”下拉按钮，在其列表中选择符号样式即可，如图3-58所示。此外，用户还可以对项目符号的样式进行更改：在下拉列表中选择“项目符号和编号”选项，在打开的同名对话框中对符号样式、符号颜色、符号大小进行自定义设置，如图3-59所示。

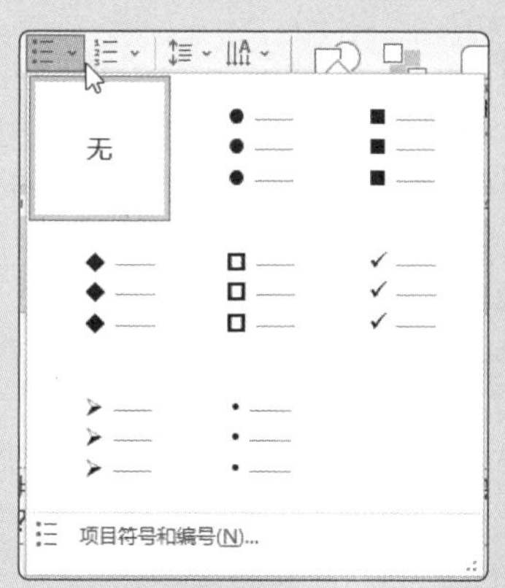

图3-58

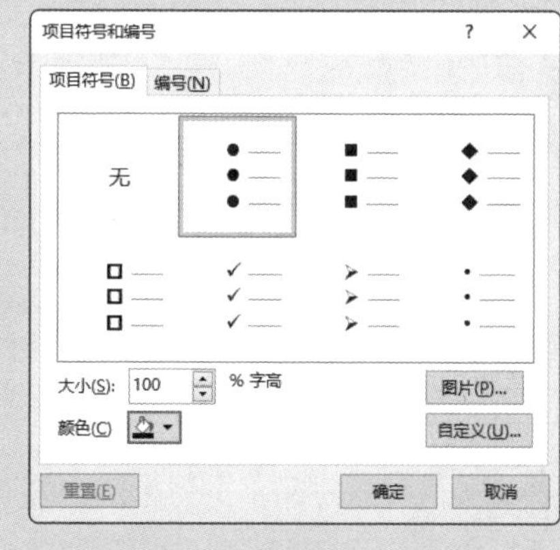

图3-59

Q2：如何快速美化文本内容?

A：可以利用艺术字功能来操作：在“插入”选项卡中单击“艺术字”下拉按钮，在打开的列表中选择一款艺术字样式，如图3-60所示。此时页面中会显示“请在此放置您的文字”文本框，如图3-61所示。选中该文本框中的内容，将其替换为新内容即可，如图3-62所示。

Q3：如何插入小图标?

A：打开“符号”对话框，在“字体”列表中选择“Wingdings”、“Wingdings 2”或“Wingdings 3”选项即可显示出各类图标样式，选择所需小图标单击“插入”按钮即可，如图3-63所示。

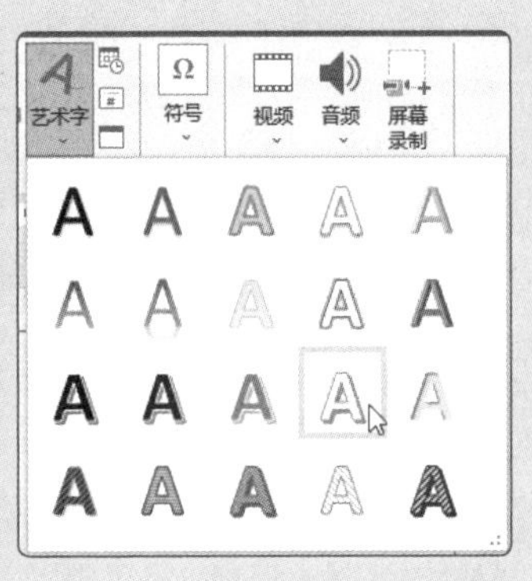

图3-60

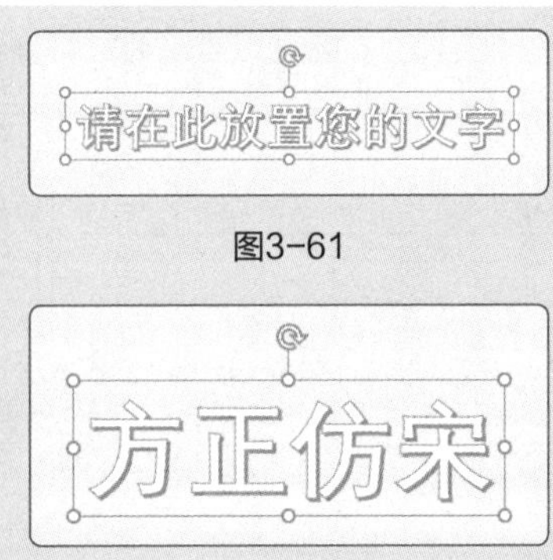

图3-61

图3-62

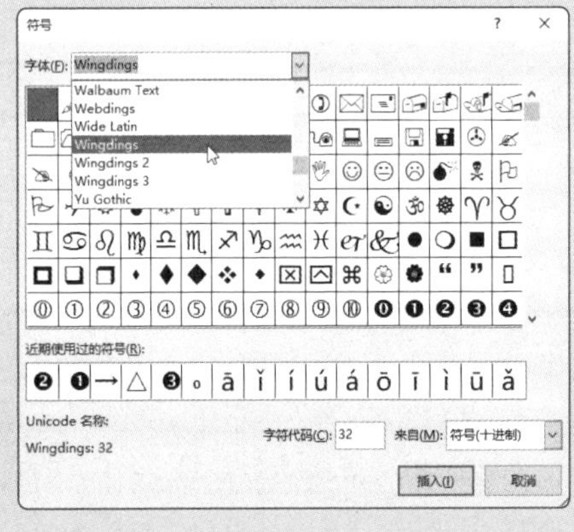
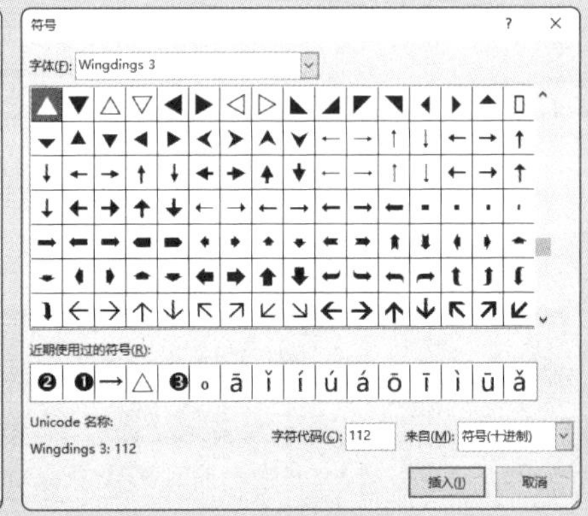
图3-63

Q4：为什么在“符号”对话框中找不到拼音字符？

A：要想插入拼音字符，需在“符号”对话框的“来自”列表中选择“简体中文GB(十六进制)”选项，如图3-64所示；然后在“子集”列表中选择“拼音”选项即可调出相关字符，如图3-65所示。

图3-64

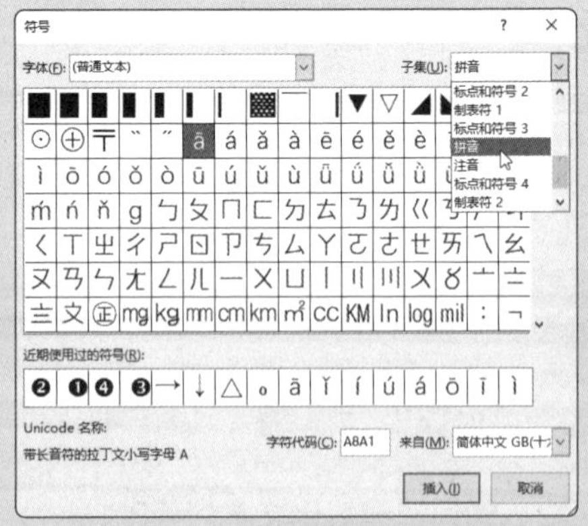
图3-65

Q5：能否切换英文字母的大小写？

A：可以。选中所要切换大小写的英文文本，在“开始”选项卡的“字体”选项组中单击“更改大小写”下拉按钮，在列表中根据需要选择相关选项即可，如图3-66所示。

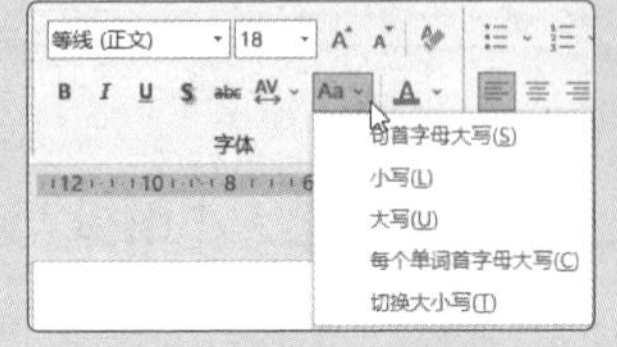

图3-66

基础入门篇

第 4 章

用图片、图形提升设计感

在制作 PPT 时，经常会利用图片、图形来丰富页面内容，提升页面美感。本章将简单介绍图片、图形功能在 PPT 中的应用，其中包括图片的类型、图片的编辑与美化、图形的基本应用与高级应用，以及 SmartArt 图形的创建等。

4.1 图片的设置与编辑

相信有基础的用户对图片的插入、缩放、旋转等一些基本操作都有一定了解。本节将介绍图片在PPT中的一些应用，如常用的图片格式、批量插入多张图片、图片裁剪、图片美化、快速排版多张图片及将图片背景透明化等。

4.1.1 常用的图片格式

PowerPoint支持的图片格式有jpg、png、gif等，其中jpg和png两种格式比较常用。

（1）jpg图片。jpg图片的扩展名为“.jpg”或“.jpeg”。jpg是常用的图像文件格式，属于一种有损压缩格式，能够将图像压缩到很小的储存空间中，但同时也能展现出十分丰富生动的图像，如图4-1所示。该格式的缺点是随着压缩比的增大，图片的品质会逐渐降低。

图4-1

（2）png图片。png是一种无损压缩的位图格式，它在不损失图片数据的情况下，可以快速获取图片内容，并且图片的品质不会下降。此外，png图片中的字体、线条等元素是可以通过Photoshop等绘图软件进行编辑的，而jpg图片则不可以。该格式的缺点是图片色彩没有jpg图片丰富，如图4-2所示。

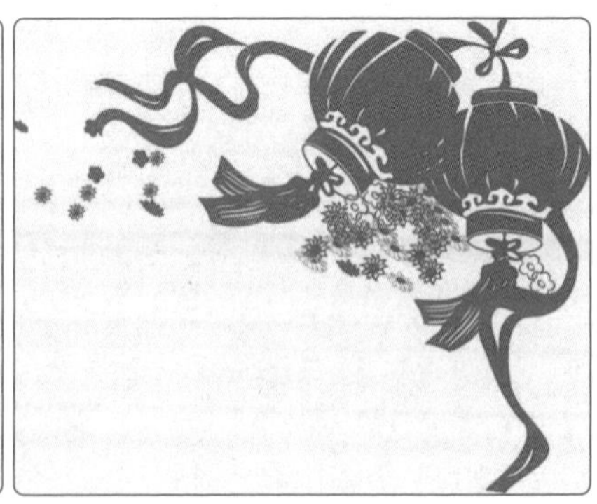

图4-2

应用秘技

jpg图片的画面内容丰富，颜色饱满鲜艳，比较适合用作配图，可对内容进行强调说明；而png图片的内容比较单一，比较适合用作装饰、点缀页面。

4.1.2 批量插入多张图片

插入图片的方法很简单，用户只需直接将图片拖曳至页面中即可。如果想要一次性插入多张图片，并有规律地分配每张幻灯片中的图片数量，可使用相册功能进行操作。在“相册”对话框中，用户可以批量选择图片数量，也可以根据要求设置图片版式及相框形状等，如图4-3所示。

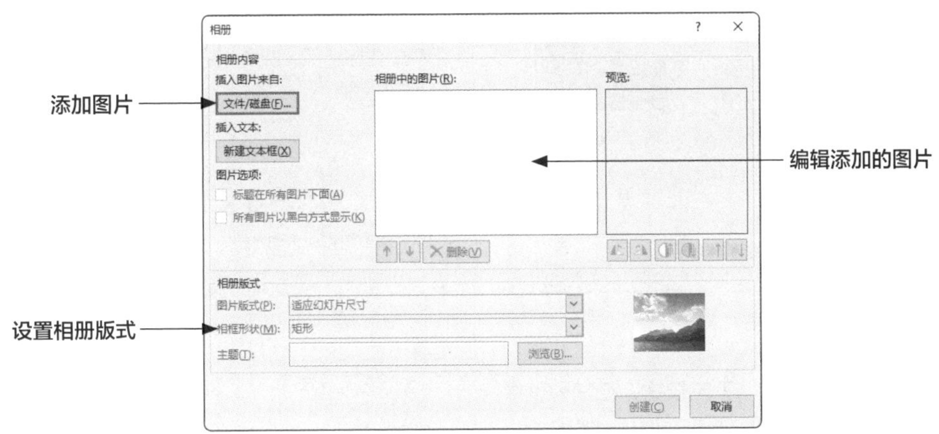

图4-3

[实操4-1] 批量插入图片
[实例资源] 第4章\例4-1

微课视频

下面以创建学员作品画册文件为例，介绍相册功能的具体使用方法。

STEP 1 新建空白 PPT，在“插入”选项卡中单击“相册”按钮❶，在弹出的“相册”对话框中单击“文件 / 磁盘”按钮❷，打开“插入新图片”对话框，选择要插入的图片后，单击“插入”按钮❸，如图 4-4 所示。

STEP 2 返回到“相册”对话框，在“相册中的图片”列表框中勾选要插入的图片，在“预览”窗格中可预览图片内容，如图 4-5 所示。

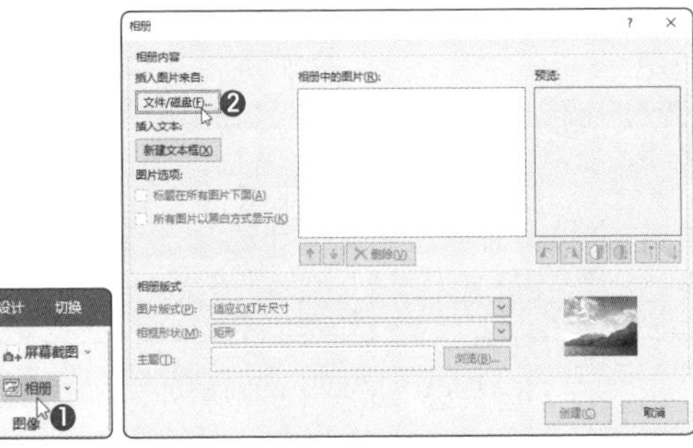

图4-4

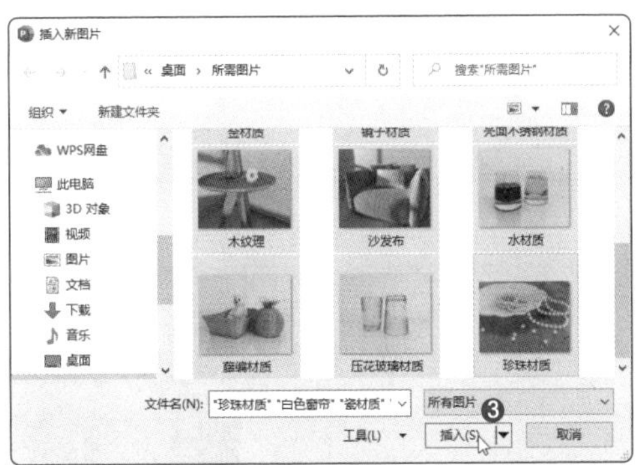

图4-4（续）

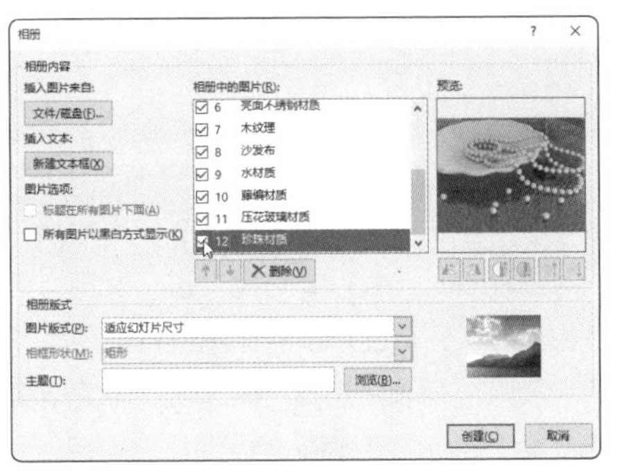

图4-5

第4章 用图片、图形提升设计感

STEP 3 单击“图片版式”下拉按钮，在其列表中选择所需版式，这里选择“4 张图片”选项，如图 4-6 所示。

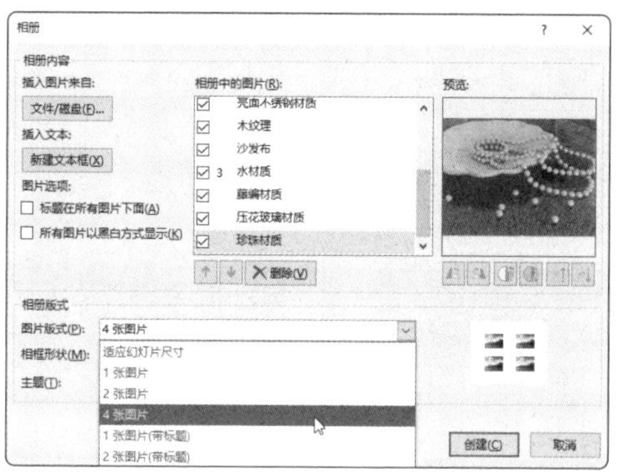

图4-6

STEP 4 单击“相框形状”下拉按钮，在其列表中选择图片形状，这里选择“圆角矩形”选项，如图 4-7 所示。

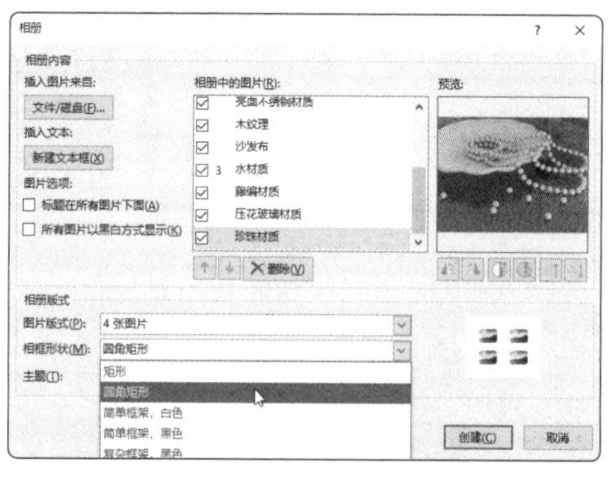

图4-7

STEP 5 单击“主题”选项后的“浏览”按钮，在弹出的“选择主题”对话框中选择要应用的主题，这里选择“Office Theme”选项，单击“选择”按钮，如图 4-8 所示。

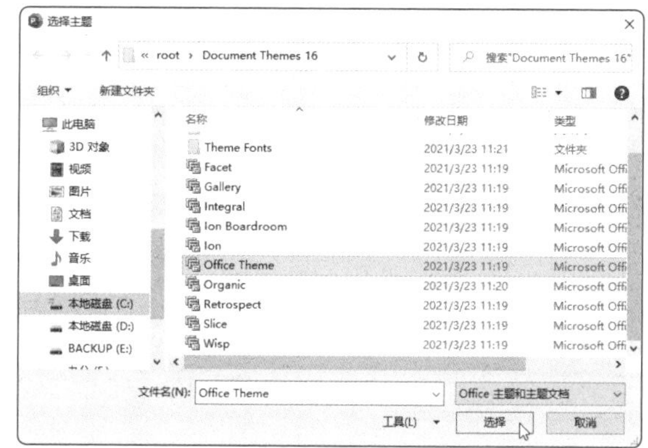

图4-8

应用秘技

这里的主题选项与“主题”列表中的主题相同。如果不对主题选项进行设置，那么创建的相册将以黑色背景来显示图片。

STEP 6 返回到“相册”对话框，单击“创建”按钮，此时系统会新建一个 PPT，并以每 4 张图片显示在一张幻灯片中的形式来展示所有图片，如图 4-9 所示。

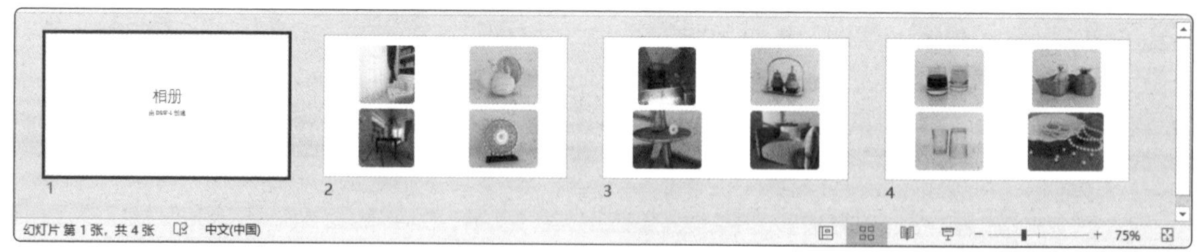

图4-9

4.1.3 图片裁剪

插入图片后，一般需要对图片进行裁剪。在PowerPoint中除了对图片进行最基本的裁剪外，还可以将图片裁剪为各类形状、将图片按照比例进行裁剪等。

在“裁剪”列表中选择“裁剪为形状”选项❶，在其子列表中根据需要选择形状❷，此时被选中的图片的形状就会发生相应的变化❸，如图4-10所示。

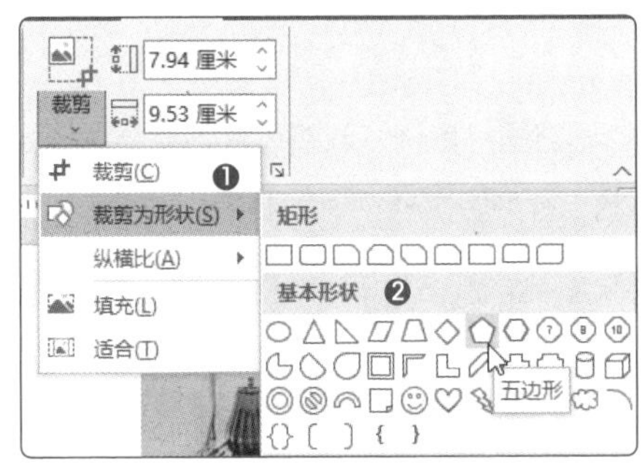

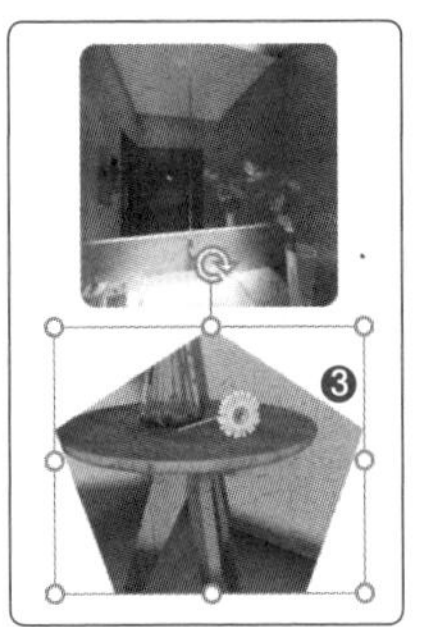

图4-10

在“裁剪”列表中选择“纵横比”选项，并在其子列表中选择相应的比例选项，系统就会按照选定的比例对图片进行裁剪。

[实操4-2] 按照指定比例裁剪图片
[实例资源] 第4章\例4-2

微课视频

如果想要将多张图片裁剪成相同的大小，可使用“纵横比”裁剪方式对图片进行裁剪。

STEP 1 打开“例 4-2.pptx”素材文件，选择第 2 张幻灯片，选中第 1 张图片，在“图片工具－格式”选项卡中单击“裁剪”下拉按钮，在列表中选择“纵横比”选项❶，并在其子列表中选择“4 ： 5”选项❷，如图 4-11 所示。

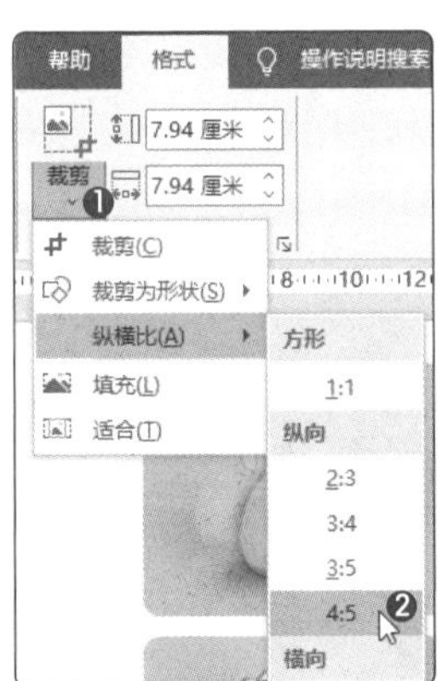

图4-11

STEP 2 在裁剪过程中，可利用鼠标移动图片，以调整图片的显示范围，如图 4-12 所示。

STEP 3 调整好后，单击页面空白处，此时图片会以“4 ： 5”的比例显示，如图 4-13 所示。

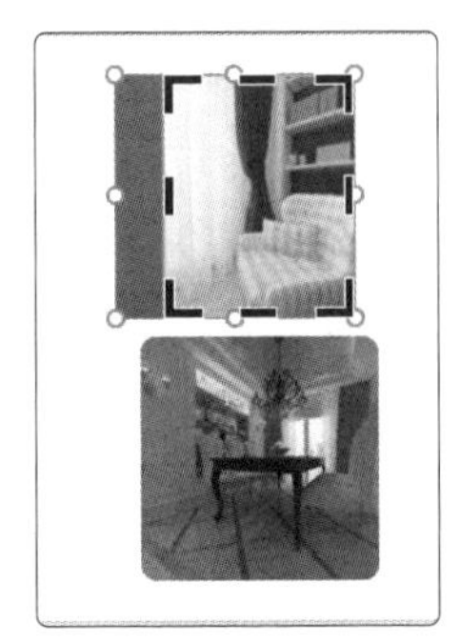

图4-12

图4-13

STEP 4 按照同样的方法，使其他图片都以“4 ： 5”的比例显示，如图 4-14 所示。

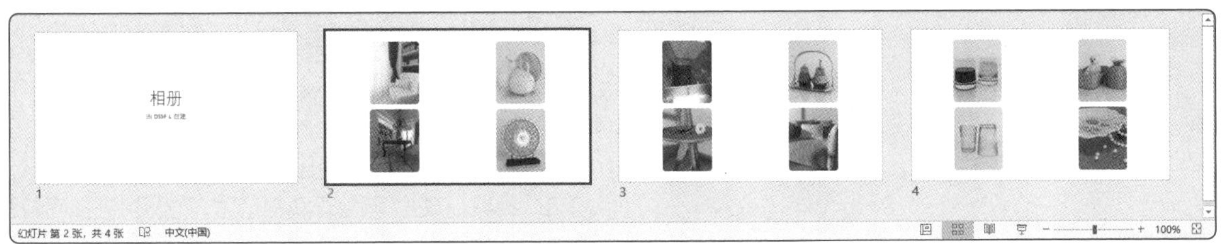

图4-14

4.1.4 图片美化

插入图片后，一般需要进行适当的美化，如调整图片色调、调整图片亮度及对比度、设置图片的艺术效果等。用户可在“图片工具-格式”选项卡的“调整”选项组中进行相关设置，如图4-15所示。

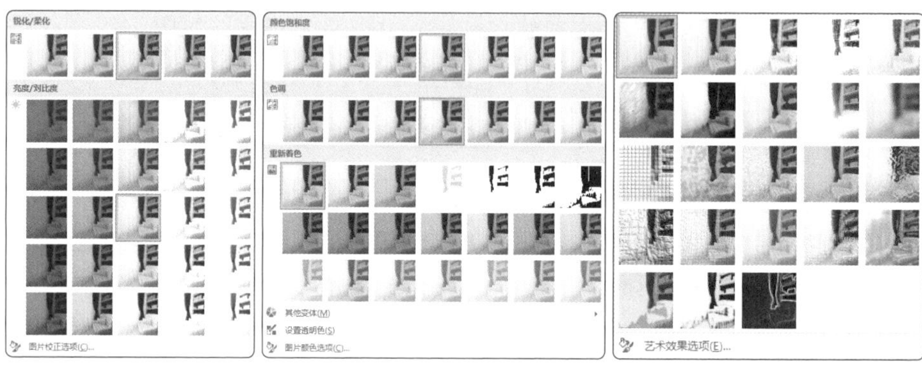

图4-15

应用秘技

如果对设置的图片样式不满意，可以在“图片工具-格式”选项卡中单击“重设图片”按钮，将图片快速恢复到原始状态，然后重新进行设置。如果对图片进行了裁剪，那么在“重设图片”列表中选择“重设图片和大小”选项即可将图片恢复成原始大小。

[实操4-3] 为画册PPT添加封面图片

[实例资源] 第4章\例4-3

微课视频

创建完成画册后，用户可对画册封面进行一些美化修饰操作。

STEP 1 打开“例 4-3.pptx”素材文件，选择第 1 张幻灯片，删除其中的文字内容，并插入“卧室白膜效果”图片，如图 4-16 所示。

图4-16

STEP 2 选中图片，在“图片工具 - 格式”选项卡中单击“旋转对象”下拉按钮，在其列表中选择“水平翻转”选项，翻转图片，如图 4-17 所示。

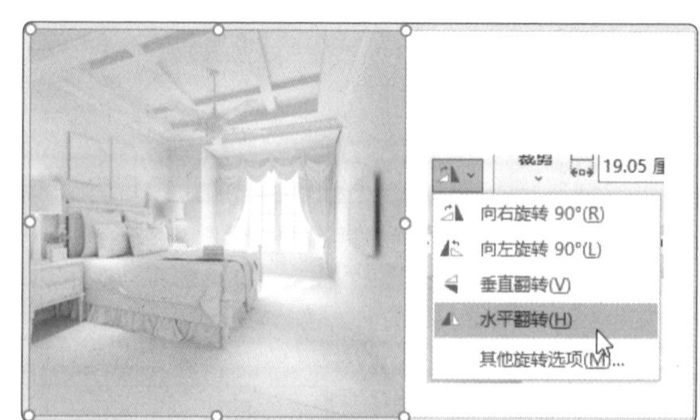

图4-17

STEP 3 按住 Shift 键拖曳图片，将其等比例放大，单击“裁剪”按钮，调整好裁剪范围，对图片进行裁剪，如图 4-18 所示。

图4-18

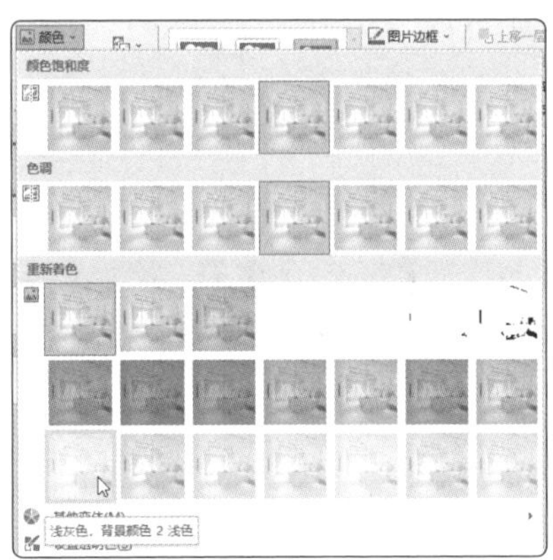

图4-19

STEP 4 选中裁剪好的图片，在“图片工具 - 格式”选项卡中单击“颜色”下拉按钮，在其列表中选择“重新着色”下的“浅灰色”选项，如图 4-19 所示。

STEP 5 选择好后，图片的色调随即发生相应的变化，如图 4-20 所示。

图4-20

4.1.5 快速排版多张图片

如果需要对一张幻灯片中的多张图片进行排版，可以利用“图片版式”功能进行操作。该功能可按照一定的规律对图片进行快速排版，从而提升页面设计感，如图4-21所示。

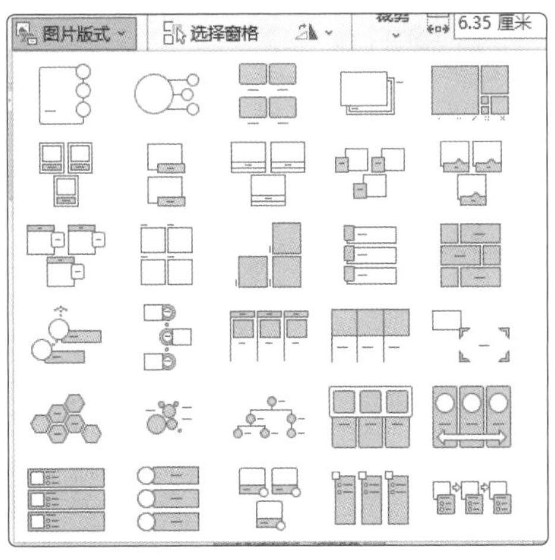

图4-21

[实操4-4] 为画册图片排版
[实例资源] 第4章\例4-4

微课视频

创建完成画册后，其默认的图片版式比较单调。此时用户可以对图片进行排版，让页面效果更加丰富多彩。

STEP 1 打开“例 4-4.pptx”素材文件，选择第 2 张幻灯片中的 4 张效果图，在“图片工具－格式”选项卡中单击“图片版式”下拉按钮❶，在其列表中选择所需排版样式❷，如图 4-22 所示。

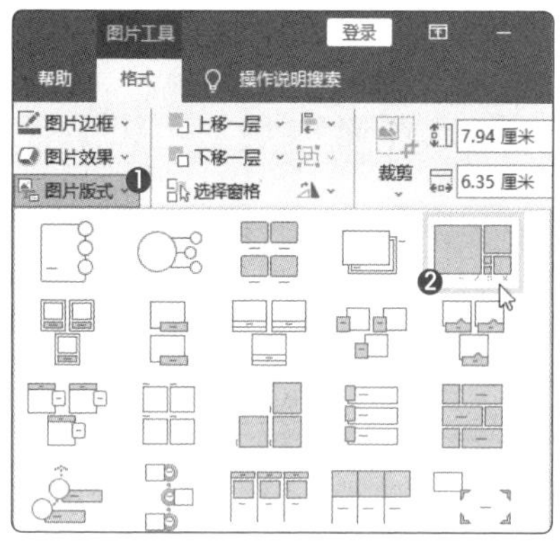

图4-22

STEP 2 此时选中的 4 张图片将被按照指定的版式进行排版，如图 4-23 所示。

图4-23

STEP 3 选中所有图片，在“SmartArt 工具－格式”选项卡中单击“形状轮廓”下拉按钮，在列表中选择“无轮廓”选项，隐藏图片边框，如图 4-24 所示。

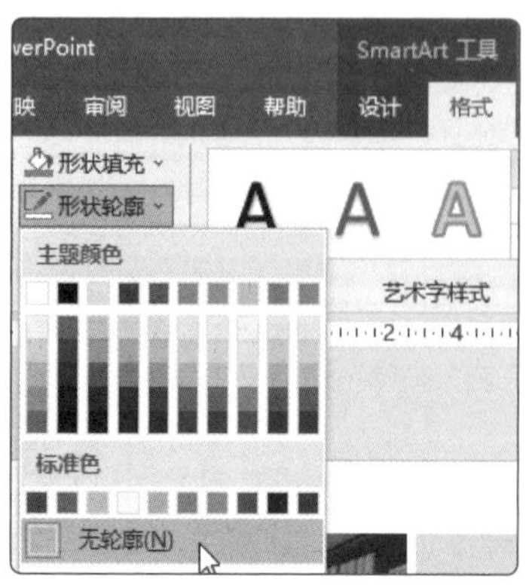

图4-24

图4-24（续）

STEP 4 选中版式中的蓝色形状，在“SmartArt 工具－格式”选项卡中单击“形状填充”下拉按钮，在其列表中选择一款填充色，可更改当前形状的颜色，如图 4-25 所示。

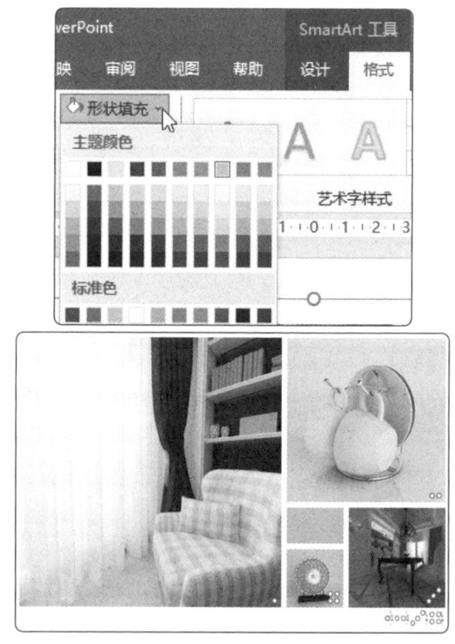

图4-25

STEP 5 在“SmartArt 工具－设计”选项卡中单击“文本窗格”按钮❶，在弹出的“在此处键入文字”对话框中输入图片说明内容❷，如图 4-26 所示。

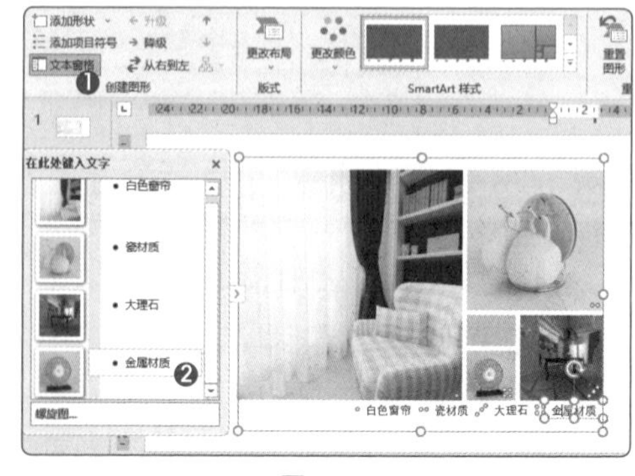

图4-26

基础入门篇

STEP 6 按照相同的方法，利用“图片版式”功能对其他页面中的图片进行排版，如图 4-27 所示。

图4-27

4.1.6 将图片背景透明化

当需要删除图片背景时，可以使用PowerPoint中的“背景消除”功能进行操作，如图4-28所示。

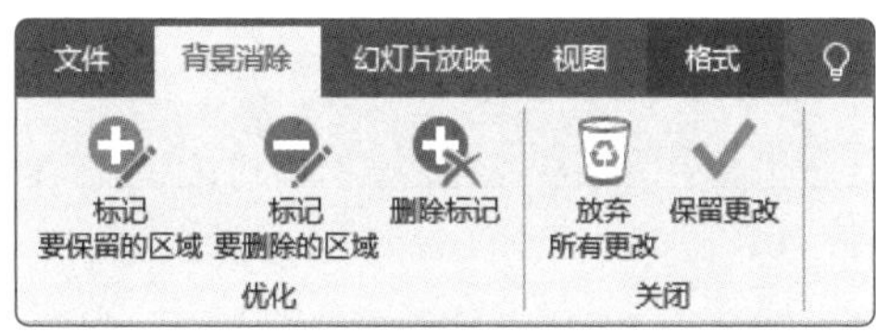

图4-28

[实操4-5] 删除图片背景

[实例资源] 第4章\例4-5

微课视频

一般来说，PNG素材是没有背景的。如果没有找到合适的素材，那么可利用相似的JPG素材，通过处理背景的方法，实现相似的效果。

STEP 1 打开“例 4-5.pptx”素材文件，选择第 2 张幻灯片，并插入“图钉”JPG 素材，调整好大小，如图 4-29 所示。

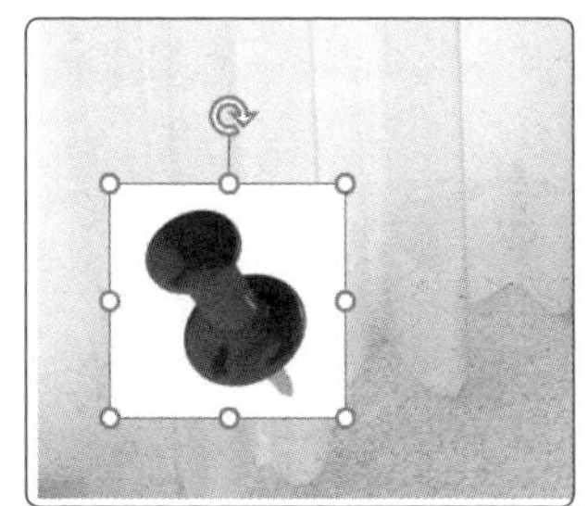

图4-29

STEP 2 选中图钉图片，在“图片工具－格式”选项卡中单击“删除背景”按钮，进入“背景消除”选项卡，系统会自动识别出图片背景，并将其突出显示，如图 4-30 所示。

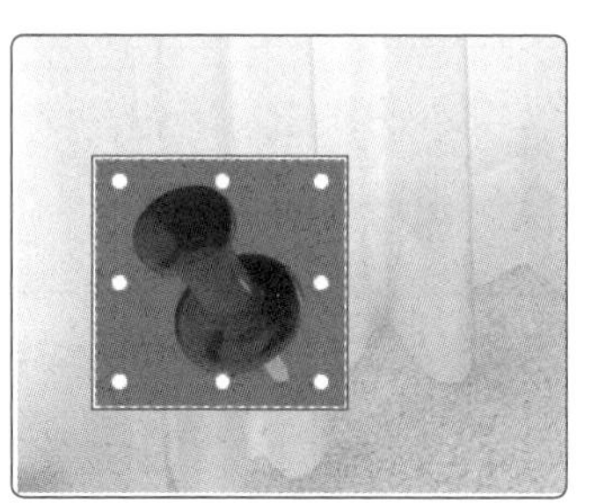

图4-30

STEP 3 单击“背景消除”选项卡中的“标记要保留的区域”或“标记要删除的区域”按钮，调整好要删除的背景区域，如图 4-31 所示。

STEP 4 调整好之后，单击空白处或单击“保留更改”按钮，即可删除图片的背景，如图 4-32 所示。

STEP 5 将调整好的图钉图片放置到页面中合适的位置。

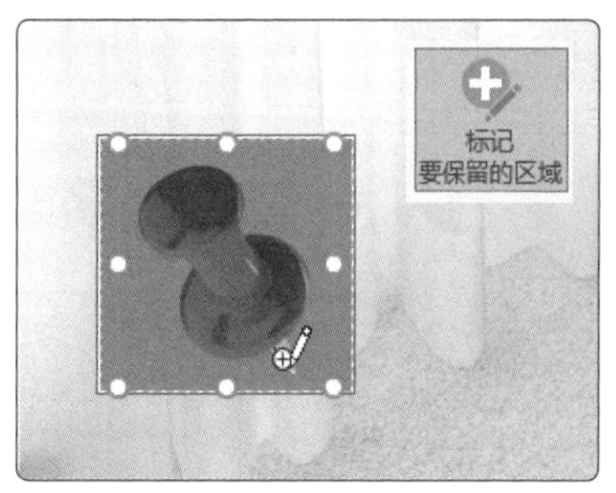

图4-31

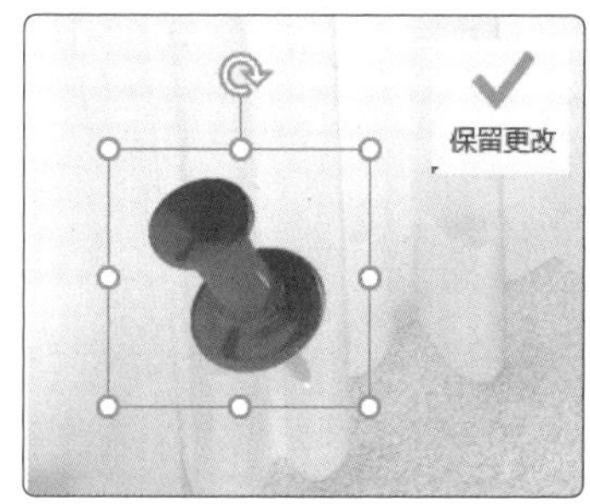

图4-32

4.2 图形的绘制与编辑

图形最大的特点在于可塑性，通过编辑可变换出各种复杂的图案。在PPT中，利用图形可以丰富页面内容，美化页面效果。

4.2.1 图形的作用

图形在PPT中主要有以下4点作用。

- 修饰页面：当页面内容比较单调时，可以利用图形来修饰。
- 区分内容：当页面内容较多，需要分区域进行展示时，可以利用图形来区分。
- 标注信息：当需要对某些信息进行解释说明时，可以利用图形来标注。
- 创意组合：利用各种小图形组合成各种具有创意的图案，可以丰富幻灯片的内容，让PPT更具个性。

基础入门篇

4.2.2 添加图形蒙版

当利用图片制作页面背景时，经常会使用图形作为蒙版来弱化图片效果，突出主题内容，使画面具有层次感。

[实操4-6] 制作画册结尾幻灯片
[实例资源] 第4章\例4-6

微课视频

下面利用图形蒙版功能来制作画册结尾页内容，具体操作如下。

STEP 1 打开“例 4-6.pptx”素材文件，在结尾处新建一张空白幻灯片。在空白幻灯片中插入一张背景图片，并调整好大小和位置，如图 4-33 所示。

图4-33

STEP 2 单击“插入”选项卡中的“形状”下拉按钮，在列表中选择“矩形”选项，在图片上方绘制一个与图片大小相同的矩形，如图 4-34 所示。

图4-34

STEP 3 选中矩形，在“绘图工具 - 格式”选项卡中单击“形状轮廓”下拉按钮❶，从列表中选择“无轮廓”选项❷，隐藏矩形轮廓，如图 4-35 所示。

STEP 4 单击“形状填充”下拉按钮❶，从列表中选择“白色”选项❷，设置好矩形的填充颜色，如图 4-36 所示。

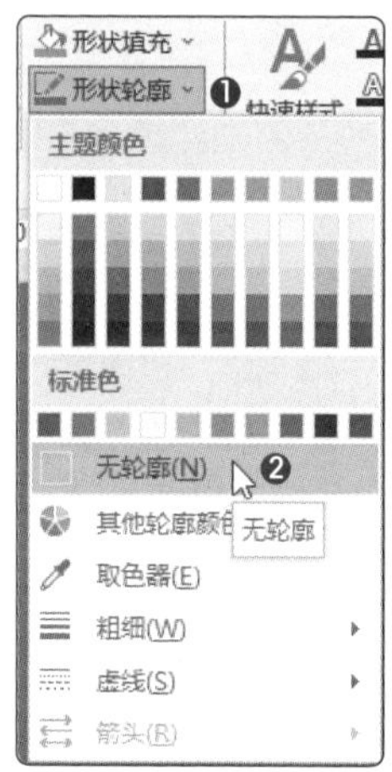

图4-35

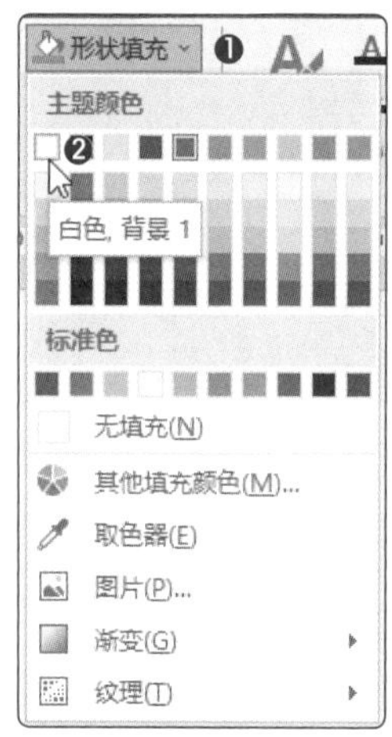

图4-36

STEP 5 在矩形上单击鼠标右键，在弹出的快捷菜单中选择“设置形状格式”选项，打开同名窗格，如图 4-37 所示。

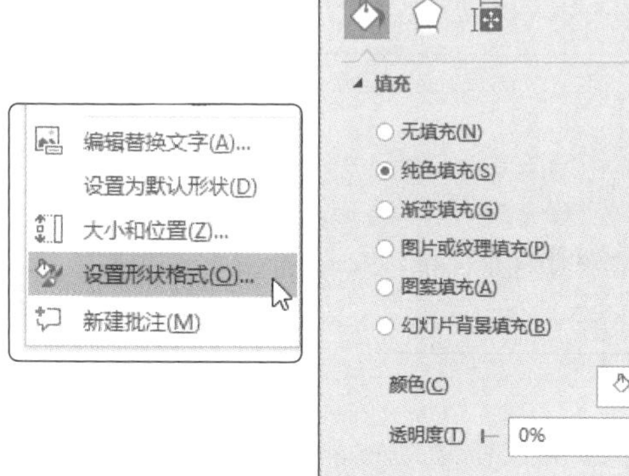

图4-37

STEP 6 在“填充”选项中将“透明度”设为“6%”，此时矩形已变为半透明，如图 4-38 所示。

STEP 7 用与绘制矩形类似的方法绘制圆角矩形，并将其放置在页面中合适的位置，隐藏其边框，调整好填充颜色，如图 4-39 所示。

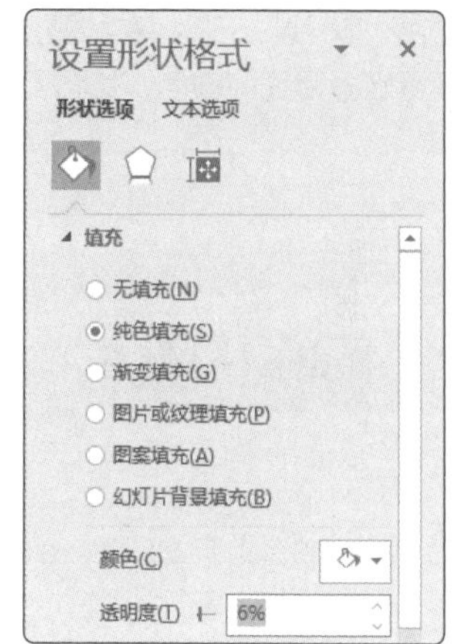

图4-38

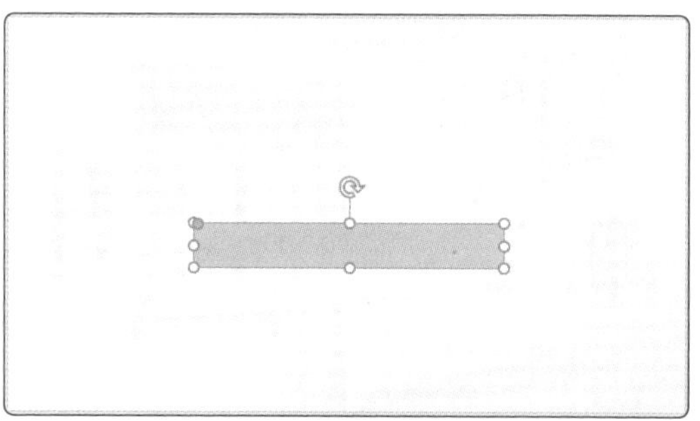

图4-39

STEP 8 单击“文本框”按钮，在合适的位置输入结尾页的标题内容，并设置好文本的格式，如图 4-40 所示。

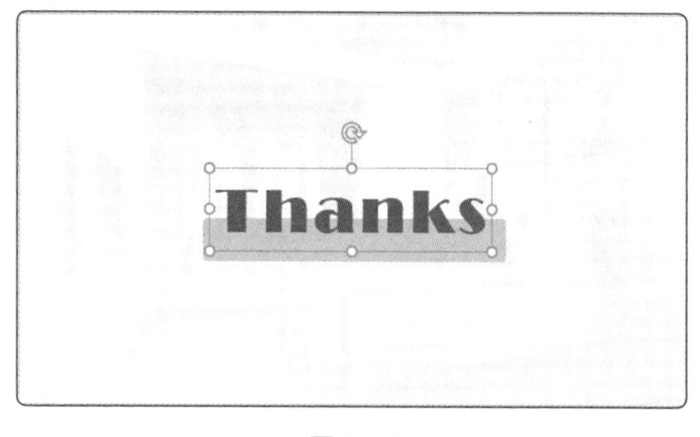

图4-40

STEP 9 选择“直线”工具，在标题上方绘制一条分隔线，并设置好分隔线的颜色，如图 4-41 所示。

图4-41

STEP 10 单击“文本框”按钮，在合适的位置输入副标题内容，同样设置好文本格式，如图 4-42 所示。

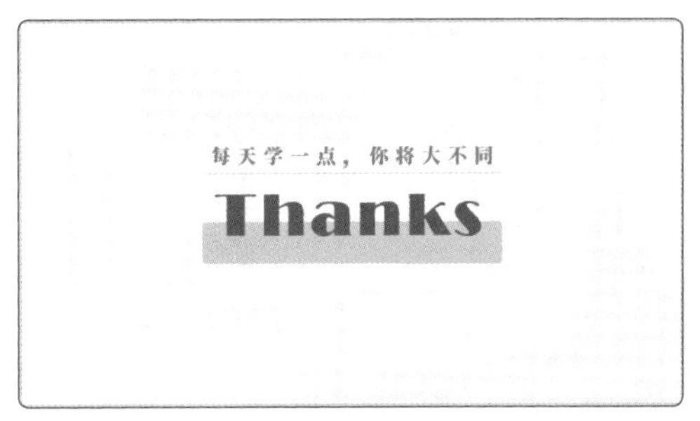

图4-42

4.2.3 让图形变变样

创建好图形后，除了可对图形的颜色、轮廓样式、效果进行设置外，还可对图形的形状进行编辑。在PowerPoint中编辑图形形状的方法有两种：更改形状和编辑顶点。

1. 更改形状

设置好图形后，要想更改图形的形状，可利用“更改形状”功能进行操作。选中图形，单击“绘图工具-格式”选项卡“插入形状”选项组中的“编辑形状”下拉按钮❶，在其列表中选择“更改形状”选项❷，并在其子列表中选择新形状❸，如图4-43所示。

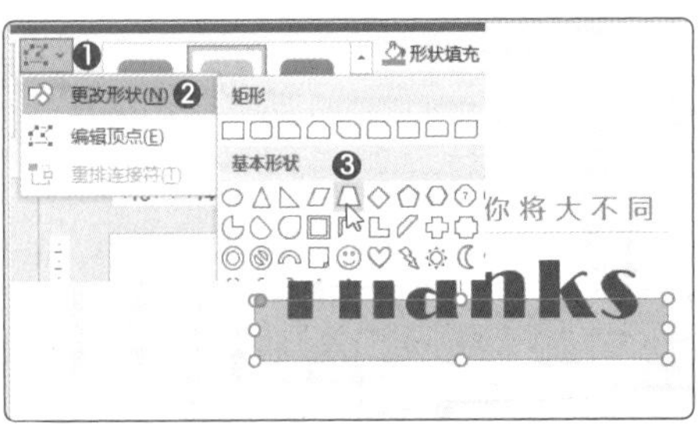

图4-43

2. 编辑顶点

利用“编辑顶点”功能可对当前图形的形状进行自定义操作。选中图形，在“编辑形状”列表中选择“编辑顶点”选项，此时图形进入可编辑状态，并显示出相应的编辑顶点。选中任意一个编辑顶点并进行拖曳，即可调整图形的形状，如图4-44所示。

图4-44

基础入门篇

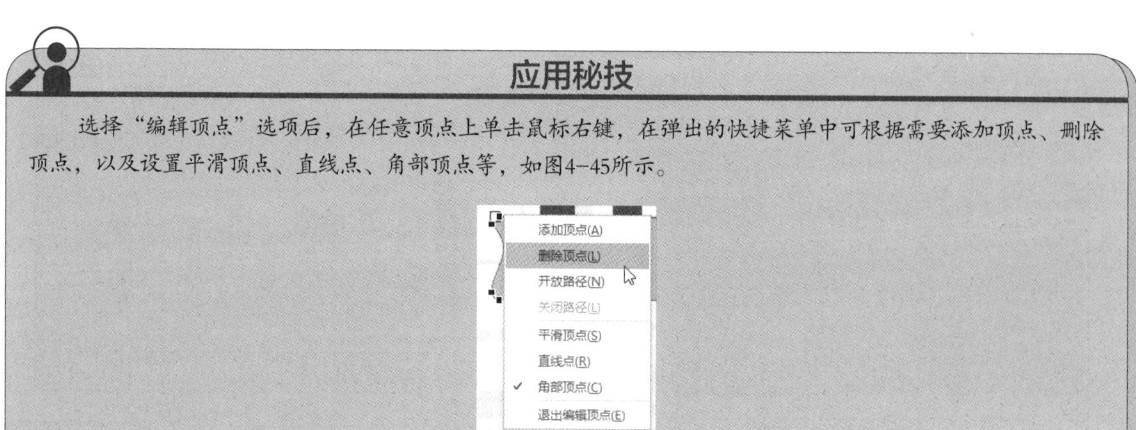

应用秘技

选择“编辑顶点”选项后，在任意顶点上单击鼠标右键，在弹出的快捷菜单中可根据需要添加顶点、删除顶点，以及设置平滑顶点、直线点、角部顶点等，如图4-45所示。

图4-45

4.2.4 PowerPoint 中的布尔运算

这里所说的布尔运算指的是“合并形状”功能，它由结合、组合、拆分、相交、剪除这5种工具组合而成，如图4-46所示。利用这些工具可以将多个简单的图形合并成一个复杂的图形。

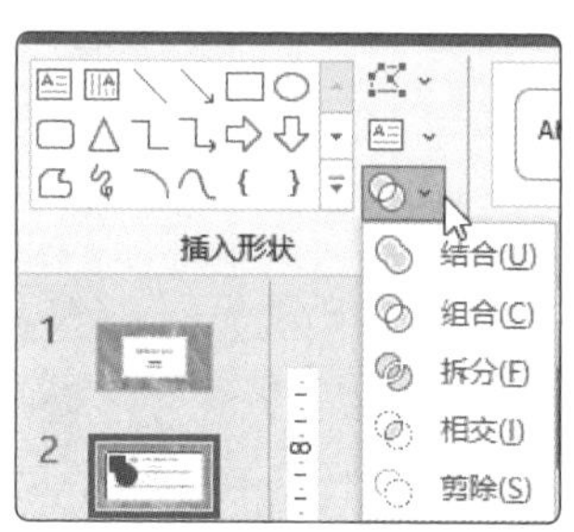

图4-46

这5种工具的简单说明如表4-1所示。

表4-1

工具	图示	说明
原图		两个图形部分重叠在一起
结合		将多个图形合并为一个新的图形，合并后的颜色取决于先选图形的颜色
组合		与“结合”命令相似，区别在于两个图形重叠的部分会镂空显示
拆分		将两个图形分解，所有重叠的部分都会变成独立的图形
相交		只保留两个图形之间重叠的部分
剪除		用先选图形减去其与后选图形的重叠部分，通常用来做镂空效果

合理利用上述工具可以做出很多有趣的页面效果。例如，利用“剪除”工具可以做出镂空文字效果，如图4-47所示；利用“相交”工具可以为文字填充各种不同的效果，如图4-48所示。

图4-47

图4-48

[实操4-7] 完善画册封面页内容

[实例资源] 第4章\例4-7

微课视频

下面利用“合并形状”功能来完善画册封面页的内容，具体操作如下。

STEP 1 打开“例 4-7.pptx”素材文件，选择封面页，插入“卧室渲染效果”图片素材，并调整好大小及位置，如图 4-49 所示。

图4-49

STEP 2 绘制矩形，旋转后将其放置在图片上方合适的位置，如图 4-50 所示。

图4-50

STEP 3 先选择图片，后选择矩形，在“绘图工具－格式”选项卡中单击“合并形状”下拉按钮❶，从列表中选择“剪除”选项❷，矩形与图片重合的部分将被剪除，如图 4-51 所示。

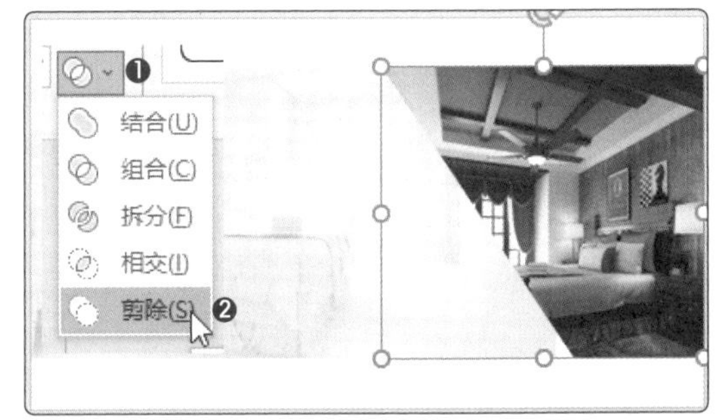

图4-51

STEP 4 绘制矩形，调整好矩形的颜色、大小及旋转方向，将其放置在图片上方，如图 4-52 所示。

图4-52

基础入门篇

STEP 5 绘制并复制矩形，使其大小能遮住上一步绘制的矩形的起点和终点即可，如图 4-53 所示。

图4-53

STEP 6 先选择长条矩形，再选择两个小矩形，在“合并形状”列表中选择“剪除”选项，调整图形的形状，如图 4-54 所示。

图4-54

STEP 7 绘制三角形和矩形，调整好颜色及大小，将其放置在页面中合适的位置，如图 4-55 所示。

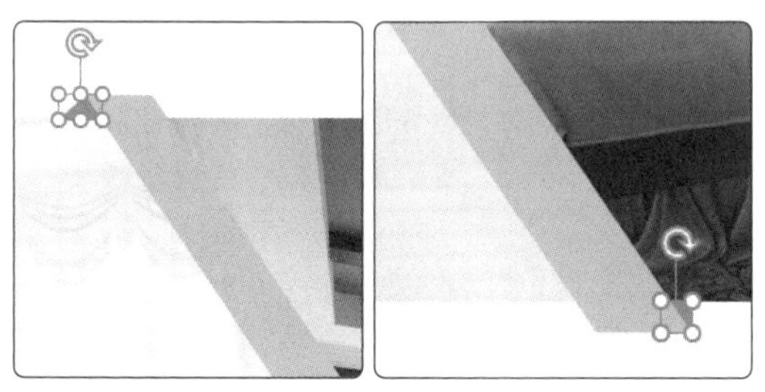

图4-55

STEP 8 选中处理后的长条矩形，在“绘图工具 - 格式”选项卡中单击“形状效果”下拉按钮，在其列表中选择“阴影”选项，并在其子列表中选择一种阴影样式，为处理后的长条矩形添加阴影，如图 4-56 所示。

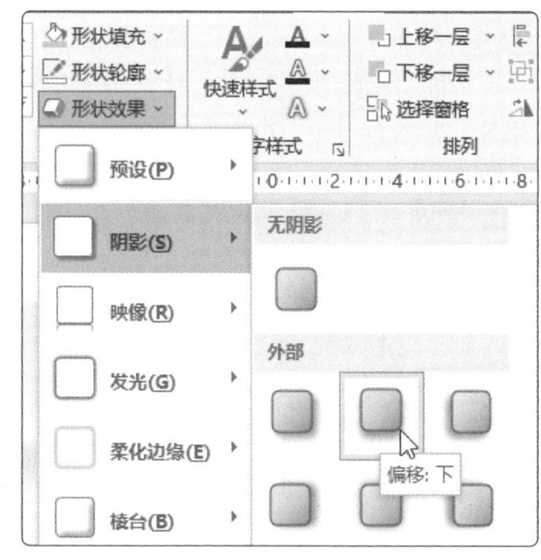

图4-56

STEP 9 创建文本框，并输入标题内容，调整好其文本格式及文本排版方式。

至此，封面页的制作完成，最终效果如图4-57所示。

图4-57

4.2.5 打造 SmartArt 图形

如果想要在页面中添加一些逻辑图表，如流程图、关系图等，那么可利用PowerPoint中的SmartArt功能进行操作。该功能可以快速地帮助用户创建各类逻辑图表，提高制作效率。

1. 创建SmartArt图形

SmartArt图形包含列表、流程、循环、层次结构等8种类型的图形，每种类型的布局和结构都不同，用户只需根据工作需求来创建。

[实操4-8] 创建课程试看流程图

[实例资源] 第4章\例4-8

微课视频

下面以创建课程试看流程图为例，介绍创建SmartArt图形的操作。

STEP 1 打开“例 4-8.pptx”素材文件，在第 4 张幻灯片下插入一张空白幻灯片，并输入标题内容，设置好内容格式。在“插入”选项卡中单击“SmartArt”按钮，在弹出的“选择 SmartArt 图形”对话框中选择一种流程图样式，如图 4-58 所示。

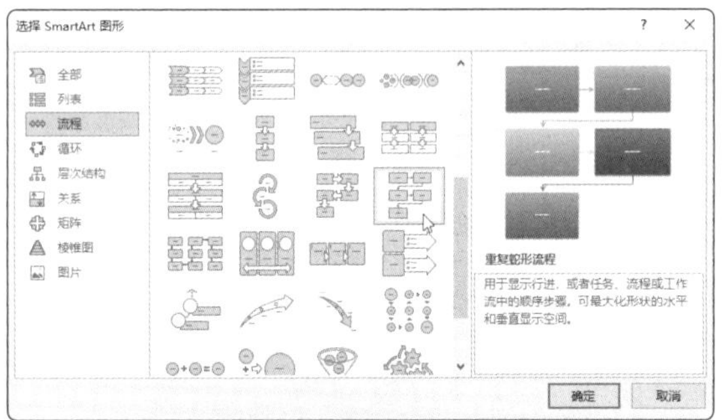

图4-58

STEP 2 单击“确定”按钮，即可在当前幻灯片中插入相应流程图，如图 4-59 所示。

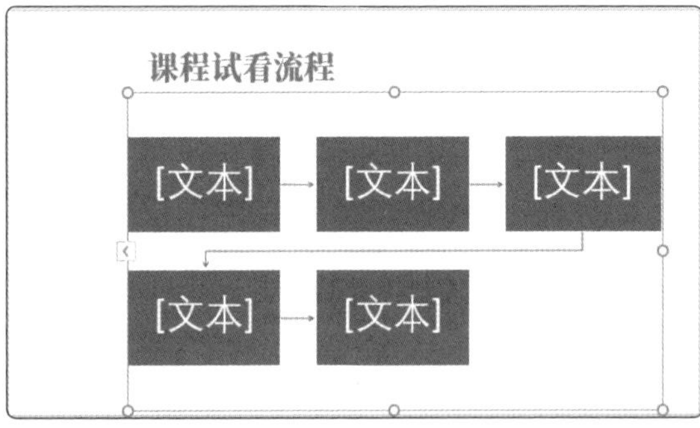

图4-59

STEP 3 单击流程图中的“[文本]”字样，输入流程内容，如图 4-60 所示。

STEP 4 选择流程图末尾的形状，在“SmartArt 工具 - 设计”选项卡中单击“添加形状”下拉按钮，在其列表中选择“在后面添加形状”选项，如图 4-61 所示。

STEP 5 此时在被选中的形状后面会新增一个形状，直接输入文本内容即可，如图 4-62 所示。

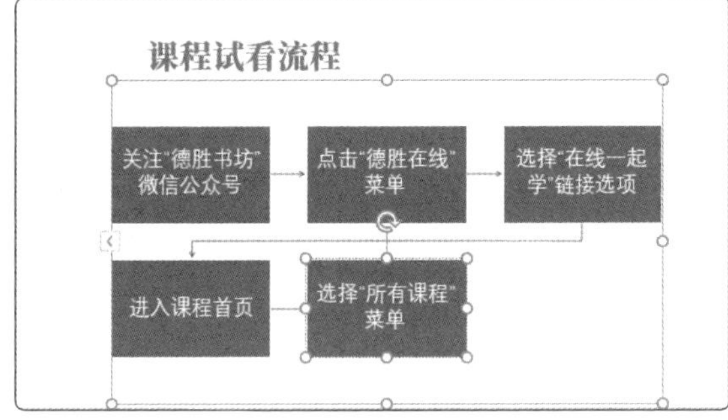

图4-60

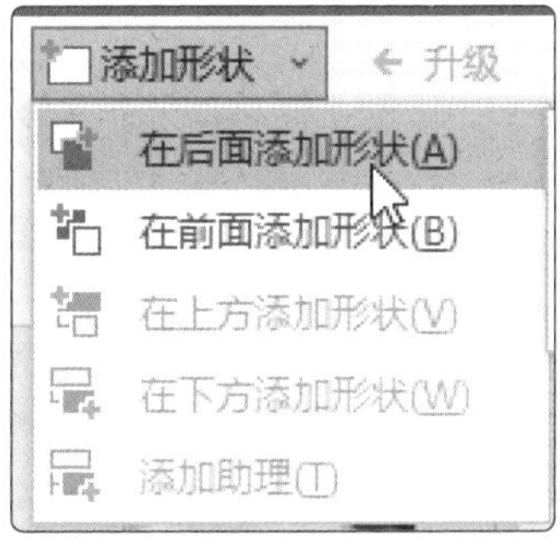

图4-61

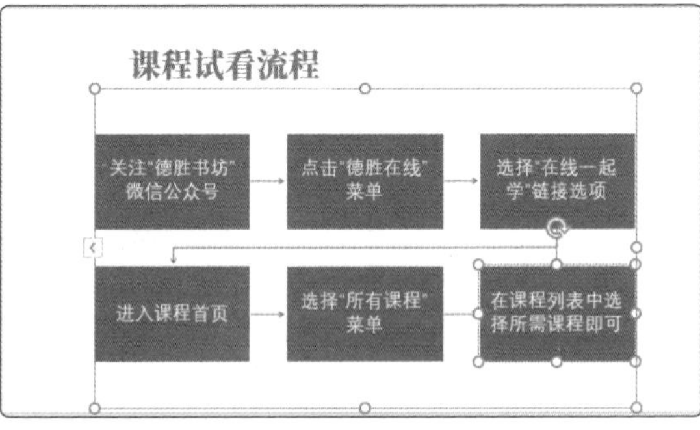

图4-62

应用秘技

在“SmartArt工具-设计”选项卡中单击“文本窗格”按钮，在打开的窗格中也可以输入文字内容。

2. 美化SmartArt图形

为了让创建的流程图更加美观大方，需要对其进行美化操作。

[实操4-9] 快速美化流程图

[实例资源] 第4章\例4-9

微课视频

下面对创建的流程图进行美化操作，包括更换颜色、调整流程图样式等，具体操作如下。

STEP 1 打开“例 4-9.pptx”素材文件，选择第5张幻灯片，选择创建的流程图，在“SmartArt 工具 - 设计”选项卡中单击“更改颜色”下拉按钮，在其列表中选择一款合适的颜色，如图 4-63 所示。

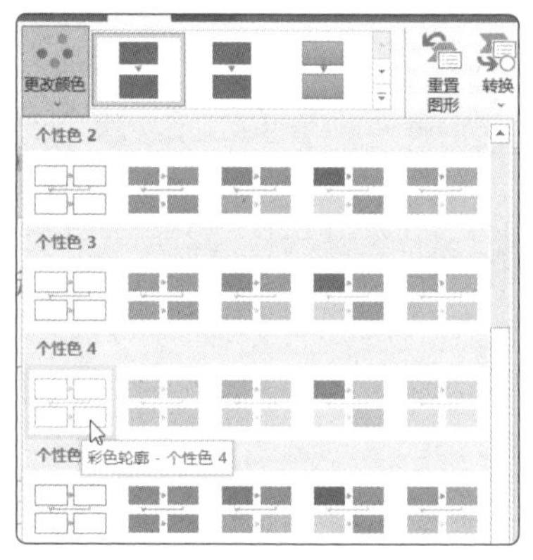

图4-63

STEP 2 选中所有形状，在“SmartArt 工具 - 格式”选项卡中单击“形状填充”下拉按钮，从列表中选择一款填充颜色，这里选择白色，如图 4-64 所示。

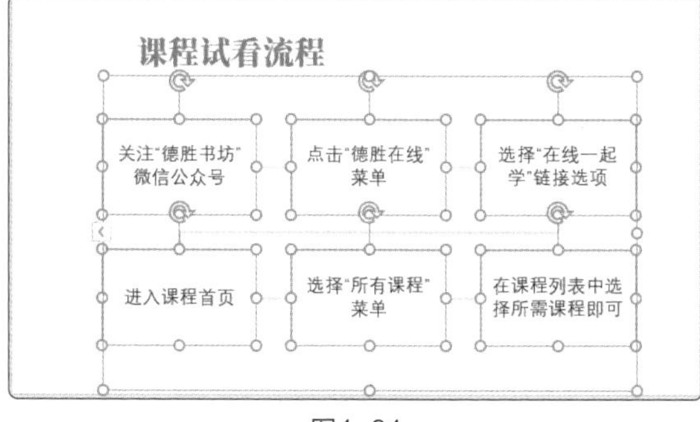

图4-64

STEP 3 在“SmartArt 工具 - 格式”选项卡中单击“更改形状”下拉按钮，在其列表中选择“圆角矩形”选项，更改当前流程图形状的样式，如图 4-65 所示。

STEP 4 保持形状全部为被选中状态，在“SmartArt 工具 - 格式”选项卡中单击“形状效果”下拉按钮，在其列表中选择“阴影”选项，并在其子列表中选择一款阴影样式，为流程图添加阴影，如图 4-66 所示。

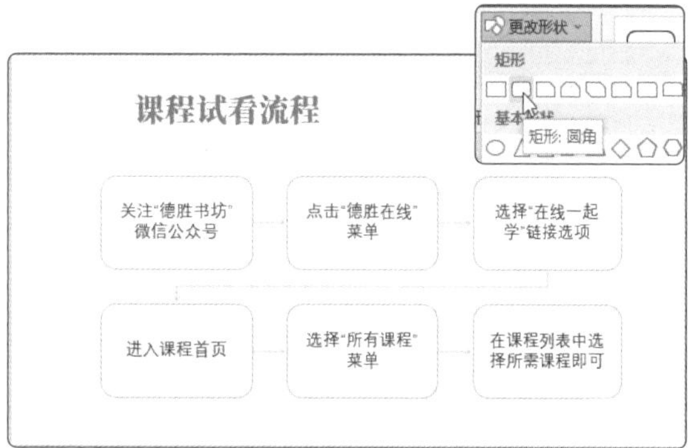

图4-65

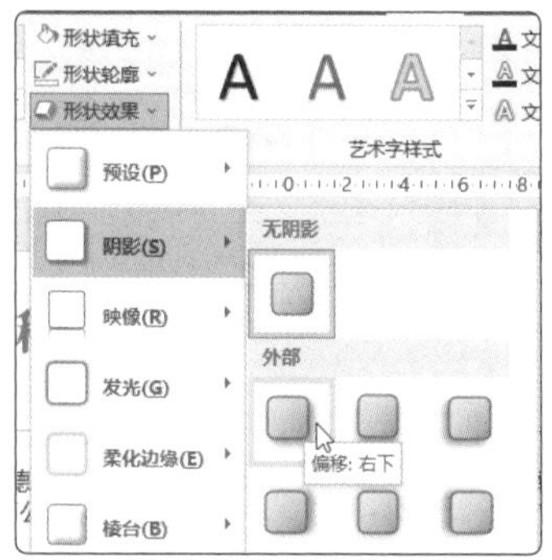

图4-66

STEP 5 设置好流程图中的文本格式。

至此，课程试看流程图制作完毕，最终效果如图4-67所示。

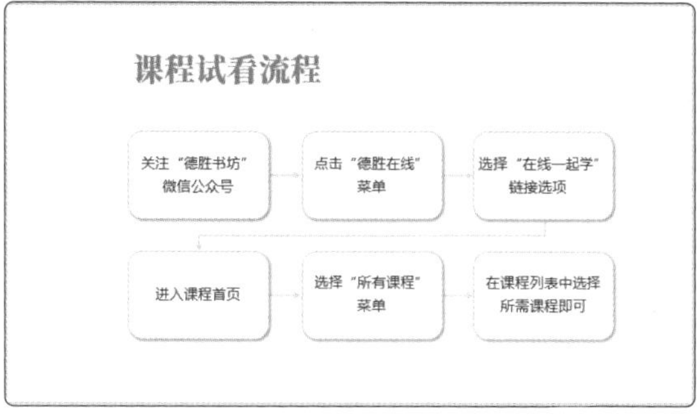

图4-67

实战演练

修饰画册的内容页

微课视频

本章系统地介绍了画册封面页、内容页及结尾页的制作方法，接下来将利用形状功能对画册的内容页进行修饰，从而巩固本章所学内容。

（1）利用母版创建内容版式，步骤如图4-68～图4-73所示。

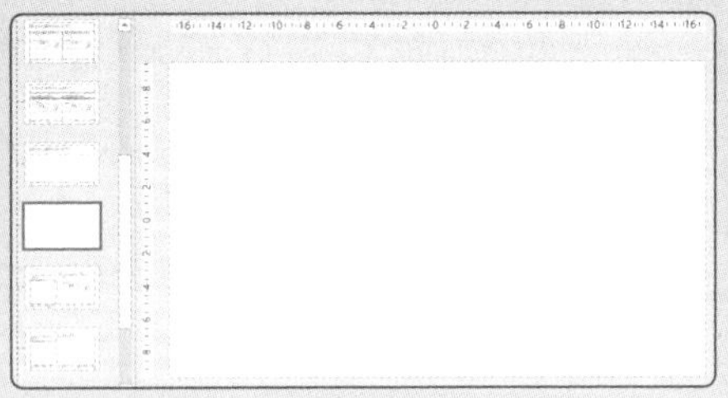

进入母版视图，选择默认版式

图4-68

创建并旋转矩形

图4-69

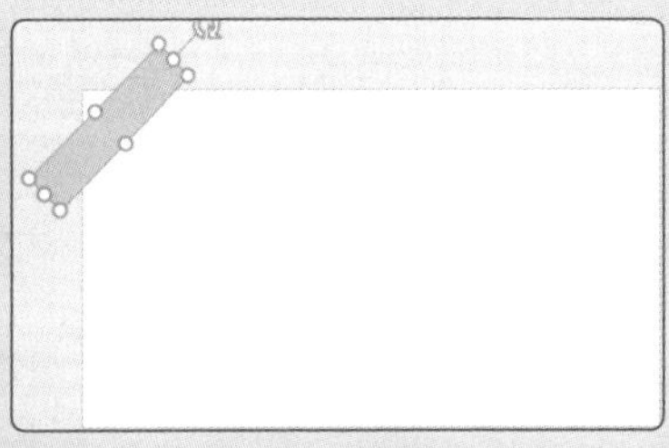

设置矩形颜色

图4-70

绘制多个辅助矩形

图4-71

利用“剪除”工具编辑形状

图4-72

为图形添加阴影

图4-73

（2）输入并设置内容页的标题，步骤如图4-74～图4-77所示。

进入普通视图界面

图4-74

输入并设置第2页的标题内容

图4-75

基础入门篇

旋转文本框，调整好标题位置

图4-76

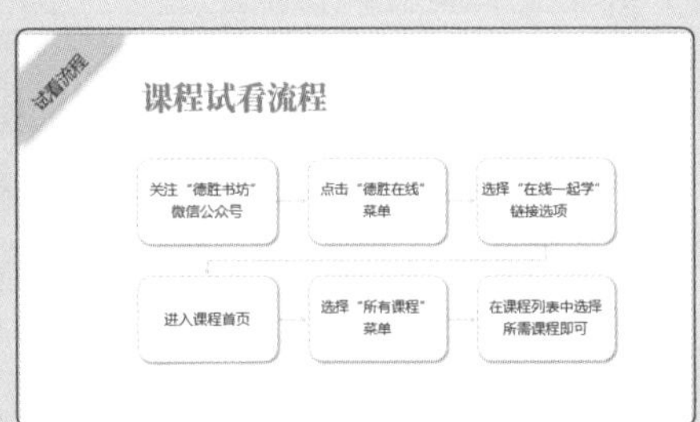

复制文本框至其他页面，并修改标题内容

图4-77

疑难解答

Q1：设置好图片样式后，如果想要更换图片，该怎么操作？

A：设置好图片样式后，如果想要更换图片，只需选中图片，在“图片工具-格式”选项卡中单击“更换图片”下拉按钮，在其列表中选择“来自文件”选项，并在弹出的对话框中选择新图片，此时系统只会更换图片，而图片样式是不会变化的，如图4-78所示。

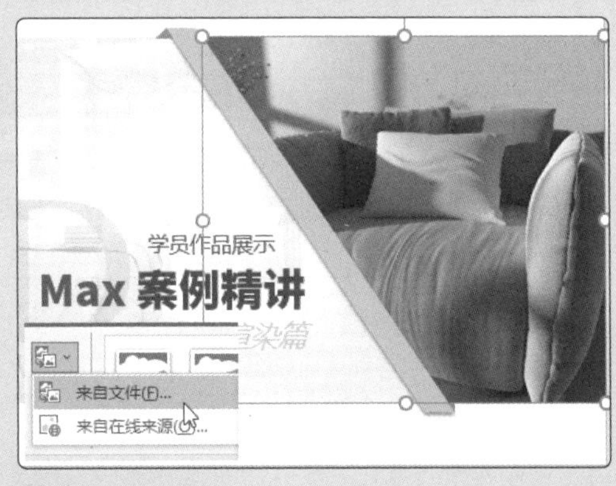

图4-78

Q2：形状列表中只有“椭圆形”选项，而没有“圆形”选项，该怎么画圆形呢？

A：选择“椭圆形”选项后，在按住Shift键的同时拖曳鼠标，即可绘制出圆形。此外，如果需要将图片裁剪为圆形，可先在“裁剪为形状”子列表中选择“椭圆”选项，然后选择“纵横比”选项，并在其子列表中选择“1：1”选项。

Q3：如何设置两张图片的前后顺序？

A：选中相应的图片，单击鼠标右键，在弹出的快捷菜单中选择“置于顶层”或者“置于底层”选项即可，如图4-79所示。

Q4：要等距离复制图形，除了使用Ctrl+C和Ctrl+V组合键外，还有没有其他好的方法？

A：可以利用Ctrl+D组合键进行复制操作。具体方法为：先选中需复制的图形，按Ctrl+D组合键进行复制，调整好两个图形的间距，如图4-80所示；然后多次按Ctrl+D组合键，即可将图形按照调整好的间距进行等距离复制，如图4-81所示。

图4-79

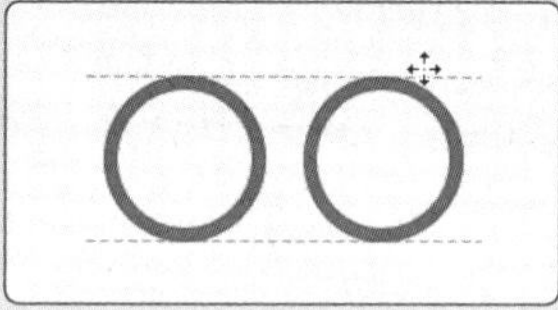

图4-80　　　　图4-81

Q5：如何将三角形更改为圆角三角形?

A：可以利用“平滑顶点”功能进行操作。选中三角形，单击鼠标右键，在弹出的快捷菜单中选择“编辑顶点”选项❶，进入编辑状态；在三角形的任意顶点上单击鼠标右键，在弹出的快捷菜单中选择“平滑顶点”选项❷，即可平滑当前顶点，如图4-82所示。

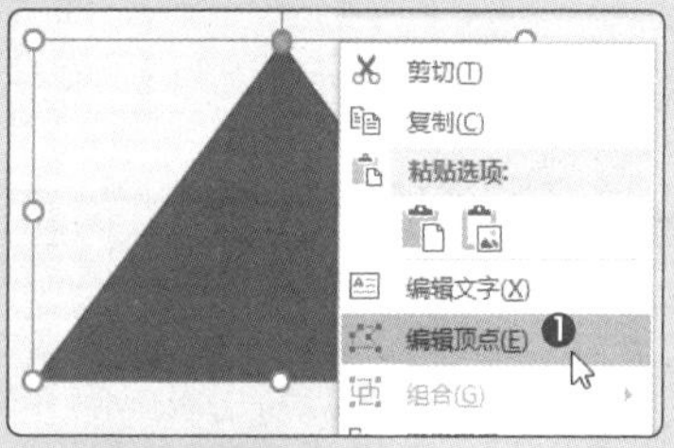

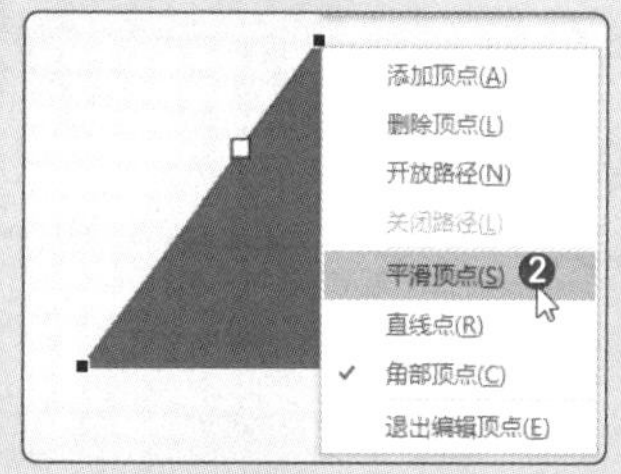

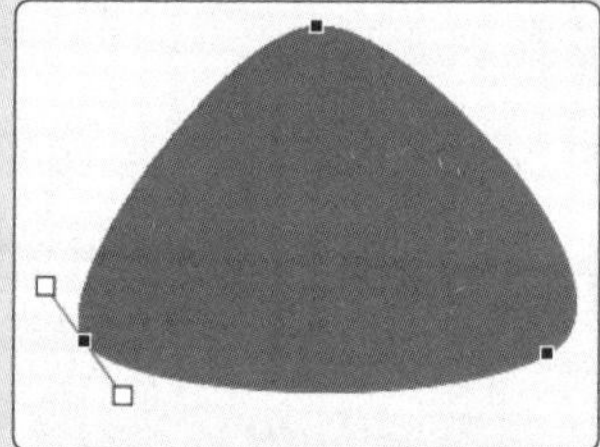

图4-82

Q6：如何将图片插入指定的图形中?

A：可用两种方法来完成：一种是将图片裁剪为形状；另一种是在图形中填充图片。本章已经介绍过将图片裁剪为形状的操作，下面介绍在图形中填充图片的操作。在图形上单击鼠标右键，在弹出的快捷菜单中选择“设置形状格式”选项，打开同名窗格，单击“填充”选项下的“图片或纹理填充”单选按钮❶，并单击“插入”按钮❷，在弹出的对话框中选择所需图片❸，单击“插入”按钮❹即可将图片填充至图形中，如图4-83所示。

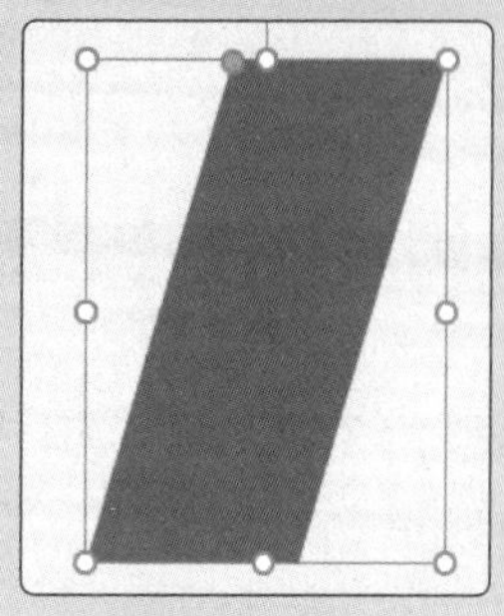

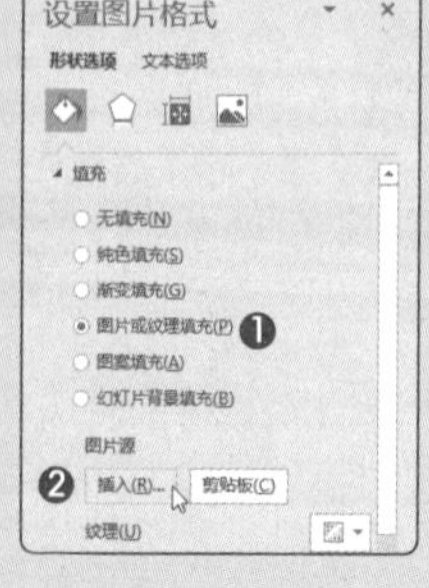

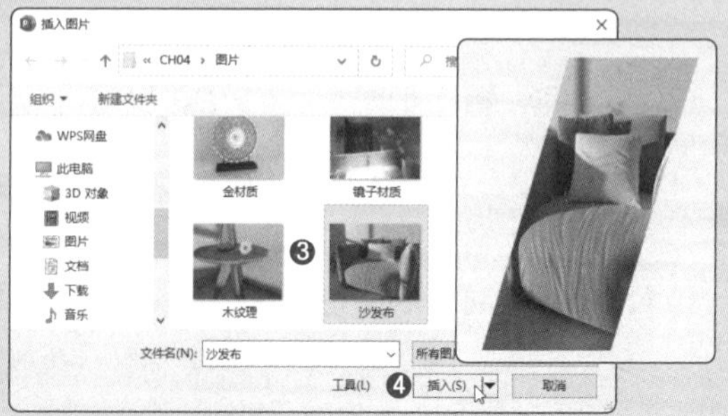

图4-83

第 5 章

合理应用表格和图表

在 PPT 中，表格和图表除了可以起到基本的作用外，还可以起到美化页面的作用。利用表格可以对页面内容进行创意排版；而利用图表则既能满足基本的数据呈现，又能丰富页面内容，增强设计感。本章将介绍表格与图表的应用操作。

5.1 表格的应用

为了便于数据的分析和管理，用户可以为其创建表格。在表格中，用户可以快速检索到自己需要的数据信息。下面介绍表格的创建与编辑。

5.1.1 创建表格

创建表格的方法有很多种，比较常用的有两种：一种是快速创建表格，另一种是利用对话框创建表格。

1. 快速创建表格

在“插入”选项卡中单击“表格”下拉按钮，在其列表中分别选择表格的行数和列数，即可插入表格，如图5-1所示。

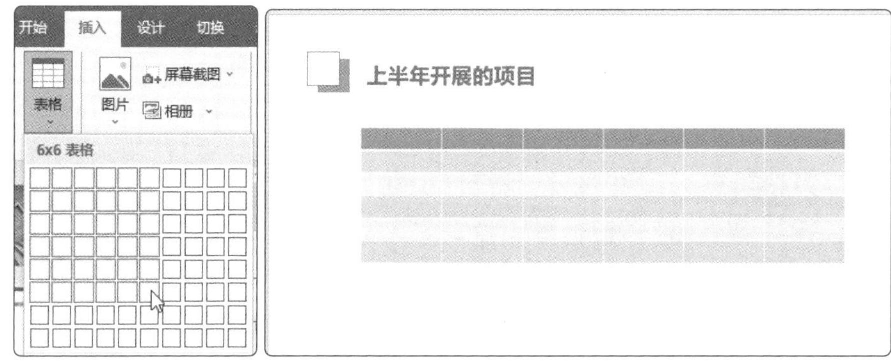

图5-1

该方法虽然便捷，但有一定的局限性，即一次最多只能插入8行10列的表格。如果插入的表格不能满足需求，那么用户就要考虑使用第2种方法。

2. 利用对话框创建表格

[实操5-1] 利用“插入表格”对话框创建表格

[实例资源] 第5章\例5-1

下面以创建6行4列的表格为例，介绍利用“插入表格”对话框创建表格的操作。

STEP 1 打开“2021 年中工作总结 .pptx”素材文件，选择第 2 张幻灯片。在“插入”选项卡中单击“表格”下拉按钮❶，在其列表中选择“插入表格”选项❷，如图 5-2 所示。

STEP 2 在弹出的“插入表格”对话框中输入“列数”和“行数”的值，单击“确定”按钮，即可完成插入表格的操作，如图 5-3 所示。

图5-2

基础入门篇

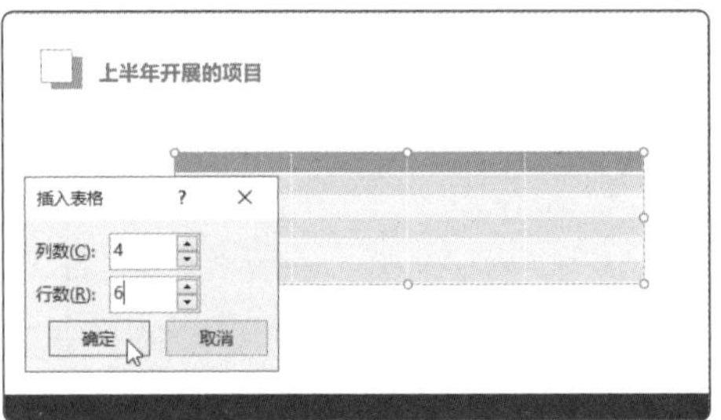

图5-3

应用秘技

在“表格”列表中选择“绘制表格”选项后，可以利用拖曳鼠标的方法手动绘制表格。此外，选择“Excel电子表格”选项后，系统会在页面中嵌入Excel表格，并以Excel编辑窗口的形式供用户进行输入表格内容的操作。

5.1.2 调整表格的结构

创建好表格后，有时根据内容需要对表格的结构进行一些调整，如插入行和列、调整行高和列宽、合并和拆分单元格等，以满足不同数据的编辑要求。

1. 插入行和列

[实操5-2] 在表格中插入行和列

[实例资源] 第5章\例5-2

微课视频

如果需要增添表格的行数或列数，可以通过以下方法进行。

STEP 1 打开“例 5-2.pptx”素材文件，将鼠标指针放置在表格最后一列的任意单元格中，在“表格工具 - 布局”选项卡中单击“在右侧插入”按钮，如图 5-4 所示。

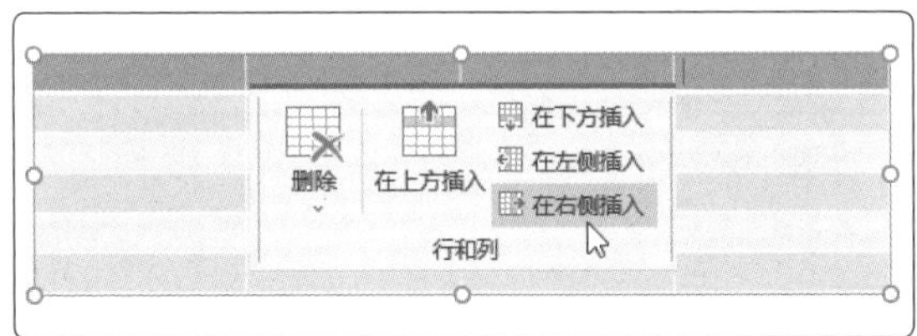

图5-4

STEP 2 此时鼠标指针所在的单元列右侧会增添新列，如图 5-5 所示。

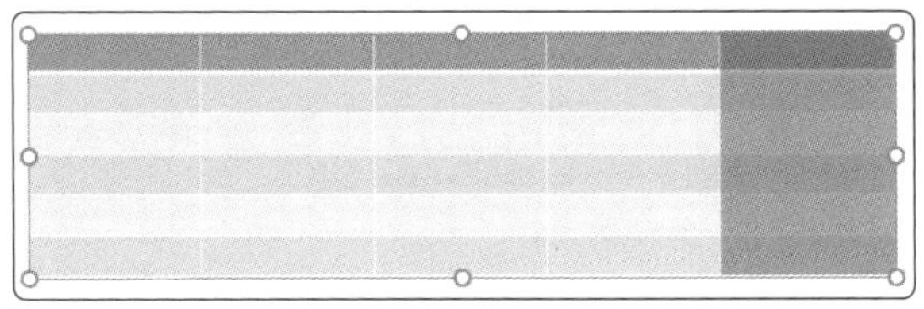

图5-5

STEP 3 同样，将鼠标指针放置在表格末尾行的任意单元格中，在“表格工具 - 布局”选项卡中单击“在下方插入”按钮，如图 5-6 所示。此时会在鼠标指针所在的单元行下方增添一空白行，如图 5-7 所示。

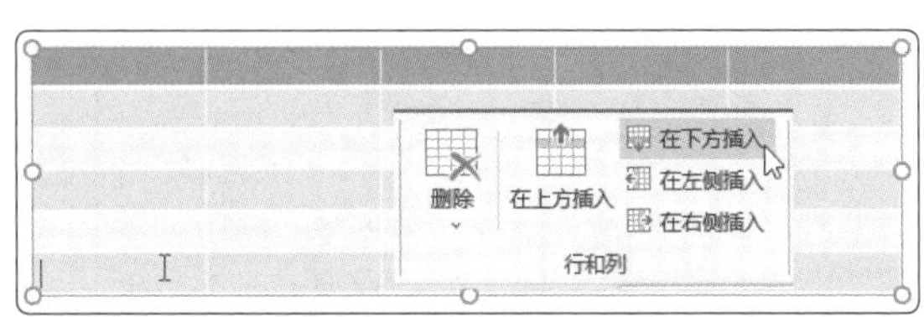

图5-6

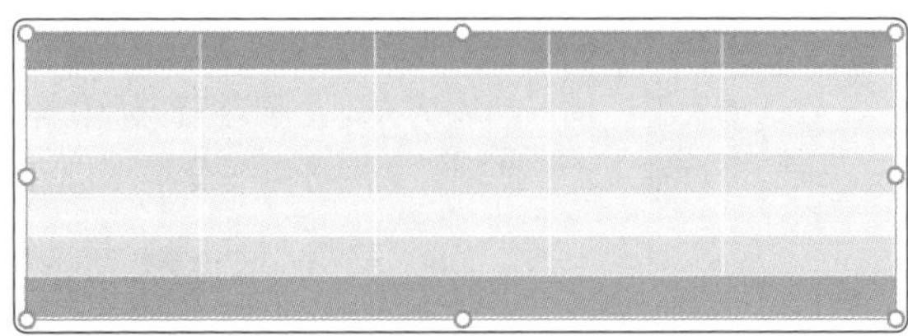

图5-7

应用秘技

在表格中选择多行或多列后，再单击“在上方插入”或“在左侧插入”按钮，系统将会批量插入与所选数量相同的行或列，如图5-8所示。

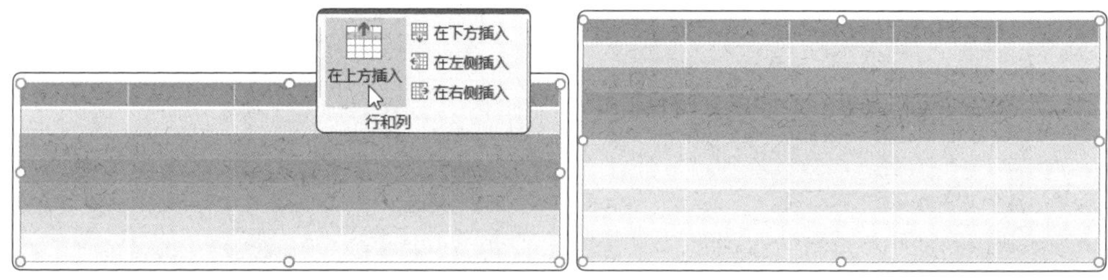

图5-8

2. 合并和拆分单元格

为了合理分布表格中的数据，经常需要对单元格进行合并和拆分。下面介绍合并与拆分单元格的方法。

选中要合并的多个单元格，在“表格工具-布局”选项卡中单击“合并单元格”按钮，此时所选的多个单元格将合并成一个单元格，如图5-9所示。

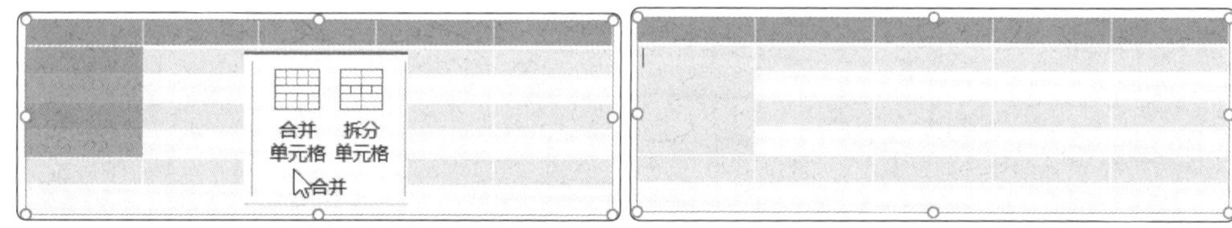

图5-9

相反，如果想要拆分单元格，只需选中单元格，单击“拆分单元格”按钮❶，在弹出的同名对话框中设置好拆分的“列数”和“行数”❷，单击“确定”按钮❸即可，如图5-10所示。

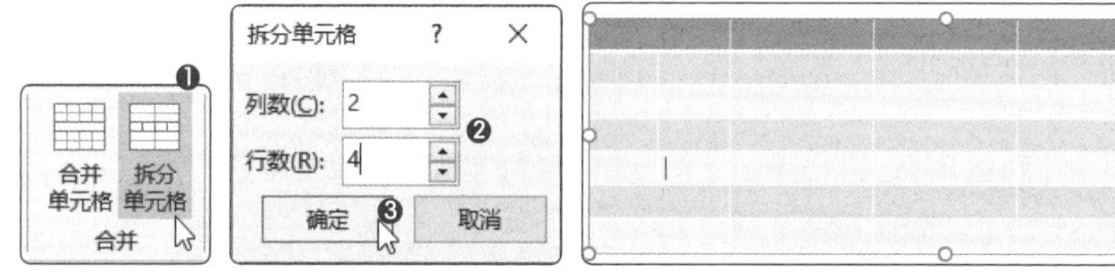

图5-10

3. 设置表格文本的对齐方式

默认情况下，输入的表格文本一律左对齐。如果想要将文本设置为其他对齐方式，可在“表格工具-布局”选项卡的“对齐方式”选项组中进行相关设置，如图5-11所示。

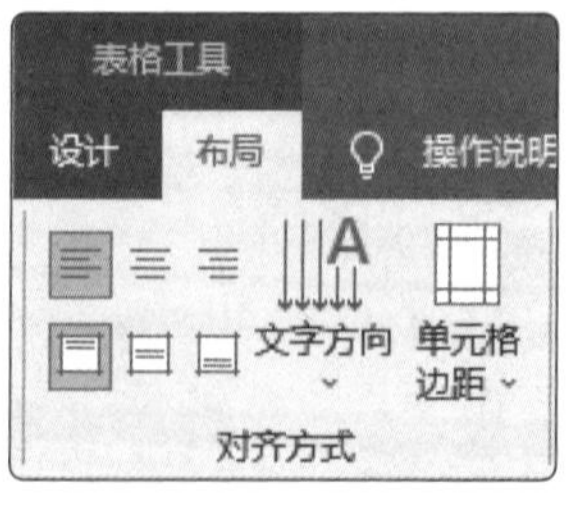

图5-11

[实操5-3] 输入并对齐表格中的内容

[实例资源] 第5章\例5-3

下面在创建的表格中输入文本内容，并对其进行居中对齐操作。

STEP 1 打开"例 5-3.pptx"素材文件，将鼠标指针放置在表格的首个单元格中，输入表头内容，如图 5-12 所示。

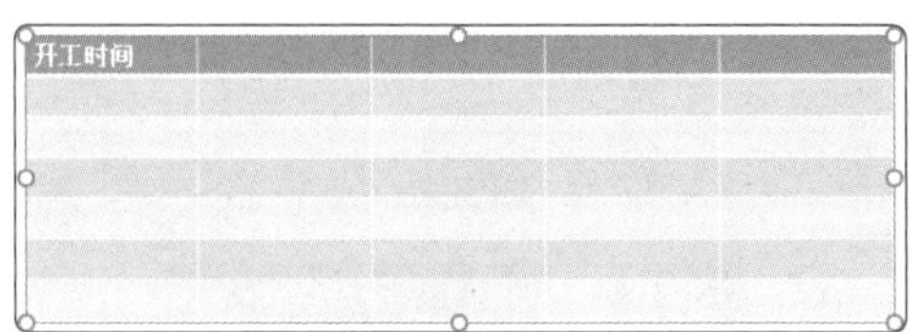

图5-12

STEP 2 按 Tab 键，鼠标指针会定位至该行的下一单元格中，继续输入内容，直到完成表头内容的输入，如图 5-13 所示。

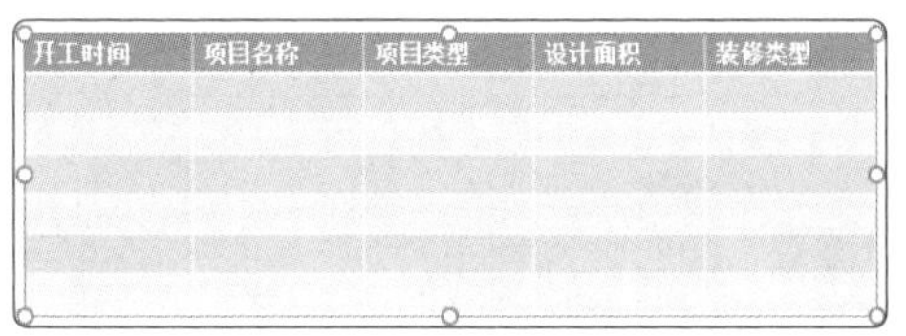

图5-13

STEP 3 将鼠标指针定位至第 2 行的首个单元格中，并输入内容，按"↓"方向键，将鼠标指针定位至该列的下一单元格中，并输入内容，如图5-14所示。

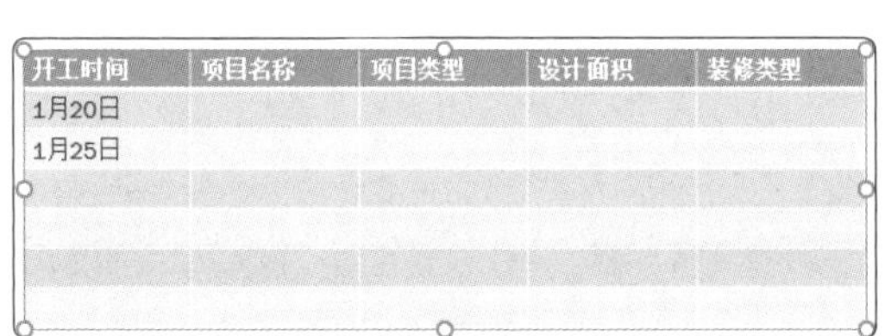

图5-14

STEP 4 按照同样的方法，完成输入表格内容的操作，如图 5-15 所示。

开工时间	项目名称	项目类型	设计面积	装修类型
1月20日	城市嘉园4-3-504 张先生	住宅	75㎡	半包
1月25日	泰山丽园12-2-201 刘先生	住宅	120㎡	半包
2月25日	金丽豪苑26-4-1106 陈女士	住宅	125㎡	全包
3月20日	万恒集团售楼处	工装	480㎡	全包
4月5日	联华致力科技有限公司	工装	650㎡	半包
5月16日	尚苑5栋 吴先生	联排别墅	360㎡	半包

图5-15

STEP 5 拖曳表格分隔线，调整好表格的行高和列宽，如图 5-16 所示。

开工时间	项目名称	项目类型	设计面积	装修类型
1月20日	城市嘉园4-3-504 张先生	住宅	75㎡	半包
1月25日	泰山丽园12-2-201 刘先生	住宅	120㎡	半包
2月25日	金丽豪苑26-4-1106 陈女士	住宅	125㎡	全包
3月20日	万恒集团售楼处	工装	480㎡	全包
4月5日	联华致力科技有限公司	工装	650㎡	半包
5月16日	尚苑5栋 吴先生	联排别墅	360㎡	半包

图5-16

STEP 6 选中表格，在"表格工具 - 布局"选项卡中单击"居中"和"垂直居中"按钮，将内容居中对齐，如图 5-17 所示。

开工时间	项目名称	项目类型	设计面积	装修类型
1月20日	城市嘉园4-3-504 张先生	住宅	75㎡	半包
1月25日	泰山丽园12-2-201 刘先生	住宅		
2月25日	金丽豪苑26-4-1106 陈女士	住宅		
3月20日	万恒集团售楼处	工装		
4月5日	联华致力科技有限公司	工装		
5月16日	尚苑5栋 吴先生	联排别墅		

设计 布局 文字方向 对齐方式

图5-17

5.1.3 设置表格样式

创建的表格样式与当前主题样式统一。如果需要对表格样式进行更改，用户可以套用系统内置的表格样式，也可以根据要求进行自定义操作。

[实操5-4] 对创建的表格进行美化

[实例资源] 第5章\例5-4

下面对创建的项目表进行适当的美化，并突出显示重点数据内容。

STEP 1 打开“例 5-4.pptx”素材文件，选中表格，在“表格工具－设计”选项卡的“表格样式”选项组中单击“其他”按钮，在打开的样式列表中选择合适的样式及颜色，如图 5-18 所示。

图5-18

STEP 2 选择好后，表格样式将发生相应的变化，如图 5-19 所示。

开工时间	项目名称	项目类型	设计面积	装修类型
1月20日	城市嘉园4-3-504 张先生	住宅	75m²	半包
1月25日	泰山丽园12-2-201 刘先生	住宅	120m²	半包
2月25日	金丽豪苑26-4-1106 陈女士	住宅	125m²	全包
3月20日	万恒集团售楼处	工装	480m²	全包
4月5日	联华致力科技有限公司	工装	650m²	半包
5月16日	尚苑5栋 吴先生	联排别墅	360m²	半包

图5-19

STEP 3 在表格中选择要突出显示的数据行，如图 5-20 所示。

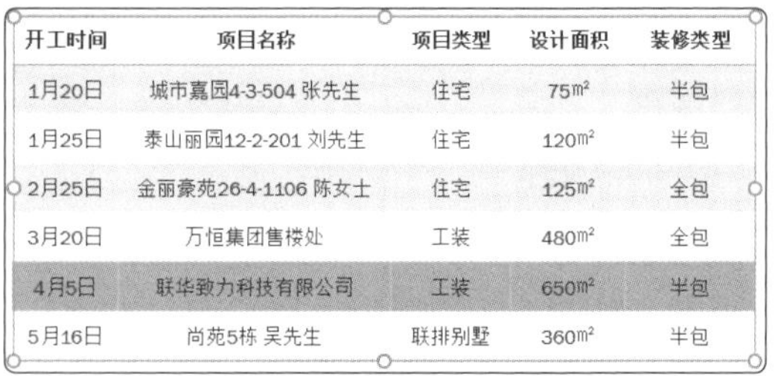

开工时间	项目名称	项目类型	设计面积	装修类型
1月20日	城市嘉园4-3-504 张先生	住宅	75m²	半包
1月25日	泰山丽园12-2-201 刘先生	住宅	120m²	半包
2月25日	金丽豪苑26-4-1106 陈女士	住宅	125m²	全包
3月20日	万恒集团售楼处	工装	480m²	全包
4月5日	联华致力科技有限公司	工装	650m²	半包
5月16日	尚苑5栋 吴先生	联排别墅	360m²	半包

图5-20

STEP 4 在“表格工具－设计”选项卡中单击“底纹”下拉按钮，在其列表中选择要突出显示的颜色，如图 5-21 所示。

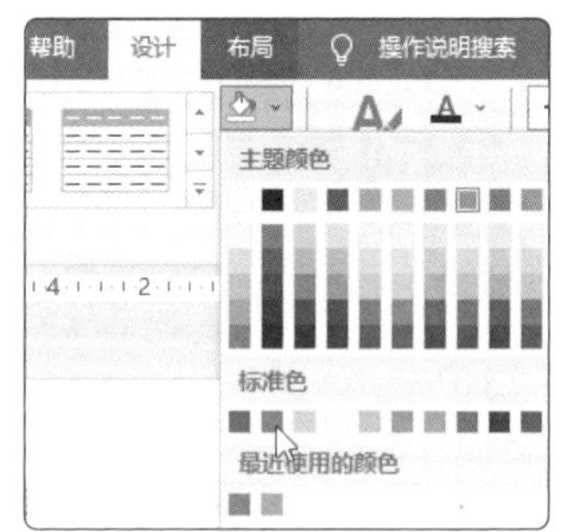

图5-21

STEP 5 此时被选中的数据行以指定颜色突出显示，如图 5-22 所示。

图5-22

5.1.4 利用表格进行图文混排

对纯文字页面来说，其版式好坏的关键点在于文字是否对齐，而利用表格来对齐文字内容是比较方便的。在页面中先插入表格，再调整一下表格的框架，然后输入文字内容并设置对齐方式，最后隐藏表格边框线，如图5-23所示。

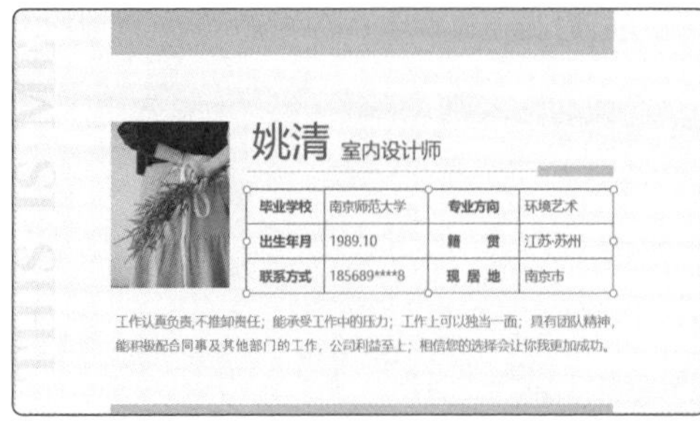

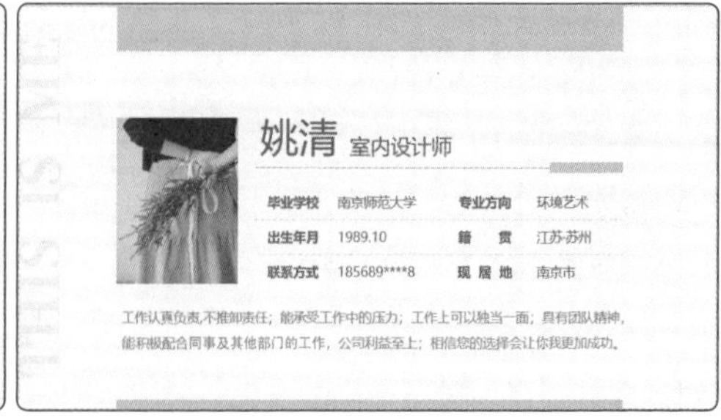

图5-23

对图文混排的页面，利用表格可以实现快速排版，并且版式效果很不错。

[实操5-5] 对页面内容进行图文混排

[实例资源] 第5章\例5-5

微课视频

下面利用表格来对PPT中的“项目展示”页内容进行排版。

STEP 1 打开“例 5-5.pptx”素材文件，选择第4张幻灯片，创建一个2行3列的表格，并在“表格样式”列表中选择“无样式，网格型”选项，如图5-24所示。

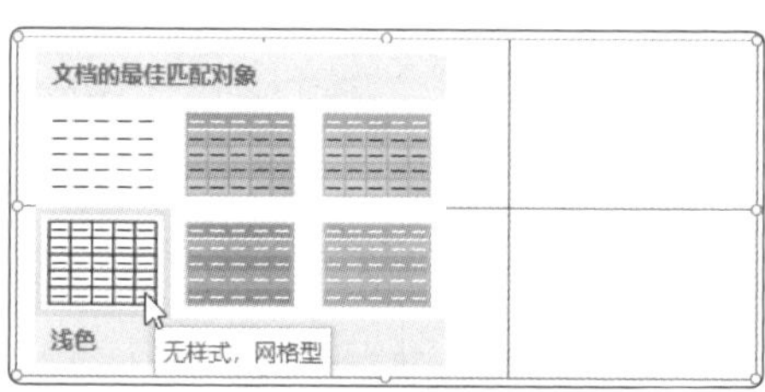

图5-24

STEP 2 拖曳鼠标，调整好行分隔线的位置，如图 5-25 所示。

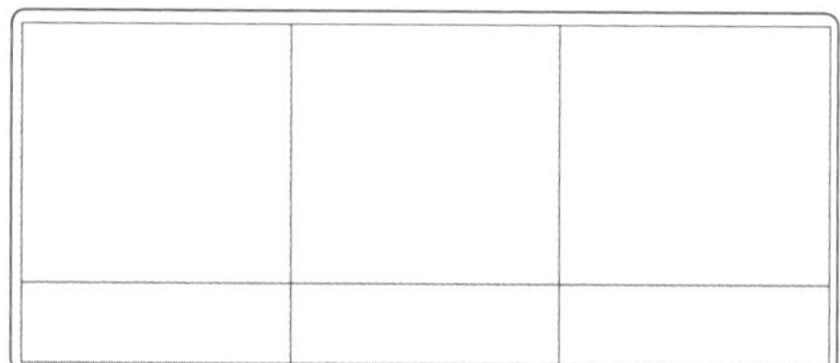

图5-25

STEP 3 将鼠标指针定位至表格首个单元格内，在“表格工具 - 设计”选项卡中单击“底纹”下拉按钮❶，在其列表中选择“图片”选项❷，如图 5-26 所示。

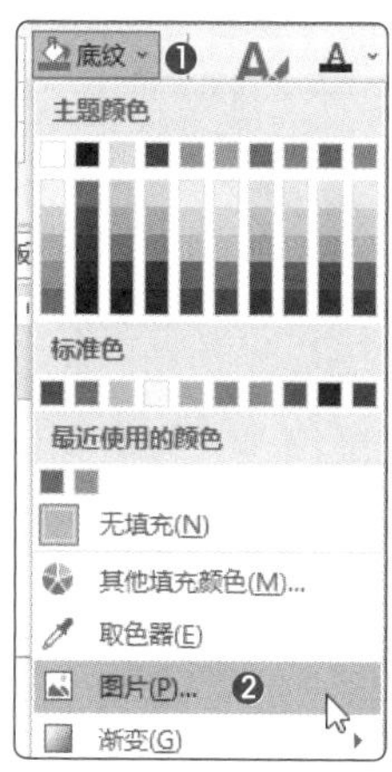

图5-26

STEP 4 在弹出的“插入图片”对话框中选择所需图片，单击“插入”按钮，如图 5-27 所示。

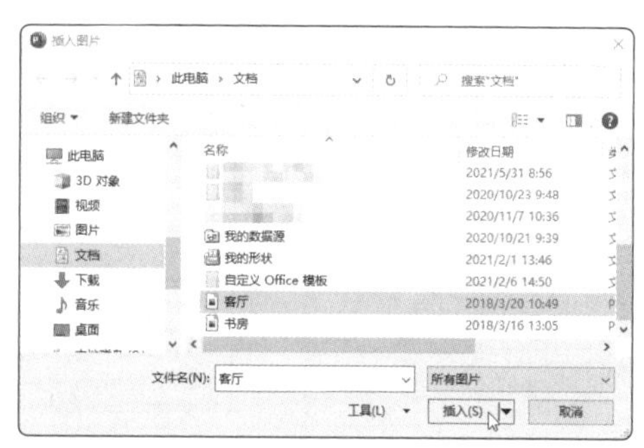

图5-27

STEP 5 此时所选图片将插入当前单元格中，如图 5-28 所示。

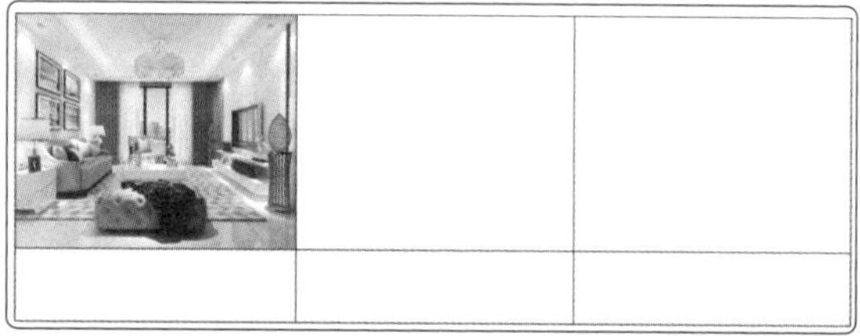

图5-28

STEP 6 按照同样的方法，将其他图片填充至单元格中，如图 5-29 所示。

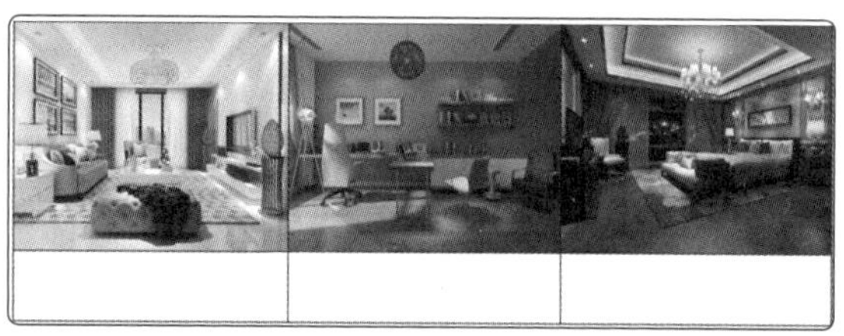

图5-29

新手提示

用图片填充表格与直接插入图片这两种方法是有区别的。用图片填充表格，其图片与表格是一体的，图片会随表格的移动而移动；如果先插入图片，然后移至表格中，那么图片和表格将不关联，这样也不利于后期对表格进行排版操作。

STEP 7 在空白单元格中输入相关内容，并设置好文本格式及对齐方式，如图 5-30 所示。

图5-30

STEP 8 选中表格，在“表格工具 - 设计”选项卡中单击“笔颜色”下拉按钮❶，在其颜色列表中选择“白色”选项❷，单击“笔画粗细”下拉按钮❸，从列表中选择“6.0 磅”选项❹，如图 5-31 所示。

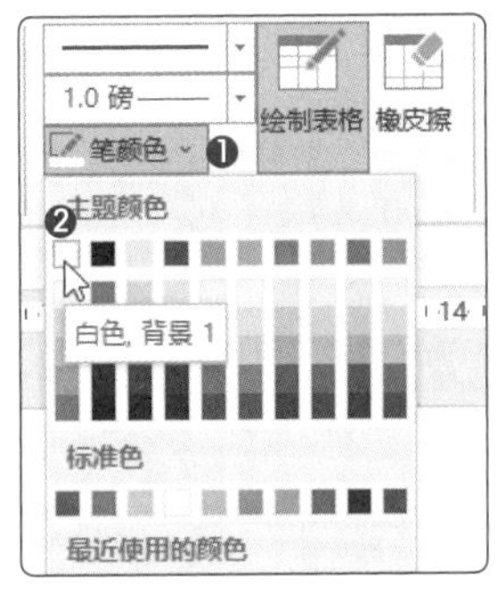

图5-31

STEP 9 在“表格工具 - 设计”选项卡中单击“边框”下拉按钮❶，从列表中先选择“无框线”选项❷，再选择“内部框线”选项❸，如图 5-32 所示。

图5-32

STEP 10 设置完成后，表格边框线样式将发生相应的变化，如图 5-33 所示。

图5-33

基础入门篇

5.2 图表的应用

使用图表可以让复杂的数据关系变得可视化、清晰化、形象化，同时也能够丰富页面，使单调的数据内容变得生动有趣。

5.2.1 创建图表

PPT中包含了多种不同类型的图表，有柱形图、折线图、饼图、条形图、面积图等，如图5-34所示。用户需根据实际情况来选择创建的图表类型。

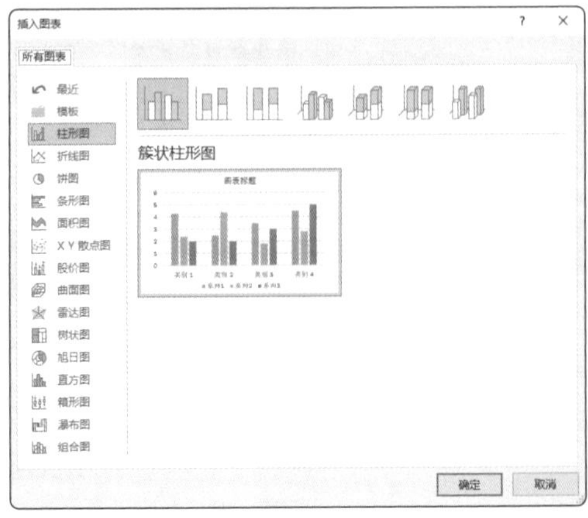

图5-34

[实操5-6] 创建项目进度统计图表

[实例资源] 第5章\例5-6

微课视频

下面根据各项目的进展情况，创建相关进度统计图表。

STEP 1 打开“例 5-6.pptx”素材文件，选择第 3 张幻灯片，在“插入”选项卡中单击“图表”按钮，弹出“插入图表”对话框，如图 5-35 所示。

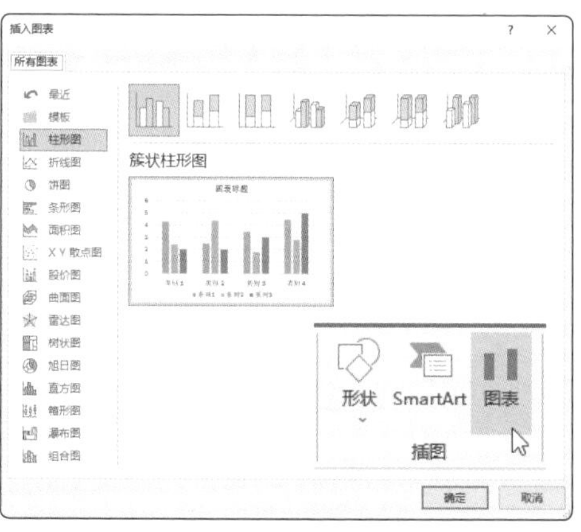

图5-35

STEP 2 在该对话框中选择“百分比堆积柱形图”图表类型，单击“确定”按钮，如图 5-36 所示。

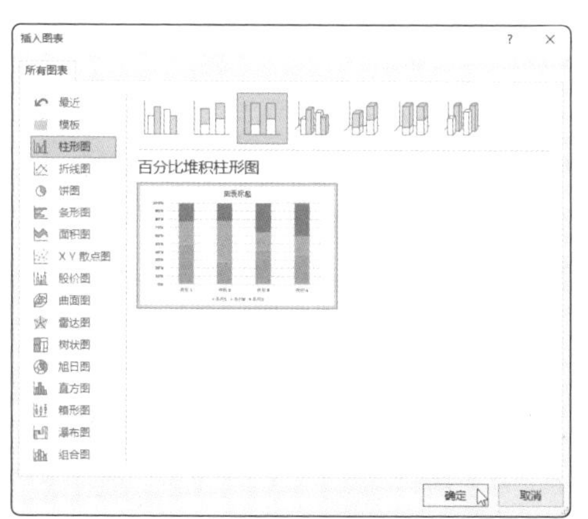

图5-36

STEP 3 在打开的 Excel 编辑窗口中，根据需要输入数据内容，如图 5-37 所示。

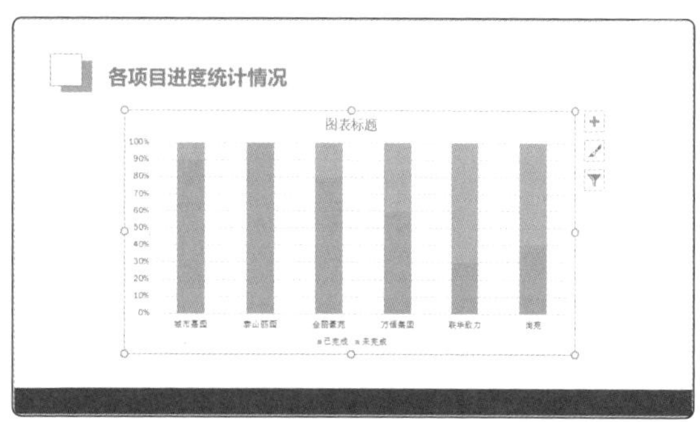

Microsoft PowerPoint 中的图表

	A	B	C	D	E	F
1		已完成	未完成	列1		
2	城市嘉园	90	10			
3	泰山丽园	100	0			
4	金丽豪苑	80	20			
5	万恒集团	60	40			
6	联华致力	30	70			
7	尚苑	40	60			

图5-37

STEP 4 输入完成后，在当前幻灯片中就创建了相关的统计图表，如图 5-38 所示。

图5-38

5.2.2 对图表进行编辑

在日常工作中，如果需要对创建好的图表进行编辑，如修改图表数据、修改图表类型及布局、添加图表元素等，可通过“图表工具-设计”选项卡中的相关功能进行操作。

1. 修改图表数据

如果需要对图表中的数据进行修改，可在图表中单击鼠标右键，在弹出的快捷菜单中选择“编辑数据”选项，并在其子列表中选择“编辑数据”选项，然后在打开的Excel编辑窗口中修改相关数据，如图5-39所示。

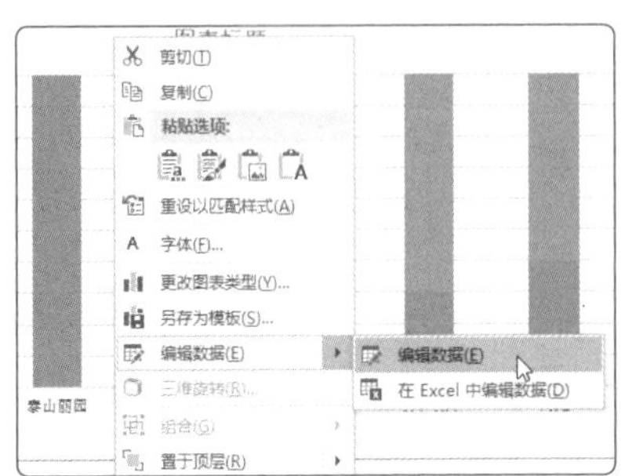

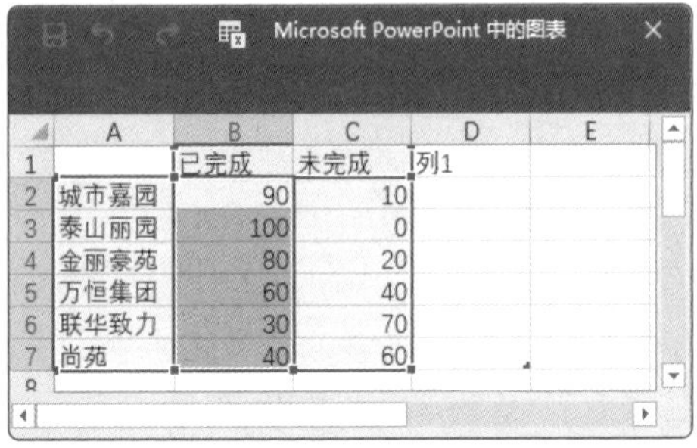

	A	B	C	D	E
1		已完成	未完成	列1	
2	城市嘉园	90	10		
3	泰山丽园	100	0		
4	金丽豪苑	80	20		
5	万恒集团	60	40		
6	联华致力	30	70		
7	尚苑	40	60		

图5-39

在Excel编辑窗口中，用户可以使用简单公式来输入数据内容。先在单元格中输入“=”符号，然后输入公式内容，按Enter键即可。其操作与在Excel软件中输入数据相同，如图5-40所示。

	A	B	C	D
1		已完成	未完成	列1
2	城市嘉园	90	=100-[@已完成]	
3	泰山丽园	100	0	
4	金丽豪苑	80	20	
5	万恒集团	60	40	
6	联华致力	30	70	
7	尚苑	40	60	

图5-40

2. 更改图表类型及布局

在图表中单击鼠标右键，在弹出的快捷菜单中选择“更改图表类型”选项，在打开的同名对话框中选择新的图表类型，单击“确定”按钮，此时当前图表类型发生变化，如图5-41所示。

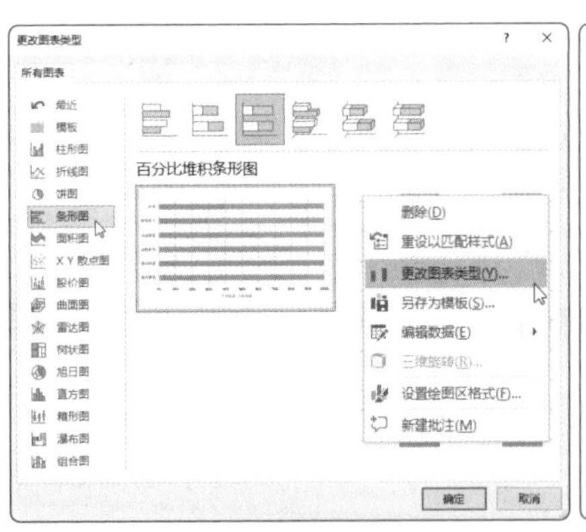

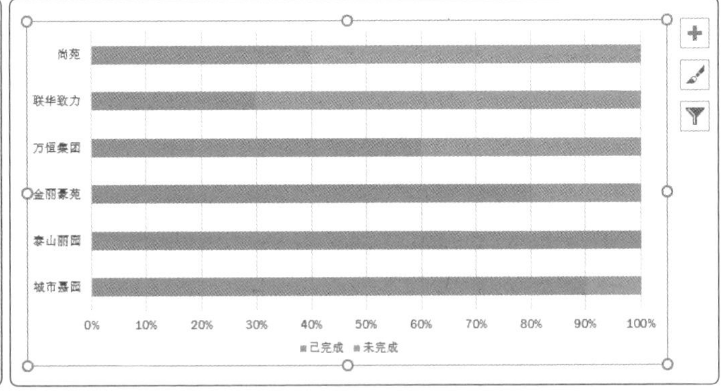

图5-41

如果对当前图表的版式不满意，可对其进行调整。选中图表，在“图表工具-设计”选项卡的“图表布局”选项组中，单击“快速布局”下拉按钮，从列表中选择所需布局样式即可，如图5-42所示。

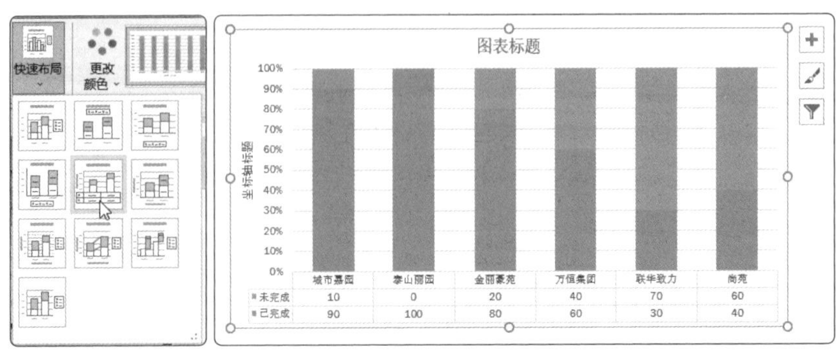

图5-42

3. 添加图表元素

默认情况下，创建的图表会显示标题、横坐标轴、纵坐标轴、图例这4种元素。用户可以根据实际需求对这些元素进行增减操作。

[实操5-7] 为图表添加数据标签

[实例资源] 第5章\例5-7

微课视频

下面为创建的项目进度统计图表添加数据标签，并隐藏图表中的坐标轴、网格线等元素，具体操作如下。

STEP 1 打开“例 5-7.pptx”素材文件，选中图表，单击图表右侧的“图表元素”按钮，在打开的元素列表中勾选“数据标签”复选框，如图 5-43 所示。

STEP 2 在“图表元素”列表中单击“坐标轴”右侧的三角按钮，在打开的子列表中取消勾选“主要纵坐标轴”复选框，隐藏图表左侧纵坐标轴，如图 5-44 所示。

STEP 3 在“图表元素”列表中取消勾选“网格线”复选框，隐藏图表网格线，如图 5-45 所示。

STEP 4 选中图表横坐标轴的内容，可以对其字体、字号进行设置。用同样的方法设置好图例文本格式，如图 5-46 所示。

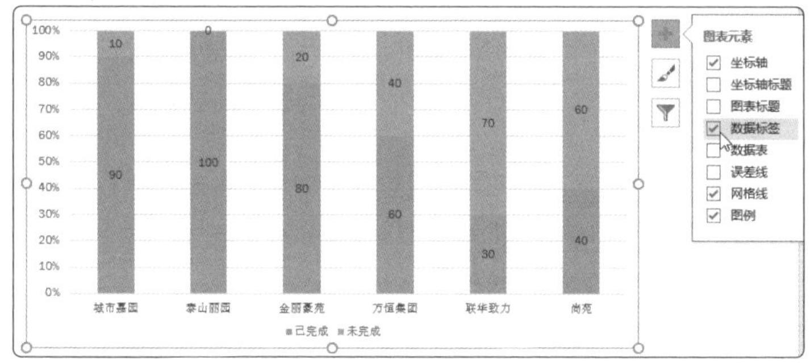

图5-43

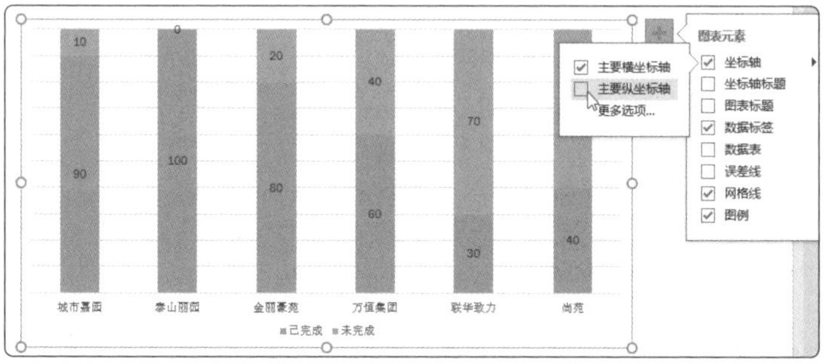

图5-44

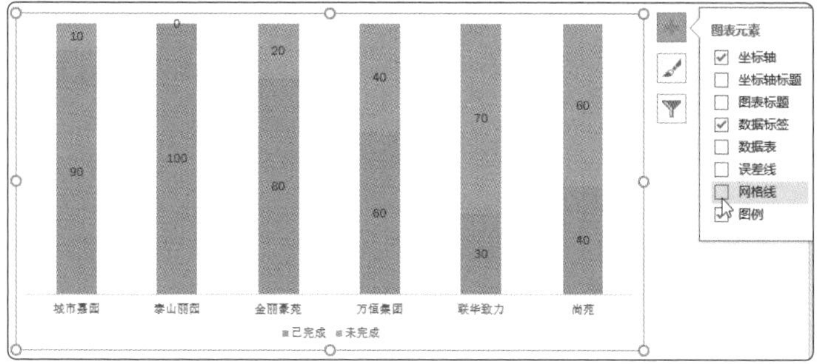

图5-45

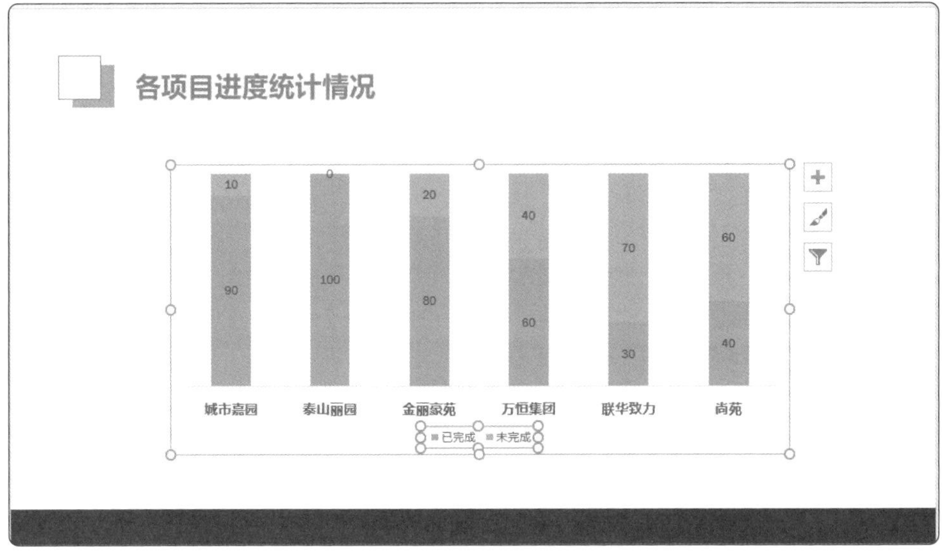

图5-46

应用秘技

单击“数据标签”右侧的三角按钮，在打开的子列表中选择数据标签显示的位置，默认为居中显示，如图5-47所示。

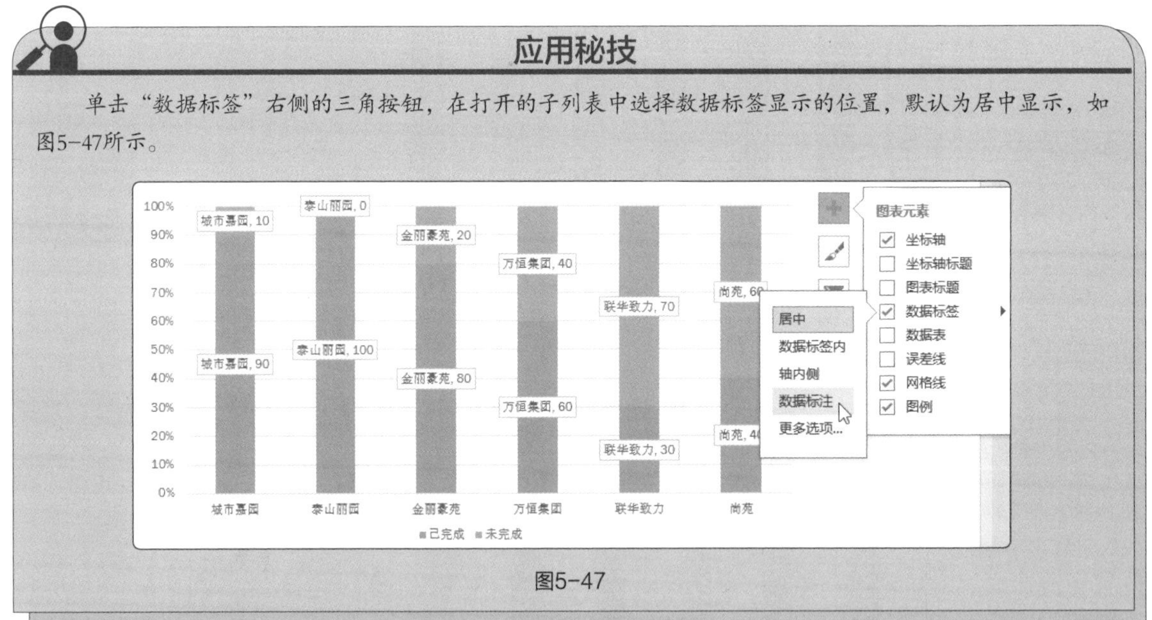

图5-47

5.2.3 对图表进行美化

与表格相同，图表样式也可以根据需求进行设置。用户可以直接套用内置的样式，也可以自定义样式。

[实操5-8] 美化项目进度统计图表

[实例资源] 第5章\例5-8

微课视频

下面对创建好的项目进度统计图表进行适当的美化。

STEP 1 打开“例 5-8.pptx”素材文件，选中项目进度统计图表中的“已完成”数据系列，在“图表工具 - 格式”选项卡中单击“形状效果”下拉按钮，在其列表中选择“阴影”选项，在其子列表中选择一款合适的阴影样式，如图 5-48 所示。

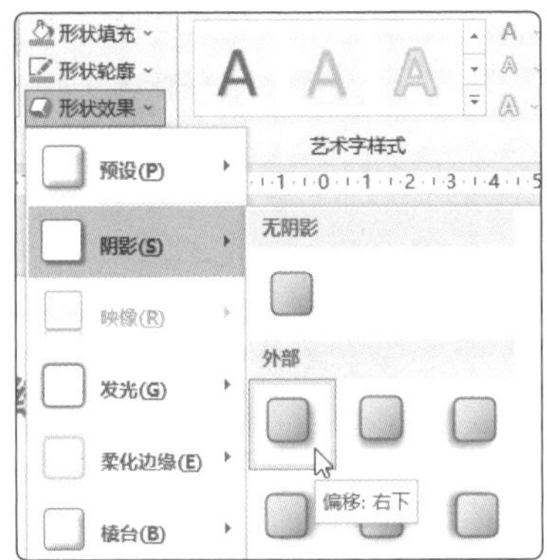

图5-48

STEP 2 选中“未完成”数据系列，在“图表工具 - 格式”选项卡中单击“形状填充”下拉按钮，在其列表中选择“白色”选项，将形状填充成白色。单击“形状轮廓”下拉按钮，在其列表中选择一款轮廓颜色，为形状添加轮廓，如图 5-49 所示。

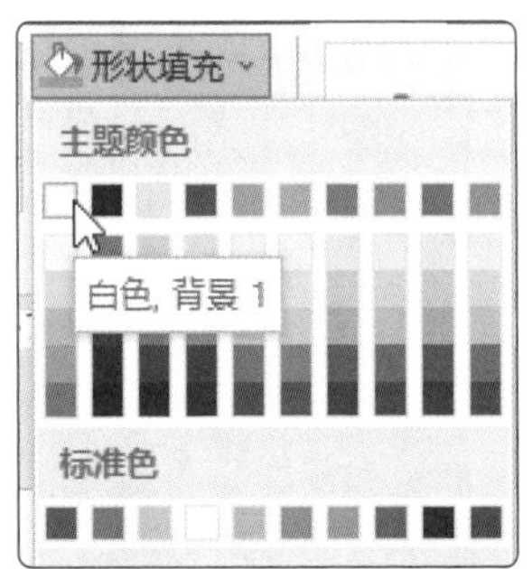

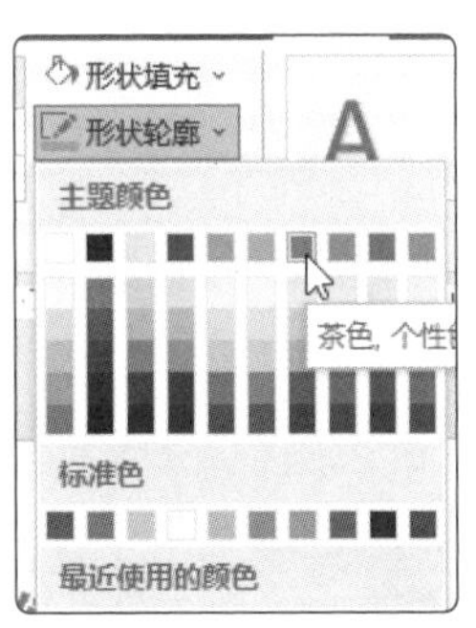

图5-49

STEP 3 保持该数据系列的选中状态，为其添加与“已完成”数据系列相同的阴影效果，如图 5-50 所示。

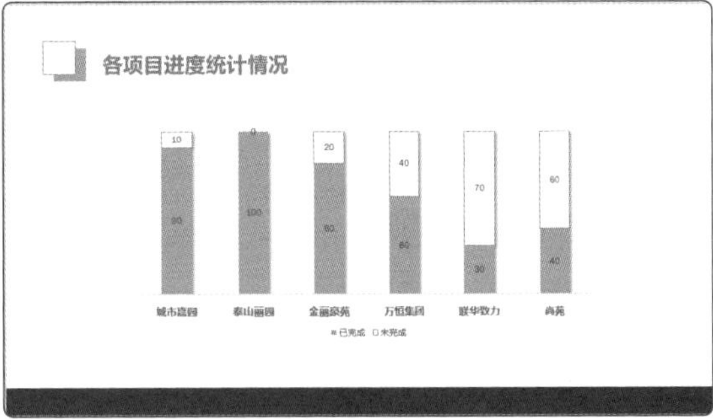

图5-50

应用秘技

当图表中的元素较多，无法进行快速选择时，可以借助功能区“当前所选内容”选项组中的功能进行选择。具体操作为：选中图表，在“图表工具-格式”选项卡的“当前所选内容”选项组中单击“图表元素”下拉按钮❶，在其列表中选择所需数据系列的名称❷，图表中相应的数据系列将被选中❸，如图5-51所示。

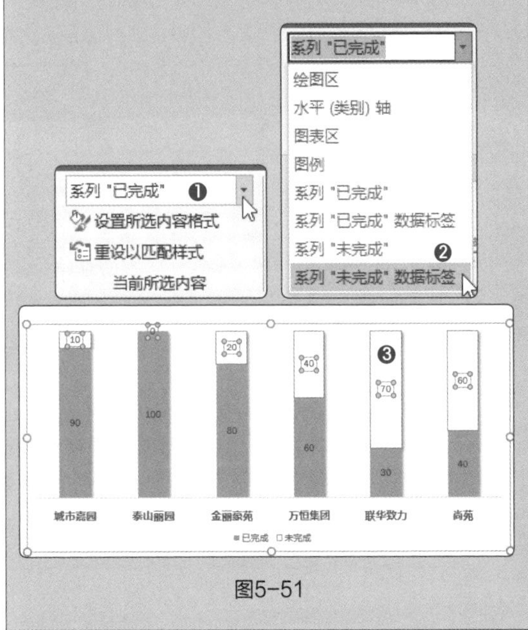

图5-51

实战演练

制作花式环形图表

PowerPoint软件自带的图表相对来说中规中矩，效果比较单调，但在这些图表的基础上稍加改变，其效果就大不一样了。下面根据本章提供的图表数据，创建一张花式环形图表。

（1）创建基本环形图表，步骤如图5-52～图5-55所示。

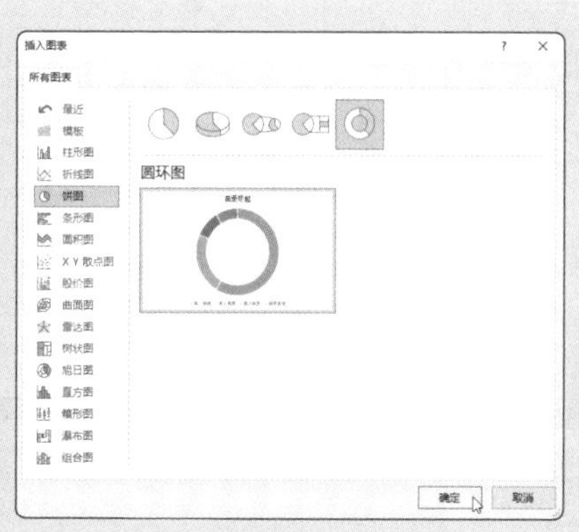

选择“圆环图”图表类型

图5-52

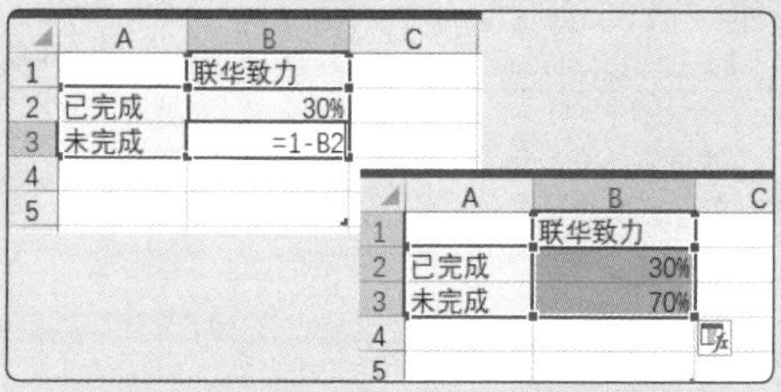

	A	B	C
1		联华致力	
2	已完成	30%	
3	未完成	=1-B2	
4			
5			

	A	B	C
1		联华致力	
2	已完成	30%	
3	未完成	70%	
4			
5			

利用公式输入一个“未完成”的数据值

图5-53

	A	B	C	D	E	F	G	H
1		联华致力	尚苑	万恒集团	金丽豪苑	城市嘉园	泰山丽园	
2	已完成	30%	40%	60%	80%	90%	100%	
3	未完成	70%	60%	40%	20%	10%	0%	
4								
5								
6								
7								

复制数据，并修改表格中的数据内容

图5-54

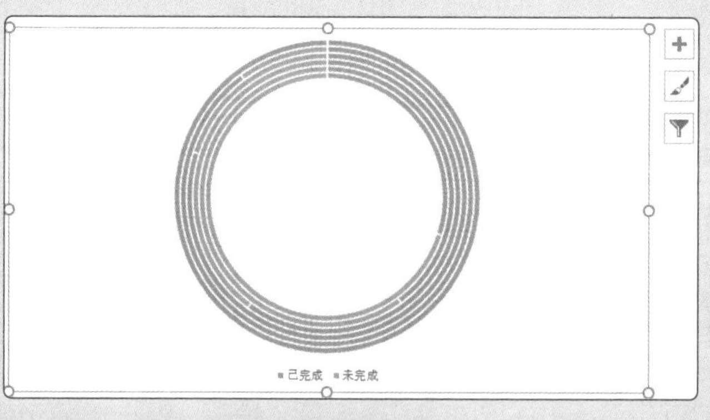

完成圆环图的创建

图5-55

（2）复制图表，并分别调整每个图表的结构，步骤如图5-56～图5-60所示。

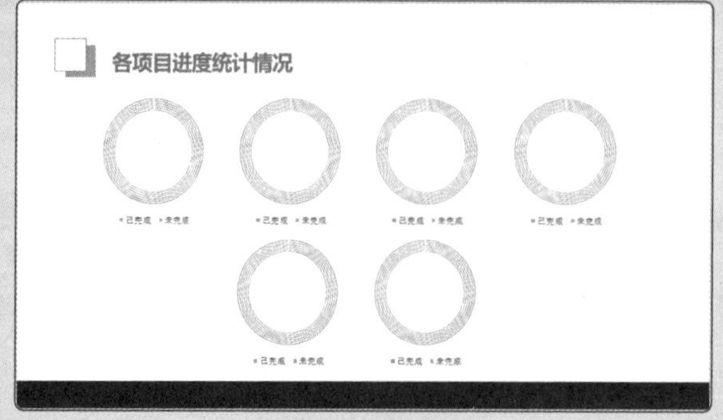

复制多个圆环图

图5-56

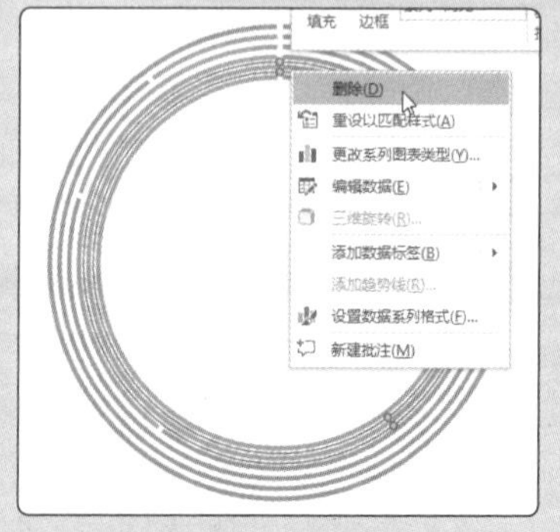

选中第1个圆环图，删除多余的数据系列

图5-57

只保留一个数据系列

图5-58

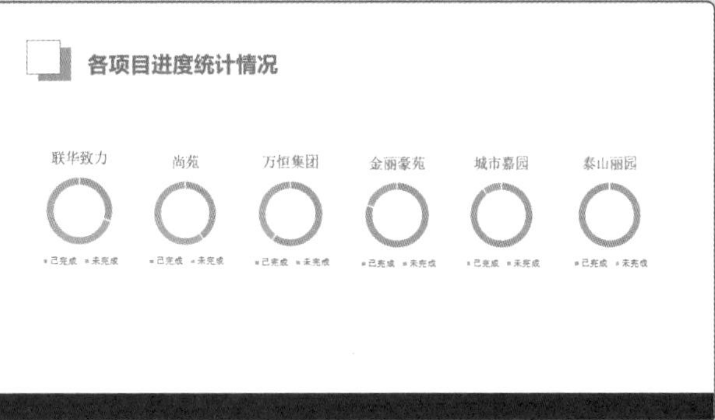

删除其他圆环图中多余的数据系列

图5-59

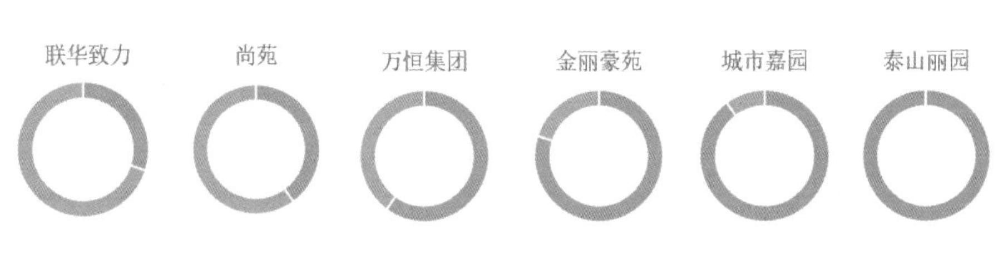

隐藏所有圆环图的图例

图5-60

（3）修饰美化圆环图，步骤如图5-61～图5-64所示。

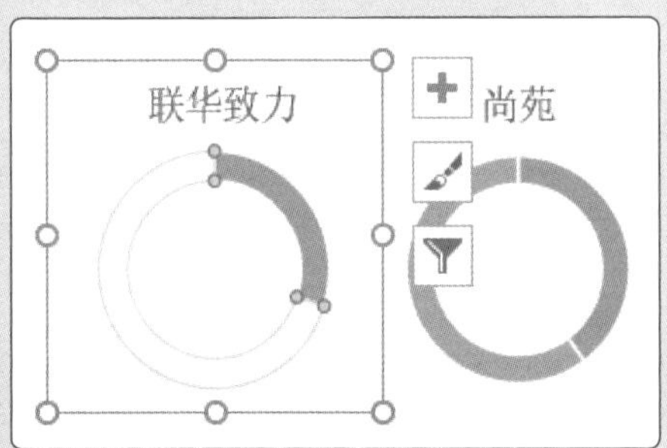

设置“未完成”数据系列的样式

图5-61

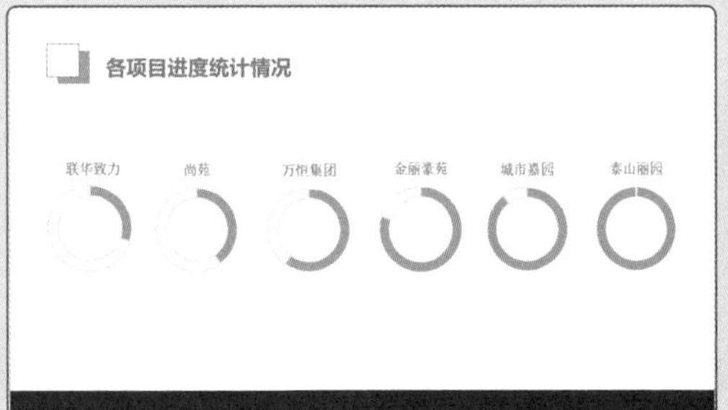

设置其他圆环图的“未完成”数据系列的样式

图5-62

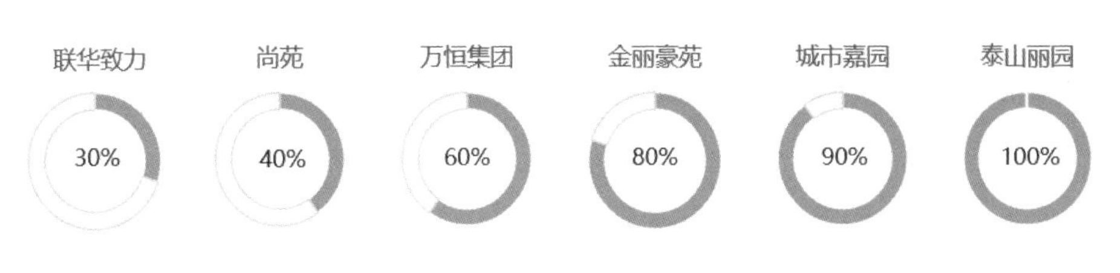

利用文本框输入各圆环图的“已完成”数据值

图5-63

应用秘技

用户也可以结合各类形状工具来对图表进行美化，如图5-64所示。

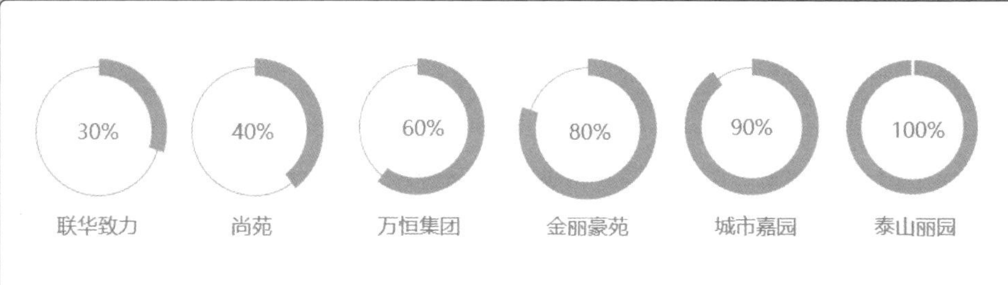

图5-64

疑难解答

Q1：可以将现成的Excel表格插入PPT中吗?

A：完全可以。用户只需使用复制功能，就可以将Excel表格插入PPT中了。这里需要注意的是，粘贴表格时，最好单击鼠标右键，在弹出的快捷菜单的“粘贴选项”中选择一种粘贴方式进行粘贴，如图5-65所示。否则复制过来的表格将会变形。

销售地区	实际销量（台）	预估销量（台）	销售总价（元）
上海分部	135	150	¥486,000.00
北京分部	110	160	¥396,000.00
天津分部	95	110	¥342,500.00
广州分部	130	150	¥468,000.00
福建分部	105	110	¥378,500.00
南京分部	122	160	¥439,200.00
合肥分部	93	130	¥334,800.00

销售地区	实际销量（台）	预估销量（台）	销售总价（元）
上海分部	135	150	¥486,000.00
北京分部	110	160	¥396,000.00
天津分部	95	110	¥342,500.00
广州分部	130	150	¥468,000.00
福建分部	105	110	¥378,500.00
南京分部	122	160	¥439,200.00
合肥分部	93	130	¥334,800.00

图5-65

Q2：插入Excel表格后，原始的表格数据发生了变化，如何能让插入的表格中的数据也随之改变?

A：如果想要实现数据实时更新，那么在粘贴表格时，就需要利用“选择性粘贴”对话框进行操作。具体方法为：在“开始”选项卡中单击“粘贴”下拉按钮❶，在其列表中选择“选择性粘贴”选项❷，在弹出的对话框中单击“粘贴链接”单选按钮❸，并选择Excel工作表对象❹，单击“确定”按钮，如图5-66所示。利用这种方法插入的表格，当数据源发生变化时，表格也会实时更新数据。

Q3：PPT中的表格能否进行数据计算?

A：只有利用Excel电子表格方法创建的表格才可以进行简单的运算，使用其他方法创建的表格均不能进行计算。

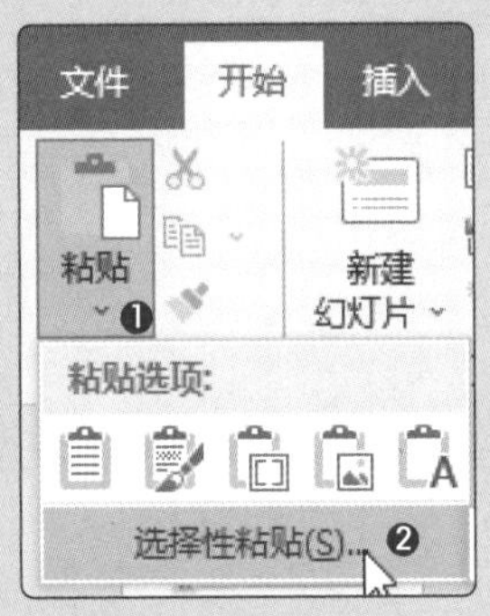

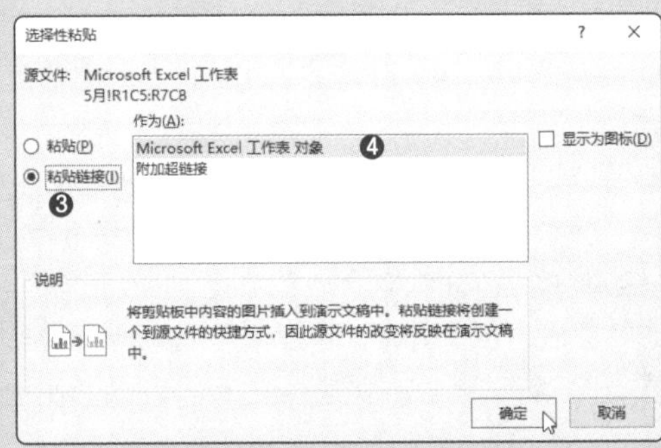

图5-66

Q4：如何为图表添加背景图片?

A：选中图表，单击鼠标右键，在弹出的快捷菜单中选择“设置图表区格式”选项，打开同名窗格，在“填充”选项下单击“图片或纹理填充”单选按钮，并单击“插入”按钮，在弹出的对话框中选择背景图片，继续单击“插入”按钮，即可为图表添加背景图片，如图5-67所示。为图表添加背景图片时需注意：背景图片不能太过复杂，否则无法突出图表中的内容。

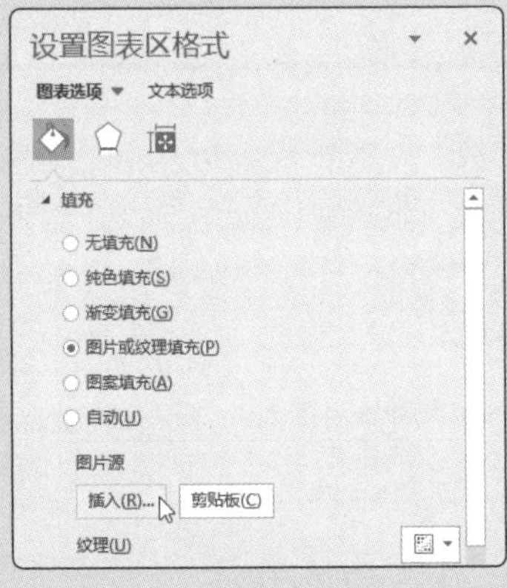

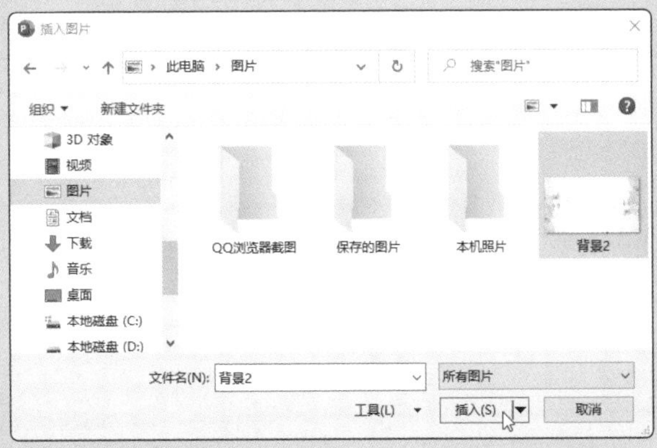

图5-67

Q5：创建图表后，如果想要删除其中某个数据系列，该怎么操作？

A：选中图表，在“图表工具-设计”选项卡中单击“编辑数据”按钮，在打开的Excel编辑窗口中调整好数据显示范围，如图5-68所示。关闭Excel编辑窗口，此时图表中不在显示范围内的数据将被删除，如图5-69所示。

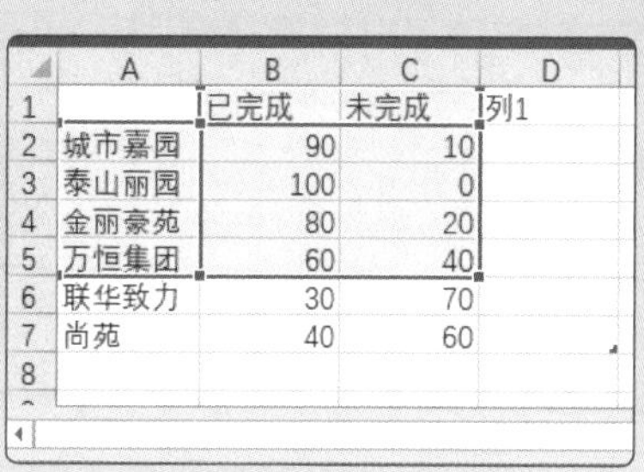

	A	B	C	D
1		已完成	未完成	列1
2	城市嘉园	90	10	
3	泰山丽园	100	0	
4	金丽豪苑	80	20	
5	万恒集团	60	40	
6	联华致力	30	70	
7	尚苑	40	60	
8				

图5-68

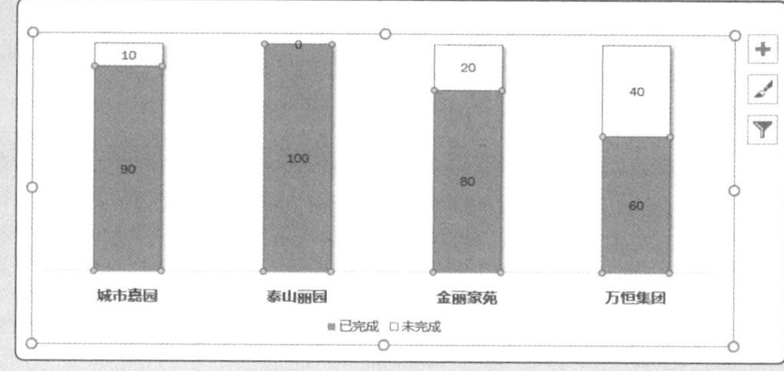

图5-69

Q6：可以在图表中添加误差线吗？

A：可以。选中图表，在“图表工具-设计”选项卡中单击“添加图表元素”下拉按钮❶，在其列表中选择“误差线”选项❷，并在其子列表中选择误差线的类别❸，如图5-70所示。

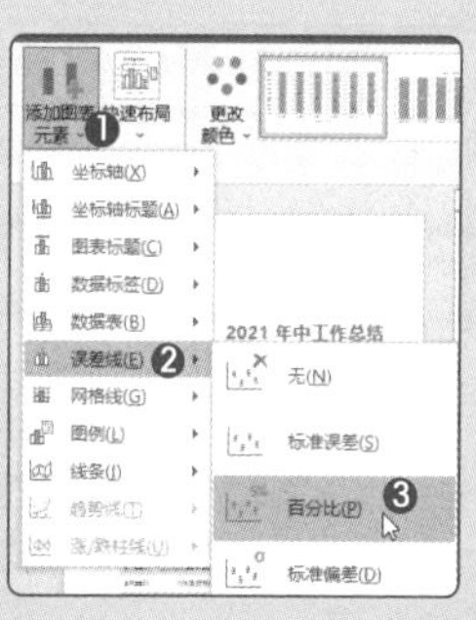

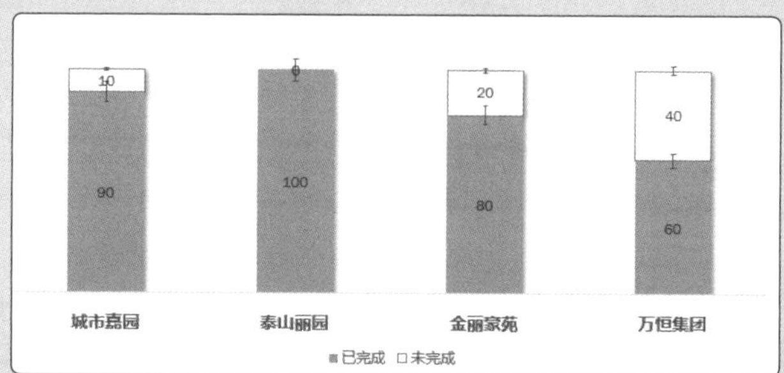

图5-70

第 6 章

制作个性化的动画效果

为幻灯片中的对象添加动画，可以使 PPT 在放映时更加生动、有趣。用户只有了解了动画类型，才能合理地运用动画，使动画起到锦上添花的作用。本章将介绍动画的添加和设置等操作。

6.1 4种基本动画类型

基本动画类型有：进入、强调、退出和动作路径。用户可以根据需要为幻灯片中的对象添加不同类型的动画。本节将对这4种基本动画类型及其应用进行详细介绍。

6.1.1 进入/退出动画

进入动画是指让对象从无到有，逐渐出现的运动过程。退出动画与进入动画的效果正好相反，是指让对象从有到无，逐渐消失的运动过程。用户在“动画”选项卡中就可以为对象添加进入或退出动画，如图6-1所示。

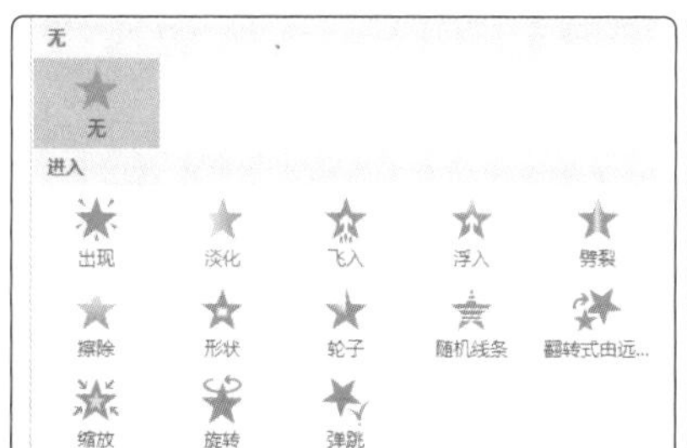

图6-1

[实操6-1] 为个人简历的封面页添加进入动画
[实例资源] 第6章\例6-1

微课视频

用户可以为封面页中的文本对象添加进入动画，下面介绍具体的操作方法。

STEP 1 打开“个人简历.pptx”素材文件，选择“求职简历”文本框，选择“动画”选项卡，在“动画”选项组中单击“其他”按钮，如图6-2所示。

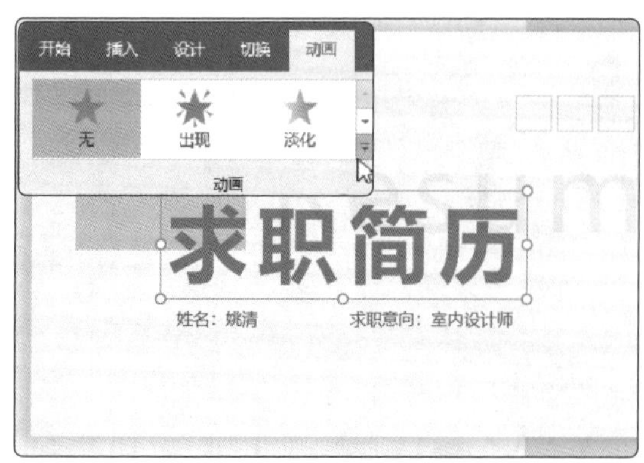

图6-2

STEP 2 从展开的列表中选择“进入”选项下的“浮入”动画效果，如图6-3所示。

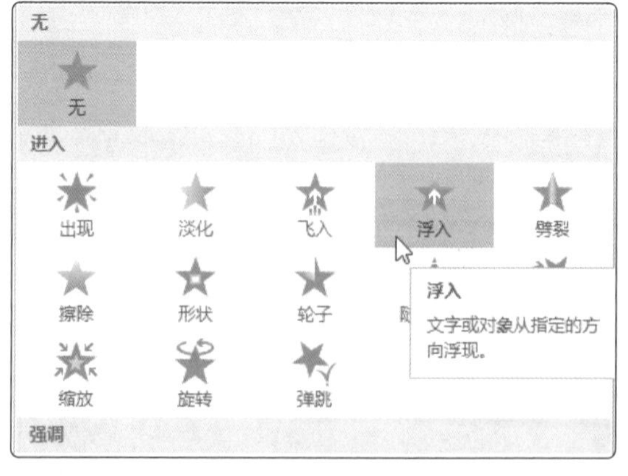

图6-3

STEP 3 此时被选中的文本框左上角会显示编号“1”，说明已经添加了动画，在“动画”选项组中单击“效果选项”下拉按钮，从列表中选择“下浮”选项，如图6-4所示。

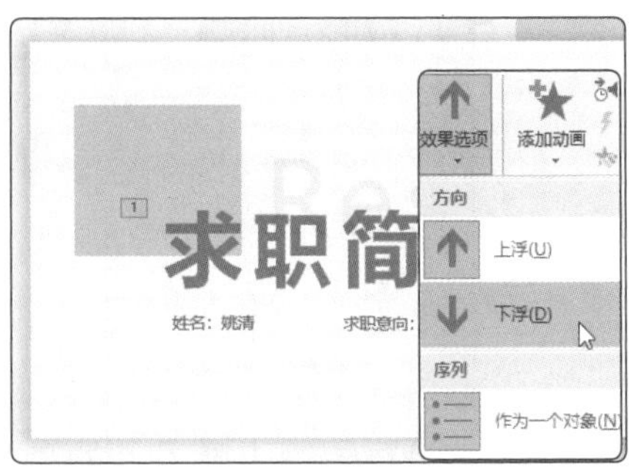

图6-4

STEP 4 在“计时”选项组中，单击“开始”下拉按钮，从列表中选择“与上一动画同时”选项，当动画设置了开始模式后，其动画编号由 1 变为 0，如图 6-5 所示。

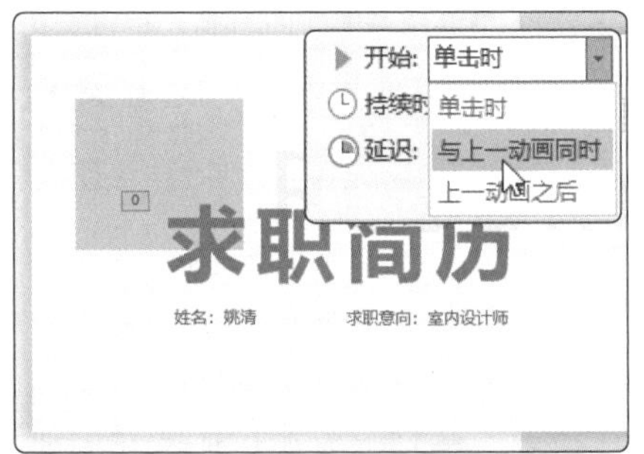

图6-5

STEP 5 同时选中“姓名：姚清”和“求职意向：室内设计师”这两个文本框，在“动画”选项卡中为其添加“浮入”动画效果，如图 6-6 所示。

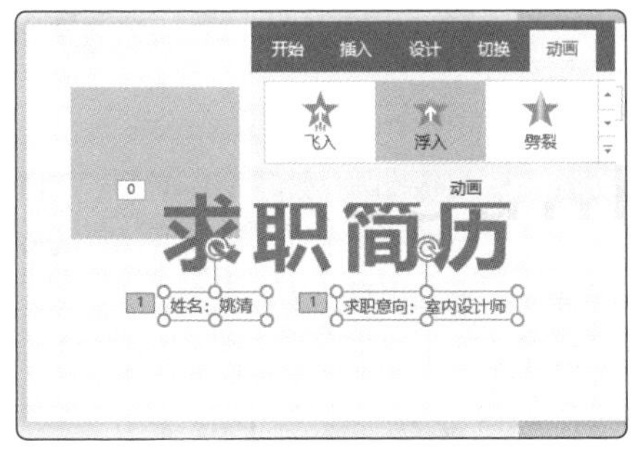

图6-6

STEP 6 单击“效果选项”下拉按钮，从列表中选择“上浮”选项❶，并在“计时”选项组中将“开始”设置为“与上一动画同时”❷，如图 6-7 所示。

图6-7

STEP 7 单击“预览”按钮，预览为封面页添加的进入动画效果，如图 6-8 所示。

图6-8

新手提示

退出动画应与进入动画搭配使用。因为动画的添加应符合自然规律，一般来说，对象应先进入画面，然后从画面中退出。尽量不要单独使用退出动画，否则动画效果会很突兀，很不协调。

6.1.2 强调动画

强调动画主要以突出显示对象自身为目的，这类动画在放映过程中能够吸引观众的注意力。用户可以在“动画”列表的“强调”选项下为对象设置强调动画效果，如图6-9所示。在“动画”列表中选择“更多强调效果”选项，在弹出的对话框中可以选择更多地强调动画，如图6-10所示。

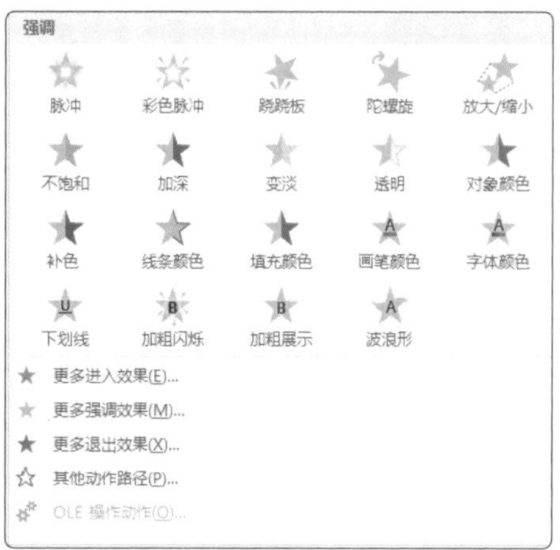

图6-9

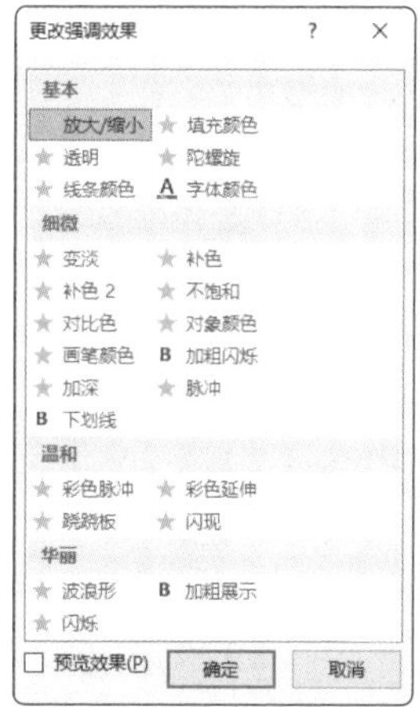

图6-10

[实操6-2] 为个人简历的内容页添加强调动画

[实例资源] 第6章\例6-2

微课视频

用户可以为内容页中的文本和图片对象添加强调动画，下面介绍具体的操作方法。

STEP 1 打开“例6-2.pptx”素材文件，选择第5张幻灯片中的标题文本，在“动画”选项卡中为其添加“脉冲”强调动画效果，如图6-11所示。

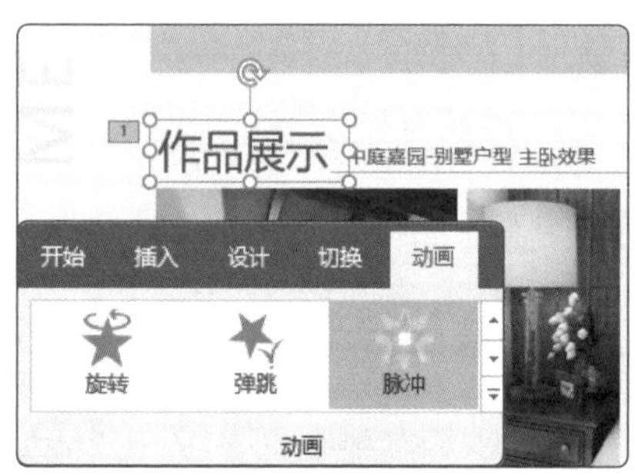

图6-11

STEP 2 在“计时”选项组中，将“开始”设置为“与上一动画同时”，如图6-12所示。

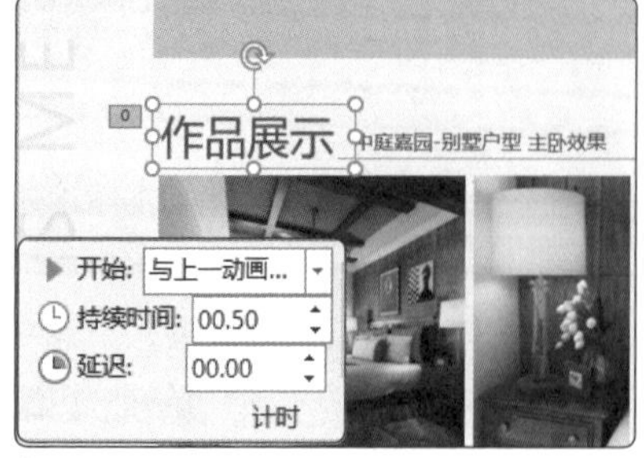

图6-12

STEP 3 选择文本对象，为其添加“字体颜色”强调动画效果，如图6-13所示。

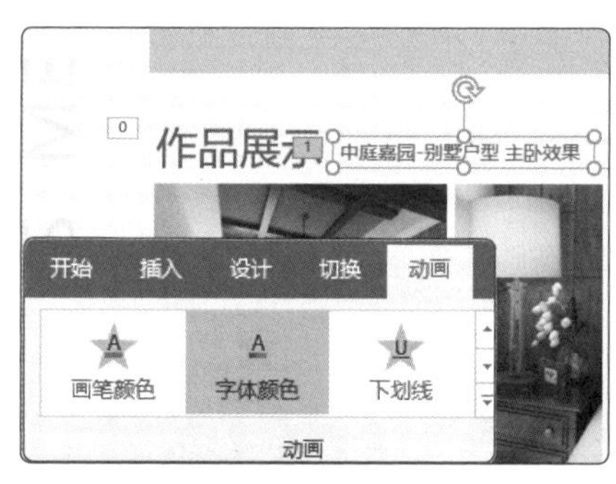

图6-13

STEP 4 在“高级动画”选项组中单击“动画窗格”按钮❶，打开同名窗格，选择“字体颜色”动画选项，单击其右侧的下拉按钮❷，从列表中选择“效果选项”选项❸，如图6-14所示。

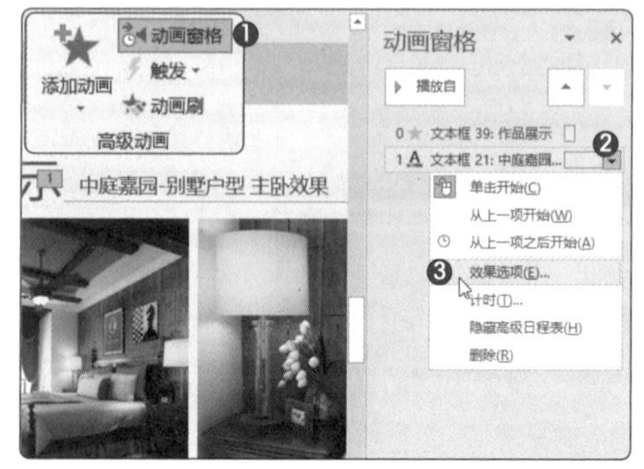

图6-14

STEP 5 在弹出的“字体颜色”对话框的“效果”选项卡中设置“字体颜色”❶和“样式”❷，将“动画文本”设置为“按字母顺序”❸，将“字母之间延迟秒数”设置为“0.1”❹，如图6-15所示。

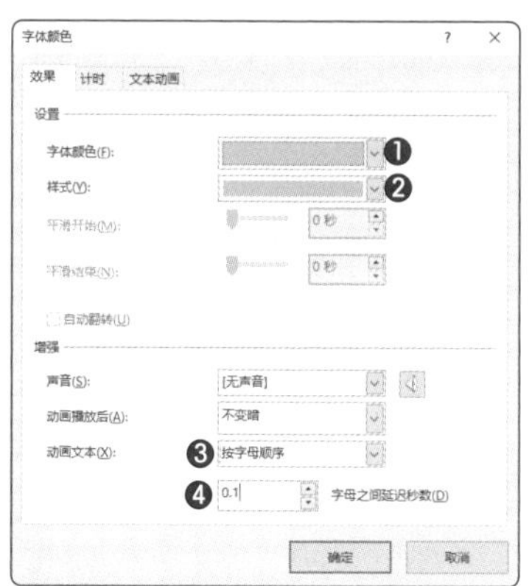

图6-15

STEP 6 选择“计时”选项卡，将“开始”设置为“上一动画之后”❶，单击“确定”按钮❷，如图6-16所示。

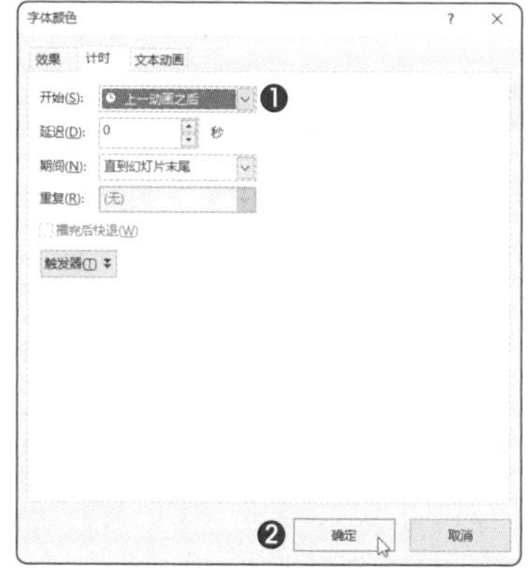

图6-16

STEP 7 选择图片，为其添加“脉冲”强调动画效果，并将“开始”设置为“上一动画之后”，如图6-17所示。

图6-17

STEP 8 再次选择该图片，在“高级动画”选项组中双击“动画刷”按钮，如图6-18所示。

图6-18

STEP 9 此时，鼠标指针右侧出现一个小刷子形状，在其他图片上单击，即可将“脉冲”动画复制到该图片上，如图6-19所示。

图6-19

STEP 10 单击“预览”按钮，预览为内容页添加强调动画后的效果，如图6-20所示。

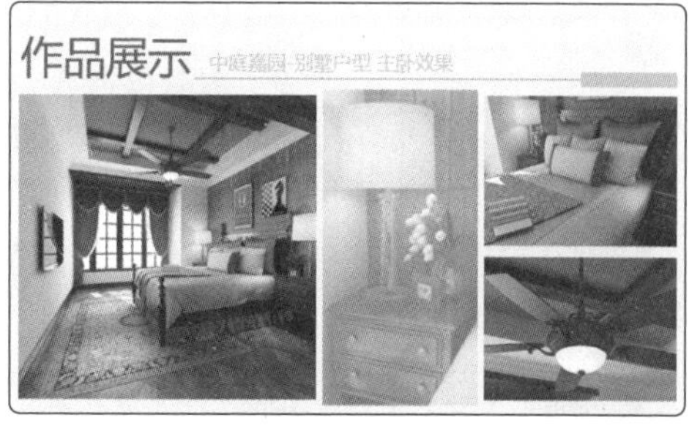

图6-20

6.1.3 动作路径动画

用户为对象设置动作路径动画，可以使对象按照设定好的路径运动。在“动画”列表中，用户可以为对象选择合适的动作路径，如图6-21所示。

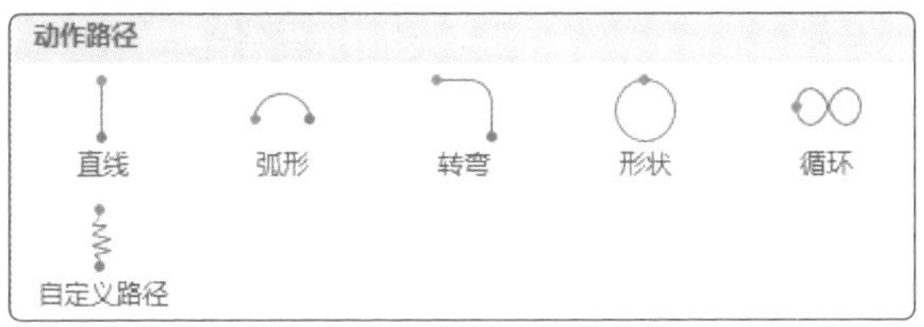

图6-21

[实操6-3] 为个人简历的内容页添加动作路径动画

[实例资源] 第6章\例6-3

微课视频

用户可以为内容页中的图形添加动作路径动画，下面介绍具体的操作方法。

STEP 1 打开“例 6-3.pptx”素材文件，选择第 2 张幻灯片中的矩形，在“动画”列表中选择“动作路径”下的“直线”选项，如图 6-22 所示。

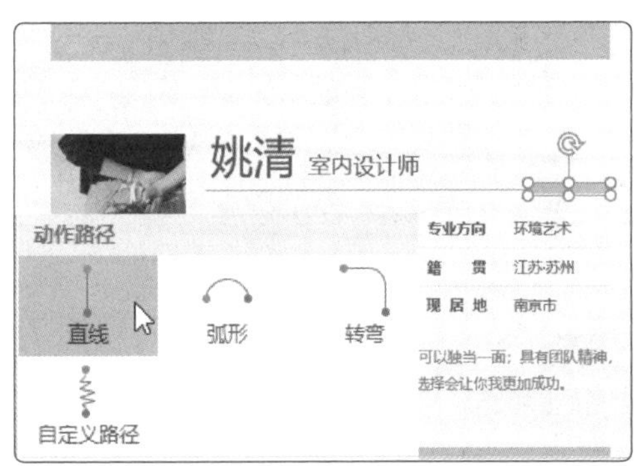

图6-22

STEP 2 此时，PowerPoint 将自动为所选图形添加直线路径，如图 6-23 所示。

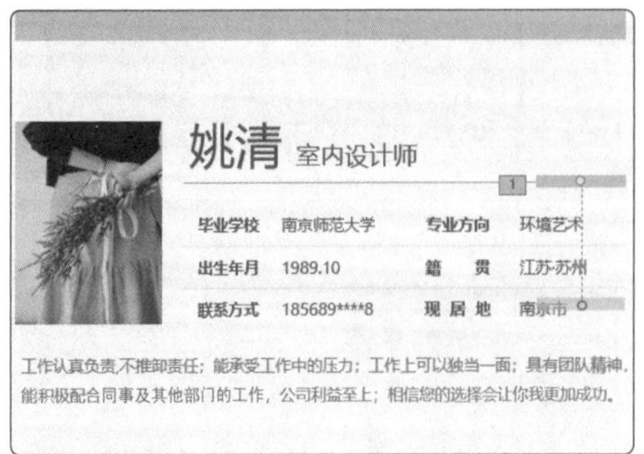

图6-23

STEP 3 选中该路径的控制点，按住鼠标左键不放，将其拖曳至合适的位置，如图 6-24 所示。

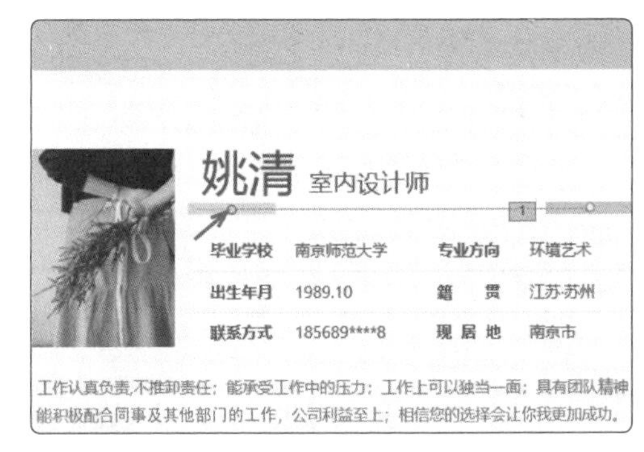

图6-24

STEP 4 再次选择控制点，单击鼠标右键，在弹出的快捷菜单中选择“反转路径方向”选项，如图 6-25 所示。

新手提示

设置动作路径动画要尽量选择简单的路径，例如直线、转弯、弧形。而对于自定义路径或其他复杂的路径，在没有把握的情况下，不要盲目使用。因为过于复杂的动作路径只会让人眼花缭乱，无法起到聚焦的作用。

基础入门篇

图6-25

STEP 5 单击页面空白处，即可完成动作路径的添加，此时直线两端的控制点均会变成箭头图标，如图 6-26 所示。

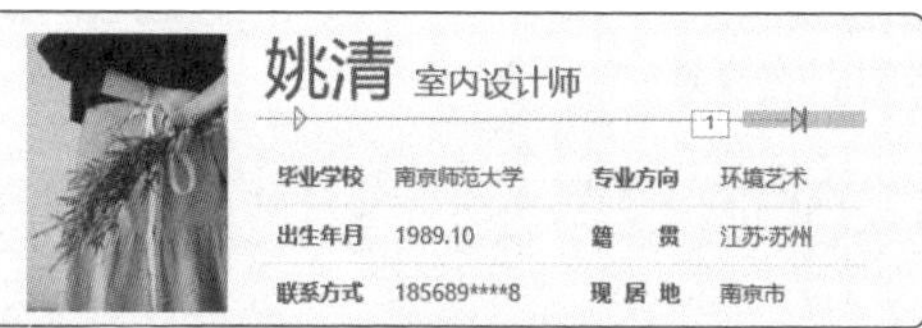

图6-26

STEP 6 单击“预览”按钮，预览为内容页添加动作路径动画后的效果，如图 6-27 所示。

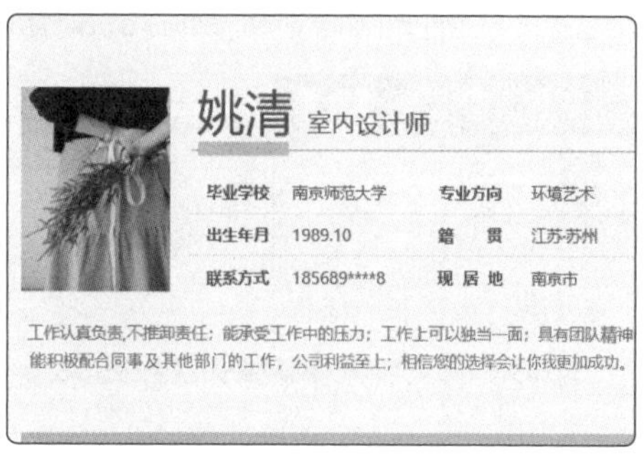

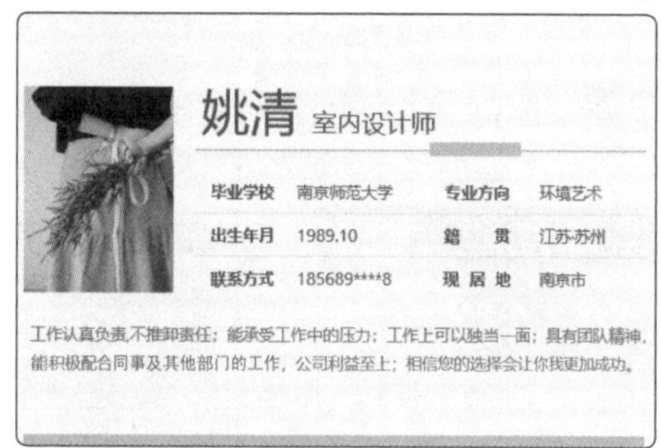

图6-27

6.2 高级动画的应用

用户除了可以为幻灯片中的对象添加基本动画外，还可以为对象设置高级动画，本节将对此进行详细介绍。

6.2.1 组合不同的动画类型

组合动画就是在已有动画的基础上再添加一组动画，即一个对象同时应用两组或两组以上的动画效果。用户通过“添加动画”功能就可以实现动画的组合，如图6-28所示。

图6-28

[实操6-4] 为个人简历的结尾页添加组合动画

[实例资源] 第6章\例6-4

微课视频

用户可以为幻灯片中的文本添加“出现”和“脉冲”动画效果，具体操作方法如下。

STEP 1 打开“例 6-4.pptx”素材文件，选择结尾页幻灯片中的一条直线，为其添加“飞入”动画效果，单击“效果选项”下拉按钮，从列表中选择“自左侧”选项，并将“开始”设置为“与上一动画同时”，如图 6-29 所示。

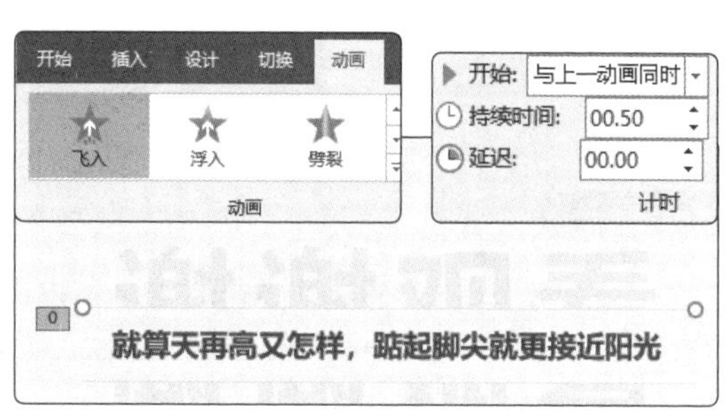

图6-29

STEP 2 选择第 2 条直线，同样为其添加“飞入”动画效果，将“效果选项”设置为“自右侧”，将“开始”设置为“与上一动画同时”，如图 6-30 所示。

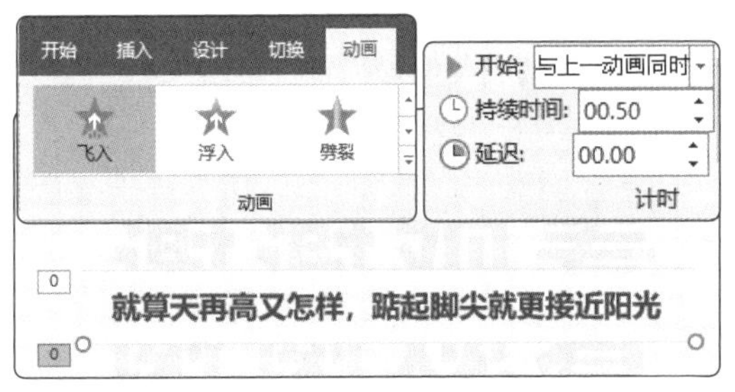

图6-30

STEP 3 选择文本框，为其添加“出现”动画效果，并将“开始”设置为“上一动画之后”，如图 6-31 所示。

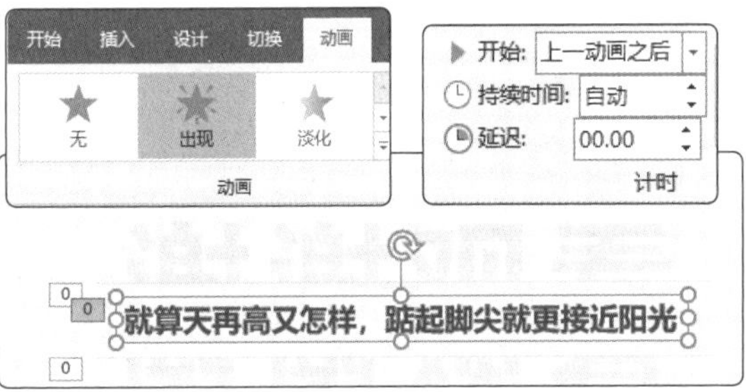

图6-31

STEP 4 在“高级动画”选项组中单击“添加动画”下拉按钮，从列表中选择“脉冲”动画效果，如图 6-32 所示。

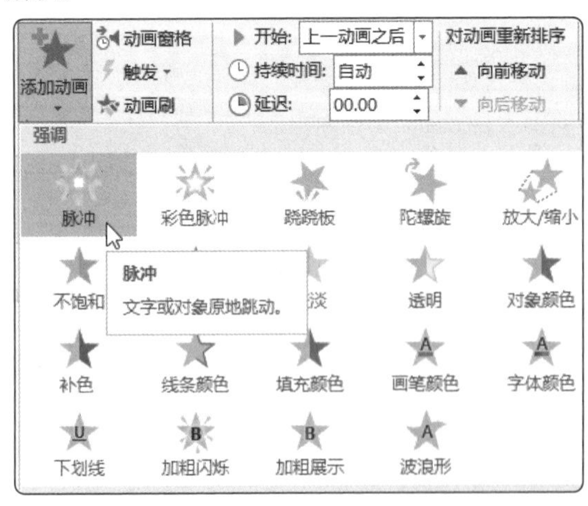

图6-32

STEP 5 在“计时”选项组中将“开始”设置为“上一动画之后”，如图 6-33 所示。

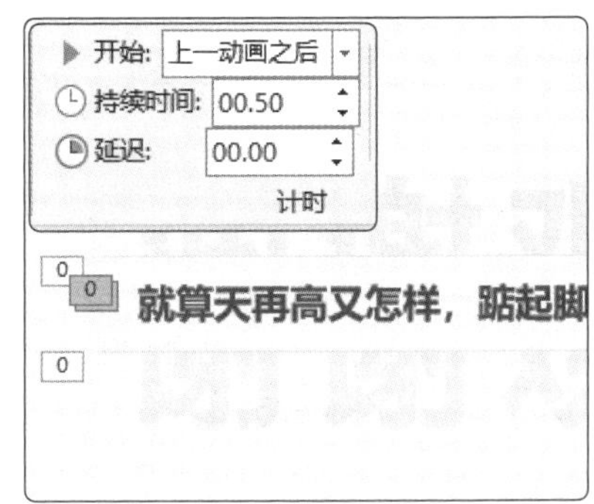

图6-33

STEP 6 单击“预览”按钮，预览为结尾页添加组合动画后的效果，如图 6-34 所示。

图6-34

基础入门篇

新手提示

由于“添加动画”列表与“动画”列表的内容是一致的，所以很多新手经常容易将二者混淆。这里需要强调一下，如果要在已有动画的基础上再叠加一个新动画，那么就在“添加动画”列表中选择；如果要更换已有动画，那么就在“动画”列表中选择。

6.2.2 应用动画窗格

在PPT中，动画窗格功能比较重要，合理利用该功能可以使添加的动画效果显得更加自然、和谐。

“动画窗格”窗格中会显示当前幻灯片中所有的动画项，选中其中一个，页面中与之对应的动画将被选中。此外，每个动画项的左侧会显示该动画的类型。例如，带有★图标的为进入动画，带有★图标的为强调动画，带有各类Ⅰ路径图标的则为动作路径动画，如图6-35所示。

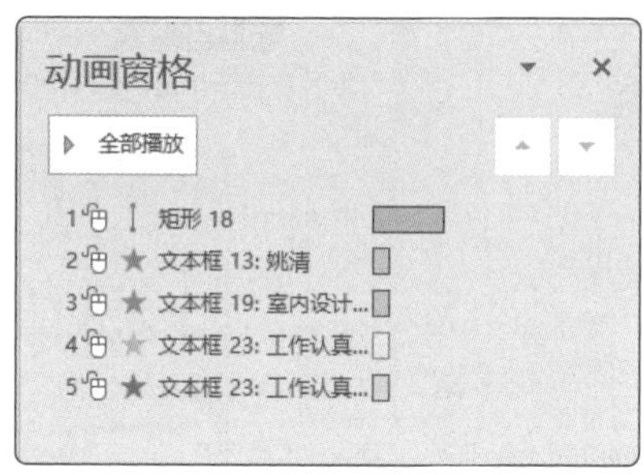

图6-35

1. 利用动画窗格调整动画顺序

在预览动画时，如果发现动画的前后顺序不合理，那么用户就可以利用“动画窗格”窗格来进行调整。

[实操6-5] 调整动画播放顺序

[实例资源] 第6章\例6-5

微课视频

用户为幻灯片中的对象设置了先“飞入”后“擦除”的动画效果，如果想要将其更改为先“擦除”后“飞入”的动画效果，则可以按照以下方法进行操作。

STEP 1 打开“调整动画播放顺序.pptx”素材文件，选择第4张幻灯片，在“动画”选项卡中单击“高级动画”选项组的“动画窗格”按钮，打开同名窗格，如图6-36所示。

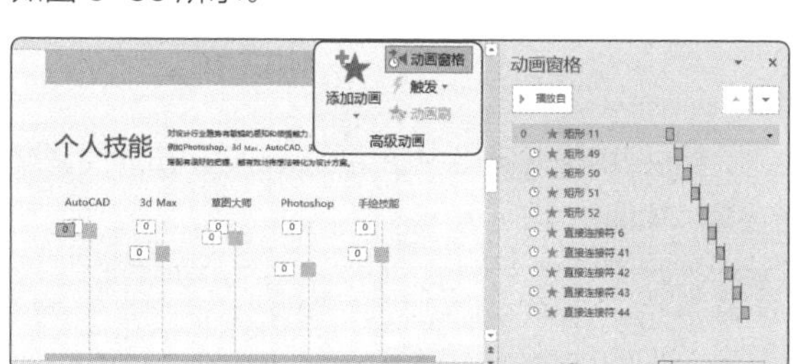

图6-36

STEP 2 选择“直接连接符6”动画项，如图6-37所示。按住鼠标左键不放向上拖曳该动画项，如图6-38所示。将其拖曳至“矩形11”动画项的上方后释放鼠标，如图6-39所示。

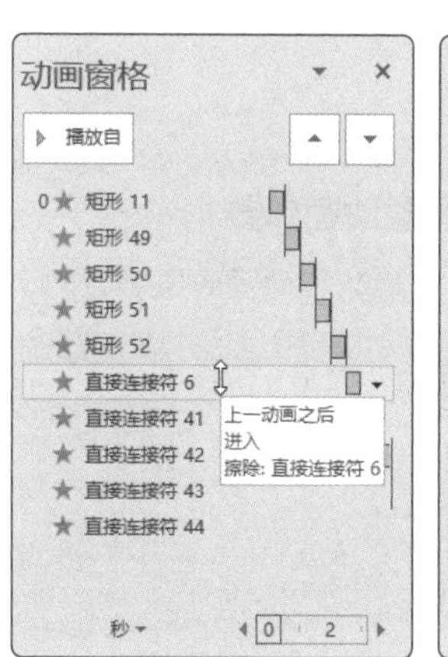

图6-37

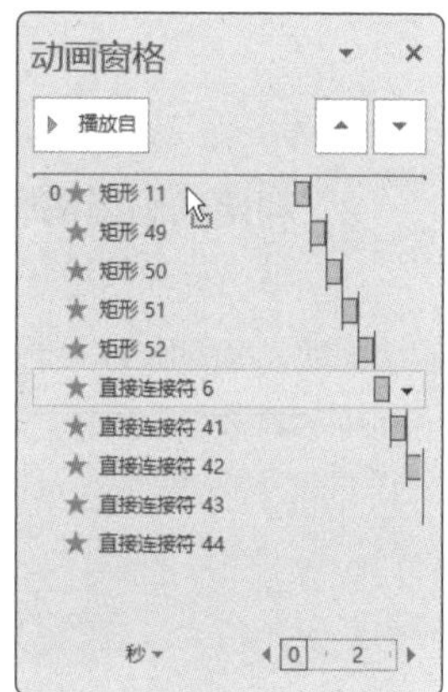

图6-38

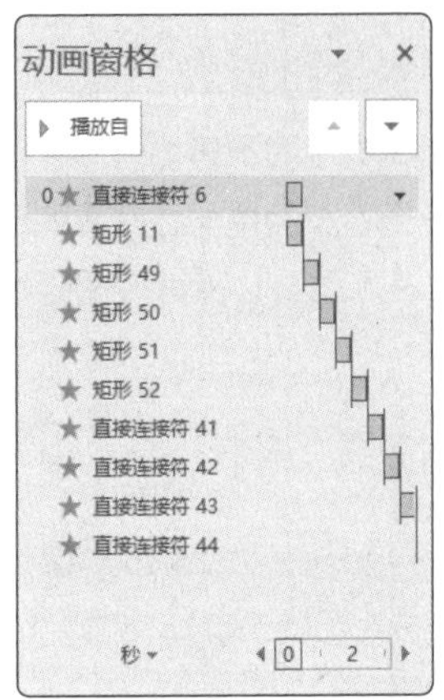

图6-39

STEP 3 按照上述方法，调整各动画项的位置，并按照需要调整“开始”方式，如图 6-40 所示。

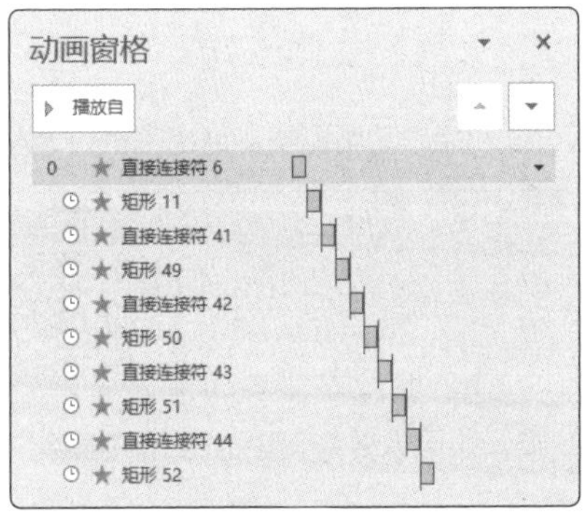

图6-40

应用秘技

用户除了可以使用拖曳的方法调整动画顺序外，还可以通过单击“动画窗格”窗格右上角的“上移”按钮或“下移”按钮，来调整动画顺序。

STEP 4 单击“预览”按钮，预览调整动画播放顺序后的效果，如图 6-41 所示。

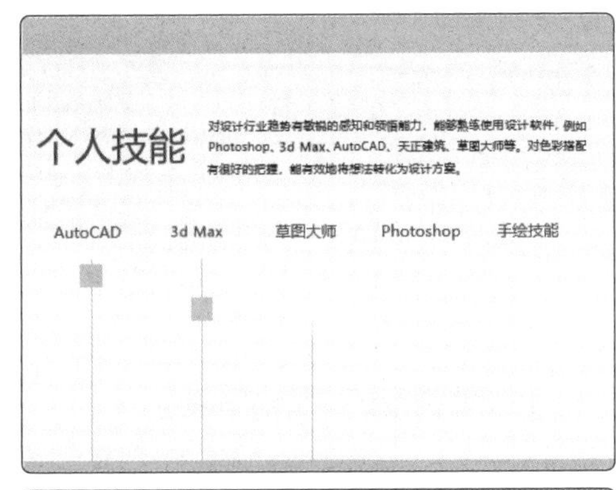

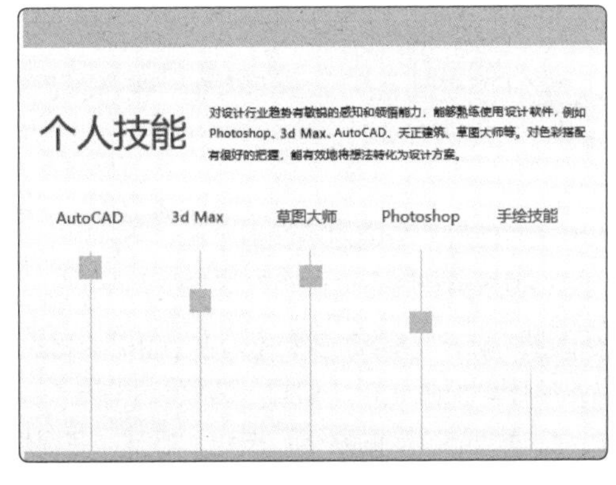

图6-41

2. 利用动画窗格调整动画参数

动画参数包括动画计时参数和动画效果参数两个部分。在“动画窗格”窗格中使用鼠标右键单击需要调整的动画项，在弹出的快捷菜单中可根据需求对这些参数进行设置，如图6-42所示。

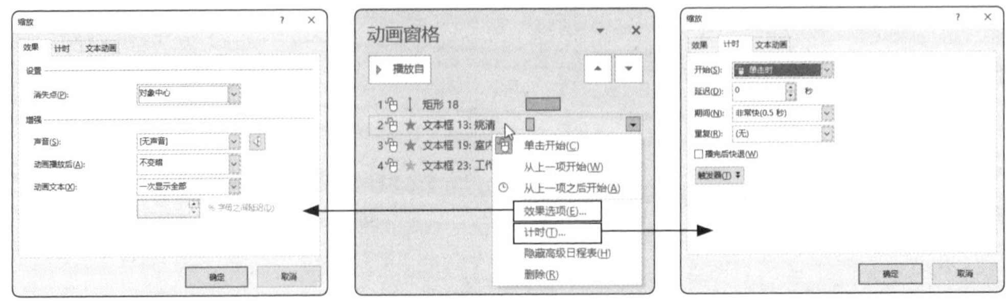

图6-42

下面对快捷菜单中的选项进行简单说明。

- 单击开始：该选项为默认的动画播放方式，在放映幻灯片时，需要单击才可播放动画效果。
- 从上一项开始：该选项是指同时播放当前动画与前一个动画。
- 从上一项之后开始：该选项是指前一个动画播放结束后，再开始播放当前动画。
- 效果选项：选择该选项后，会打开设置对话框，在“效果”选项卡中可以设置动画的运动方向、动画的声音、动画的播放类型及动画文本的延迟显示等效果。
- 计时：选择该选项后，同样会打开设置对话框，在“计时”选项卡中可以设置动画的延迟时间、动画的持续时间、动画的重复次数等选项。
- 隐藏高级日程表：选择该选项后，会隐藏所有动画项右侧的动画日程；如果动画日程是隐藏的，那么选择该选项后会显示动画日程，如图6-43所示。
- 删除：选择该选项后，即可删除当前所选的动画效果。

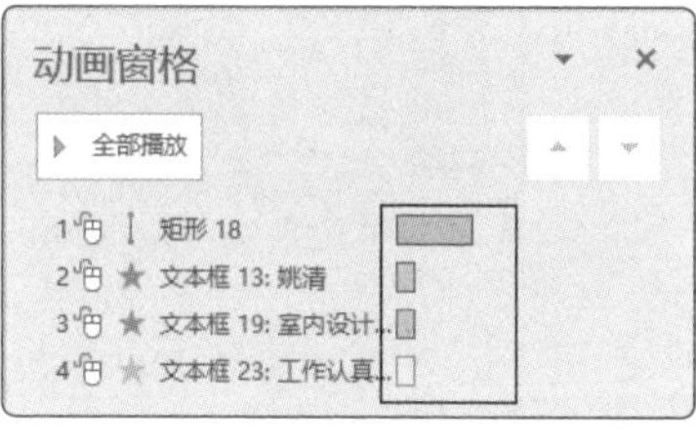

图6-43

[实操6-6] 调整图片动画计时参数
[实例资源] 第6章\例6-6

微课视频

适当地调整动画计时参数，可使单调的动画变得生动有趣。

STEP 1 打开“调整图片动画计时.pptx”素材文件，选择第7张幻灯片并打开“动画窗格”窗格，可以发现该页的动画是一个接着一个呈现的，效果有些生硬，如图6-44所示。

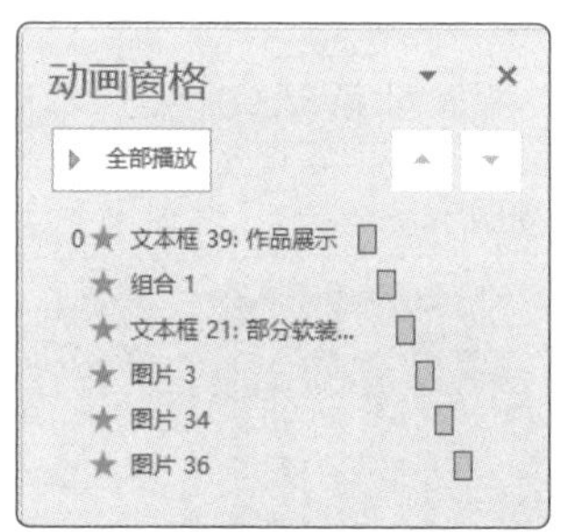

图6-44

STEP 2 在该窗格中使用鼠标右键单击“文本框21”动画项，在弹出的快捷菜单中选择“从上一项开始”选项，如图6-45所示。

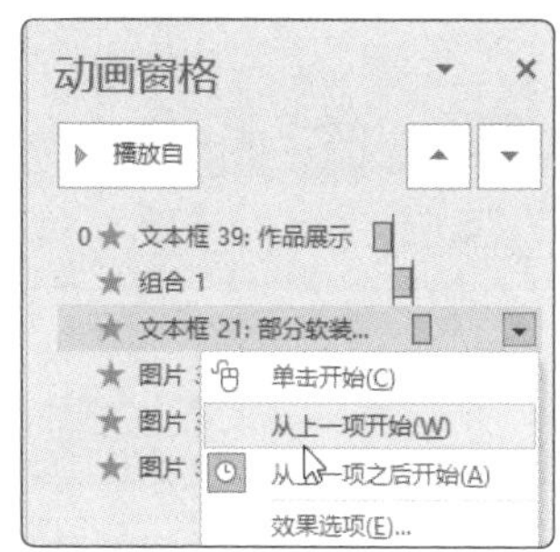

图6-45

STEP 3 将该动画项与“组合1”动画项同时播放，如图6-46所示。

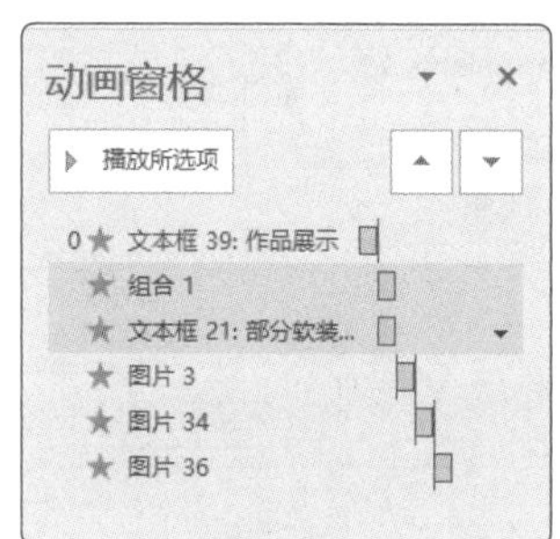

图6-46

STEP 4 将“图片34”动画项和“图片36”动画项都设置为“从上一项开始”，使它们与“图片3”动画项同时出现，如图6-47所示。

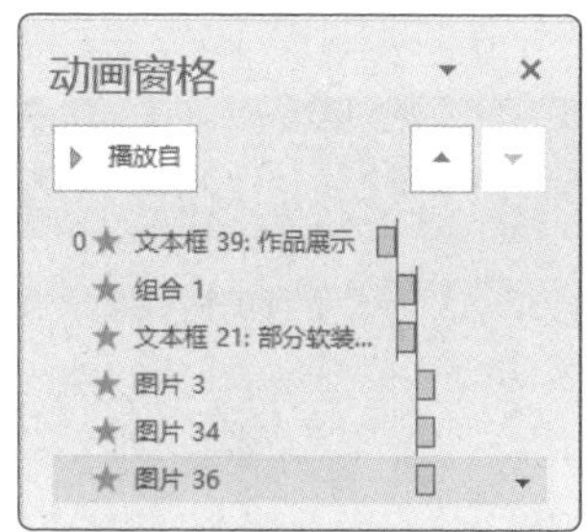

图6-47

STEP 5 使用鼠标右键单击“图片3”动画项，在弹出的快捷菜单中选择“计时”选项，打开“缩放”对话框，在“计时”选项卡中将“期间”设为“快速(1秒)”，如图 6-48 所示。

图6-48

STEP 6 使用鼠标右键单击“图片 34”动画项，选择“计时”选项，打开“缩放”对话框，在“计时”选项卡中将“期间”设为“快速(1 秒)”❶，将“延迟”设置为“0.4”秒❷，如图 6-49 所示。

图6-49

STEP 7 使用鼠标右键单击“图片 36”动画项，选择“计时”选项，打开“缩放”对话框，同样在“计时”选项卡中将“期间”设置为“快速(1 秒)”❶，将“延迟”设置为“0.8”秒❷，如图 6-50 所示。

图6-50

STEP 8 设置好后，在“动画窗格”窗格中单击“全部播放”按钮，对当前页中的动画效果进行预览，如图 6-51 所示。此时会发现图片并非一张一张生硬地出现，效果比较灵活，有错落感。

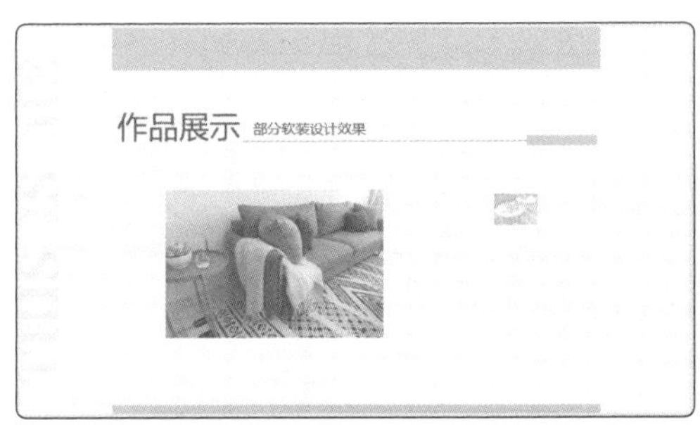

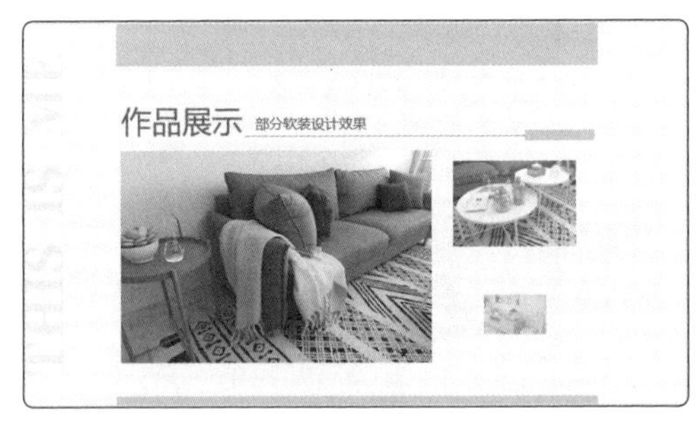

图6-51

6.3 创建页面切换动画

页面切换动画是指两张或多张幻灯片之间的衔接动画。PowerPoint提供了多种切换动画效果，用户可以根据需要为幻灯片设置不同的切换效果。本节将对其进行详细介绍。

6.3.1 添加页面切换效果

PowerPoint提供的切换效果包含“细微型”“华丽型”“动态内容”3类。用户可以根据需要选择合适的切换效果。

- 细微型。细微型切换效果共有12种，如“淡出”“推入”“擦除”“分割”“显示”等。该类型的切换效果给人以舒适、平和的感受，如图6-52所示“随机线条”效果、图6-53所示“形状”效果。

图6-52

图6-53

- 华丽型：华丽型切换效果共有29种，如“跌落”“悬挂”“溶解”“蜂巢”“涡流”“翻转”“门”等。该类型的切换效果大多富有视觉冲击力，如图6-54所示“涡流”效果、图6-55所示“门”效果。

图6-54

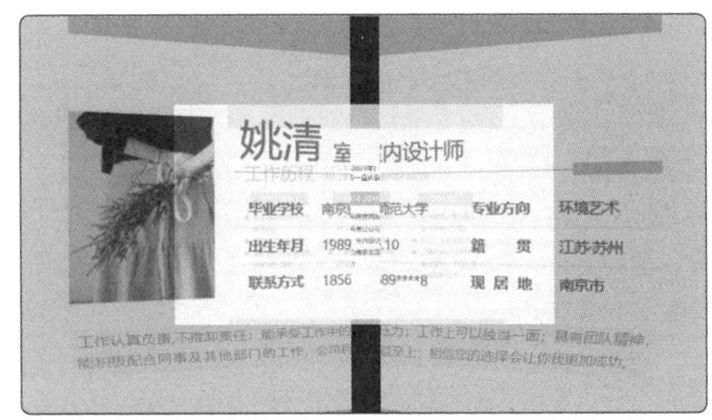

图6-55

- 动态内容：动态内容切换效果共有7种，如“平移”“摩天轮”“传送带”“旋转”“窗口”等。该类型的切换效果可为幻灯片中的元素提供动画效果，如图6-56所示“旋转”效果、图6-57所示“轨道”效果。

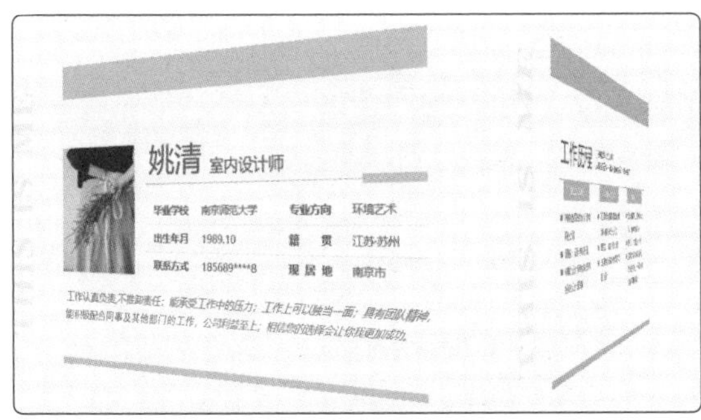

图6-56

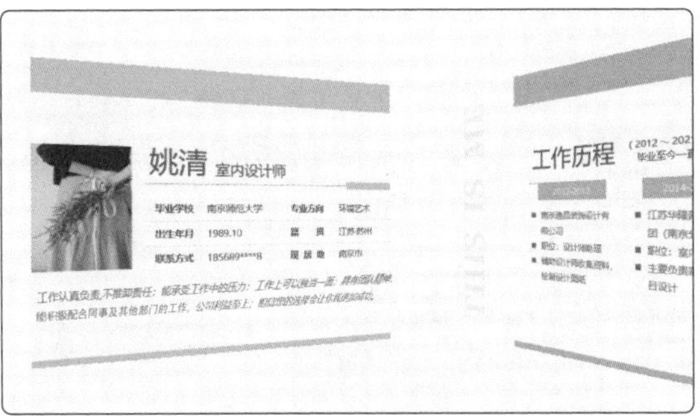

图6-57

以上切换效果均可在“切换到此幻灯片”列表中选择，如图6-58所示。

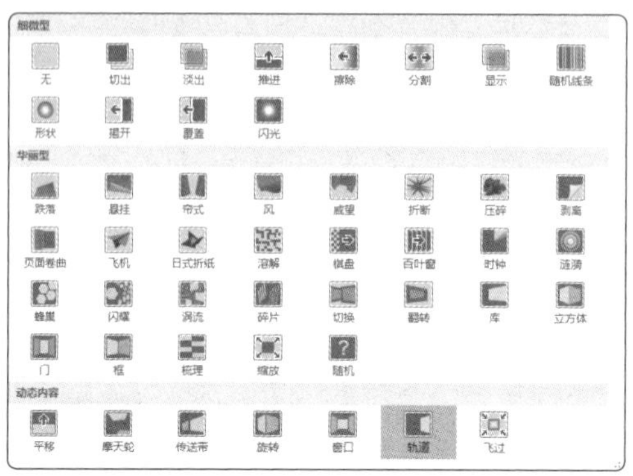

图6-58

[实操6-7] 为个人简历添加切换效果

[实例资源] 第6章\例6-7

微课视频

要想让简历看上去更加丰富多彩，可以为其添加页面切换效果。

STEP 1 打开“个人简历 .pptx”素材文件，选择第 2 张幻灯片，在“切换”选项卡的“切换到此幻灯片”选项组中选择一款切换效果，这里选择“推进”效果，如图 6-59 所示。

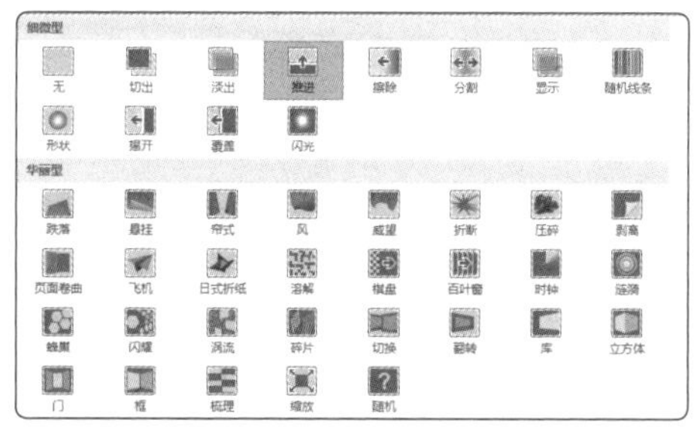

图6-59

STEP 2 选择好后，系统会将所选效果应用至当前幻灯片中，如图 6-60 所示。

图6-60

STEP 3 在“切换”选项卡的“计时”选项组中单击“全部应用”按钮，即可将当前切换效果应用至其他幻灯片中，如图 6-61 所示。

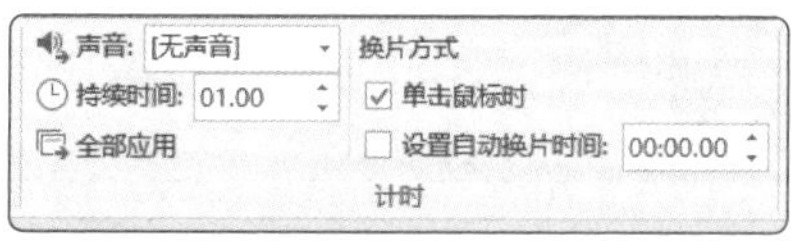

图6-61

STEP 4 按 F5 键进入放映状态，单击查看切换效果，如图 6-62 所示。

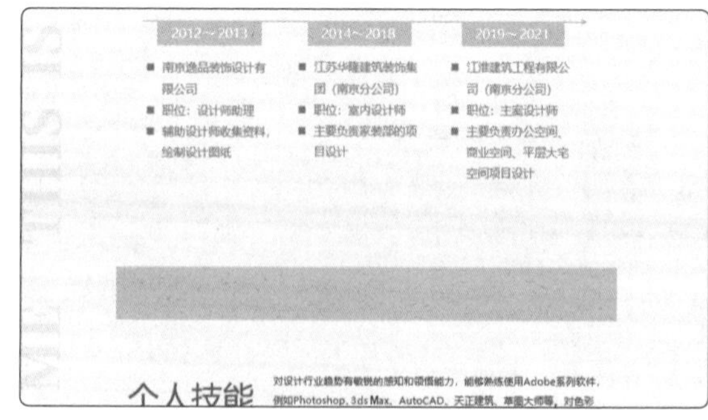

图6-62

基础入门篇

6.3.2 设置页面自动切换

默认情况下，单击即可进行页面切换操作。如果用户想要实现页面自动切换，可在“切换”选项卡的“计时”选项组中取消勾选“单击鼠标时”复选框，勾选“设置自动换片时间”复选框，并指定切换时间，如图6-63所示。一般情况下，设置自动切换时间间隔为3～5秒。

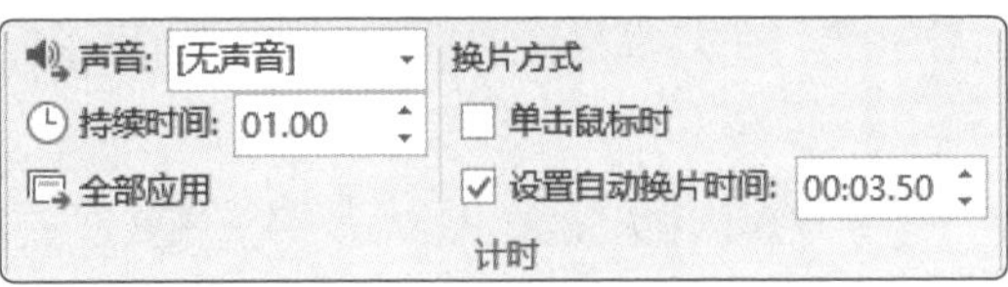

图6-63

用户可以对每一张幻灯片进行单独设置，也可以通过单击“全部应用”按钮，将设置的自动换片时间统一应用至其他幻灯片中。

为个人简历添加触发动画

微课视频

触发动画是指在单击某个特定对象后才会触发的动画。在PPT中，用户可以通过“触发”按钮来实现触发动画。下面为工作历程内容页添加触发动画。

（1）利用“选择”窗格为元素重命名，步骤如图6-64～图6-66所示。

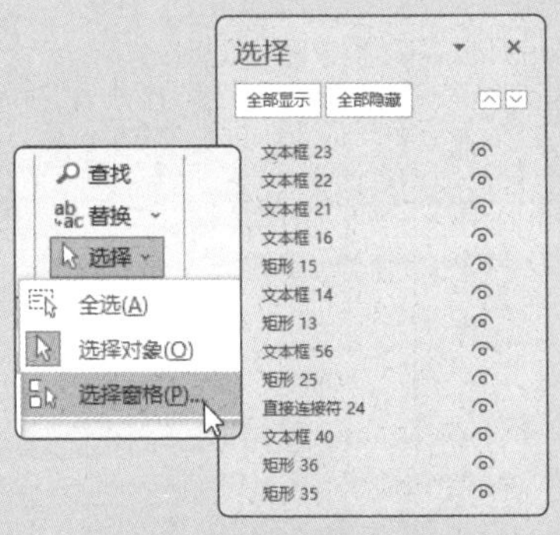

打开“选择”窗格

图6-64

修改元素名称

图6-65

修改其他元素名称

图6-66

（2）设置触发动画，步骤如图6-67～图6-70所示。

添加“擦除”进入动画

图6-67

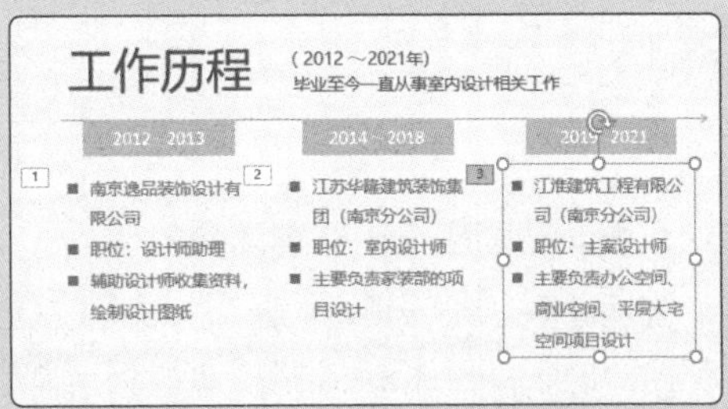

复制“擦除”动画至其他文本中

图6-68

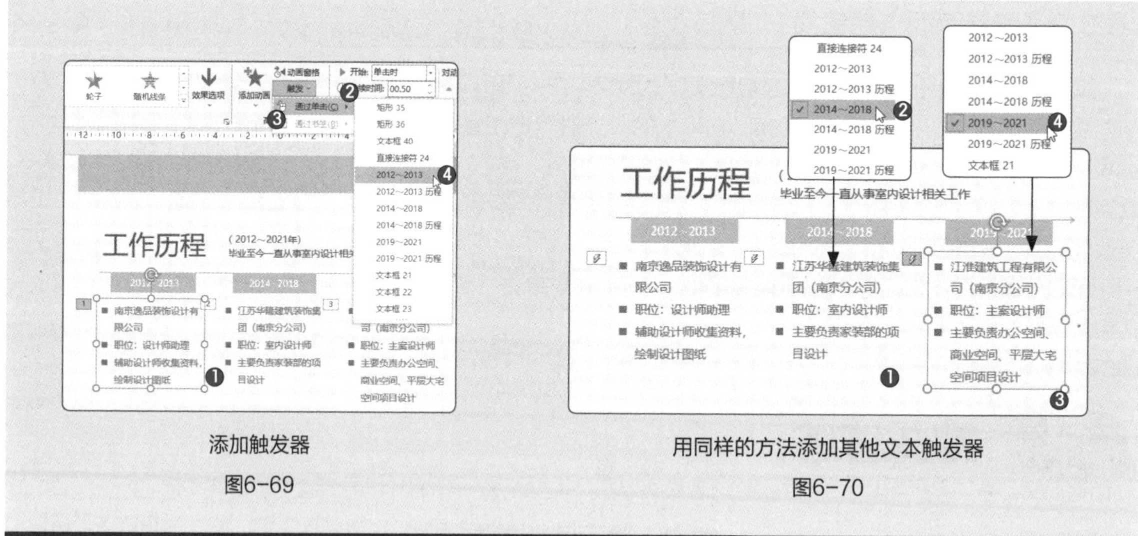

添加触发器

图6-69

用同样的方法添加其他文本触发器

图6-70

疑难解答

Q1：PPT中添加了动画，为何在放映时却消失了？

A：这种情况很有可能是在设置时不小心勾选了“放映时不加动画”复选框造成的，用户只需取消对该复选框的勾选就可以了，如图6-71所示。

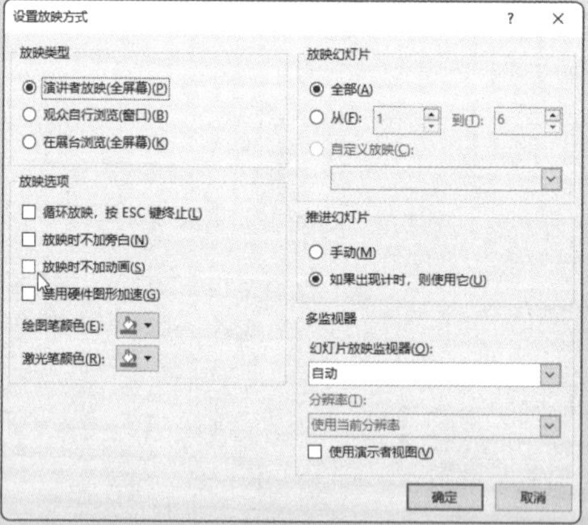

图6-71

Q2：强调动画应用于哪些场合？

A：强调动画可应用于两种场合：一种是在进入动画后，这样会显得更自然，如果没有进入动画，直接就是强调动画，整体会感觉很突兀；另一种是在进入、退出动画的进行过程中，这样就不会使这两组动画过于僵硬，可以起到缓和作用。

Q3：在添加退出动画时，需注意哪些问题？

A：添加退出动画需要考虑两个因素：一是退出效果应与进入效果保持一致，也就是说怎样进入的就怎样退出，如进入效果为“飞入”，那么退出效果则为“飞出”；二是需要注意与下一页或下一个动画的过渡，尽量保持动作的连贯性。

Q4：设置触发动画时，“触发”按钮显示为灰色，不能用该怎么办？

A：用户在为对象添加触发动画时，要先为对象添加一个进入动画效果，然后启用“触发”按钮添加触发器，否则就会出现“触发”按钮不可用的情况。

Q5：添加页面切换效果时，是否可以添加切换音效？

A：可以。用户可以添加系统内置的音效，也可以添加自己保存的音效。在“切换”选项卡中单击“声音”下拉按钮，在其列表中选择所需音效即可，如图6-72所示。此外，还可以在列表中选择“其他声音”选项，在弹出的对话框中选择计算机中的音效文件，如图6-73所示。

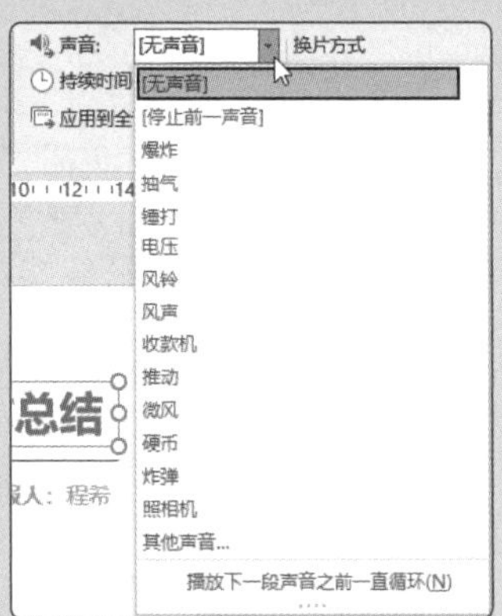

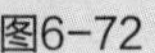

图6-72

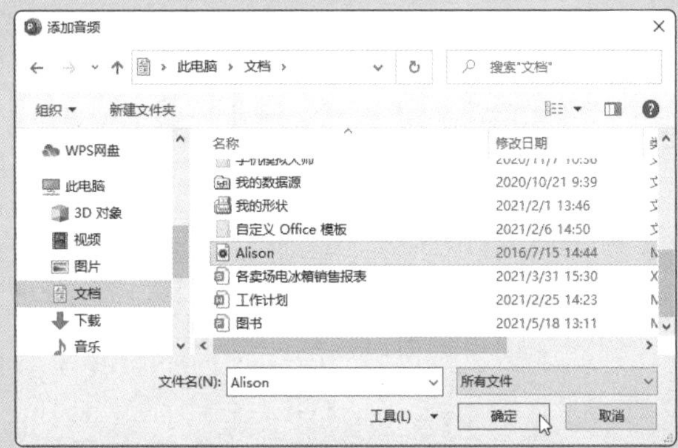

图6-73

基础入门篇

第 7 章

在 PPT 中应用多媒体

在 PPT 中插入背景音乐和视频，不仅可以烘托氛围，还可以吸引观众的注意力。插入音频和视频后，需要对其进行编辑，以达到预期效果。本章将介绍在 PPT 中应用多媒体的方法。

7.1 为幻灯片设置背景音乐

用户可以根据PPT的主题，在幻灯片中插入合适的纯音乐来作为背景音乐。本节将对其进行详细介绍。

7.1.1 插入背景音乐

要在PPT中插入背景音乐，可以利用“音频”功能进行操作，如图7-1所示。

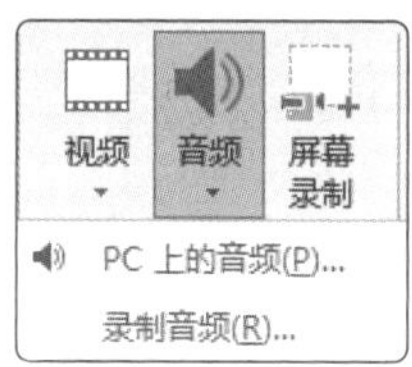

图7-1

[实操7-1] 为课件添加背景音乐

[实例资源] 第7章\例7-1

微课视频

下面以插入轻音乐为例，介绍添加背景音乐的操作。

STEP 1 打开“课件.pptx”素材文件，选择首张幻灯片，在“插入”选项卡中单击“音频”下拉按钮，在列表中选择“PC上的音频”选项，如图7-2所示。

图7-2

STEP 2 在弹出的“插入音频”对话框中选择合适的音乐文件，单击“插入”按钮，如图7-3所示。

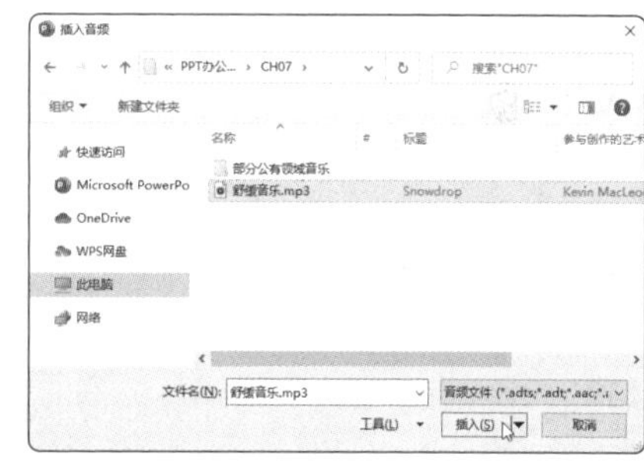

图7-3

STEP 3 此时所选音频被插入幻灯片中，如图7-4所示。

图7-4

7.1.2 剪辑背景音乐

插入音频后，如果对音频的时长有要求，可以利用“剪裁音频”功能对音频的时长进行裁剪，如图7-5所示。

[实操7-2] 裁剪背景音乐

[实例资源] 第7章\例7-2

微课视频

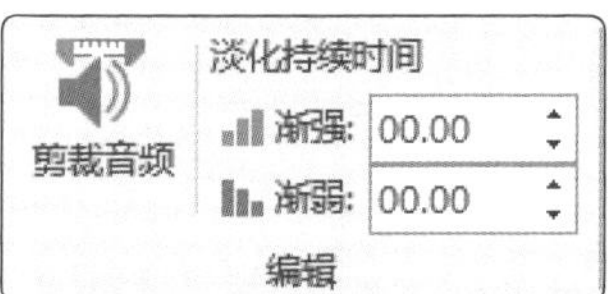

图7-5

用户可以根据需要对背景音乐进行裁剪，下面介绍具体的操作方法。

STEP 1 打开“例 7-2.pptx”素材文件，选择插入的音频，在“播放”选项卡中单击“剪裁音频”按钮，如图 7-6 所示。

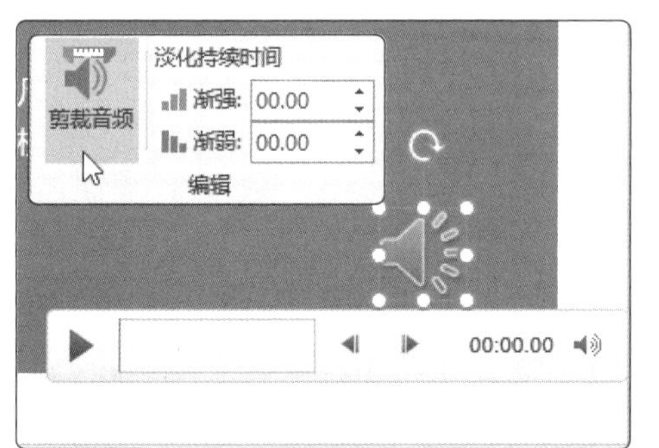

图7-6

STEP 2 在弹出的“剪裁音频”对话框中通过拖曳“开始时间”和“结束时间”的滑块对音频进行裁剪，如图 7-7 所示。

STEP 3 设置好“开始时间”和“结束时间”后，单击“确定”按钮，对音频按照指定的时间长度进行裁剪，如图 7-8 所示。其中两个滑块之间的音频将被保留，其余的将被裁剪掉。

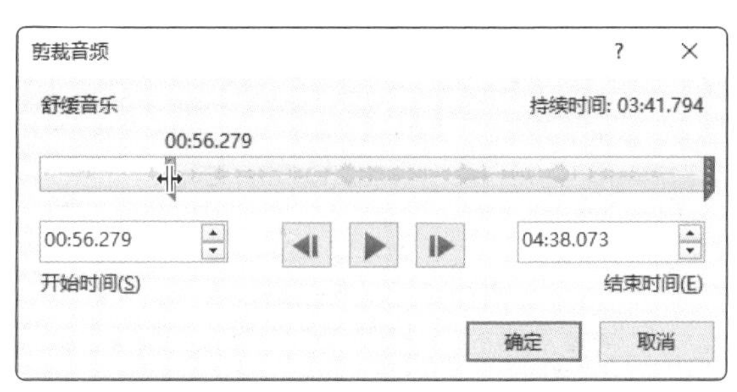

图7-7

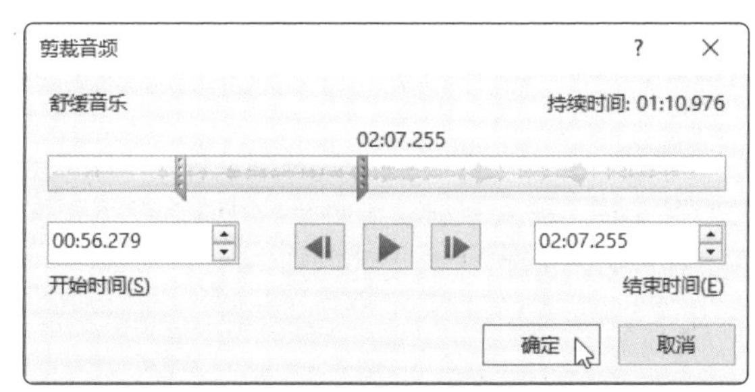

图7-8

7.1.3 控制背景音乐的播放

在放映幻灯片之前，用户需要根据放映需求来设置音频的播放模式。例如，自动播放、单击时播放音频、跨幻灯片播放、循环播放等。在“音频选项”选项组中进行设置，如图7-9所示。

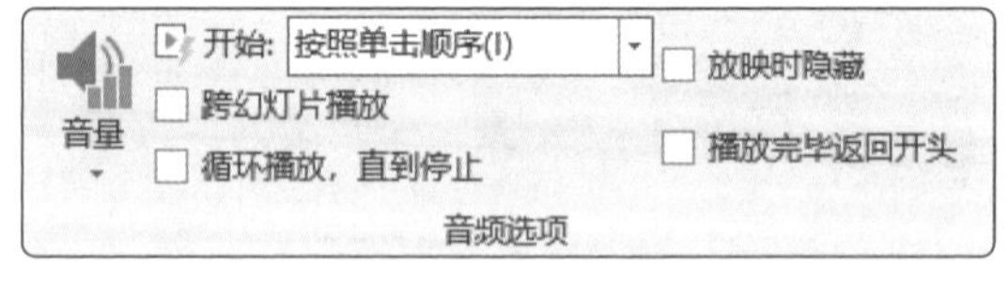

图7-9

下面对“音频选项”选项组中的主要选项进行说明。

- 开始：该模式分3种方式，分别为按照单击顺序、自动和单击时。其中，“按照单击顺序”为默认方式，该方式表示按照默认的放映顺序进行播放；如果选择“自动”方式，则在放映幻灯片时自动播放音频；如果选择“单击时”方式，则在放映幻灯片时单击音频播放按钮才可以播放音频。
- 跨幻灯片播放：勾选该复选框，音频会跨页播放，直到结束；相反，如果不勾选该复选框，则音频只会在当前幻灯片中进行播放，一旦翻页就会停止播放。
- 循环播放，直到停止：勾选该复选框，音频同样会跨页播放，并且会循环播放，直到幻灯片放映结束。
- 放映时隐藏：勾选该复选框，播放幻灯片时将隐藏音频图标。

[实操7-3] 添加书签
[实例资源] 第7章\例7-3

用户在指定位置添加书签后，就可以在播放音频时快速定位到书签位置，下面介绍具体的操作方法。

STEP 1 打开“例 7-3.pptx”素材文件，选择音频，在其进度条中指定要添加书签的位置，如图 7-10 所示。

图7-10

STEP 2 在“播放”选项卡中单击“添加书签”按钮，在所选位置添加书签，如图 7-11 所示。

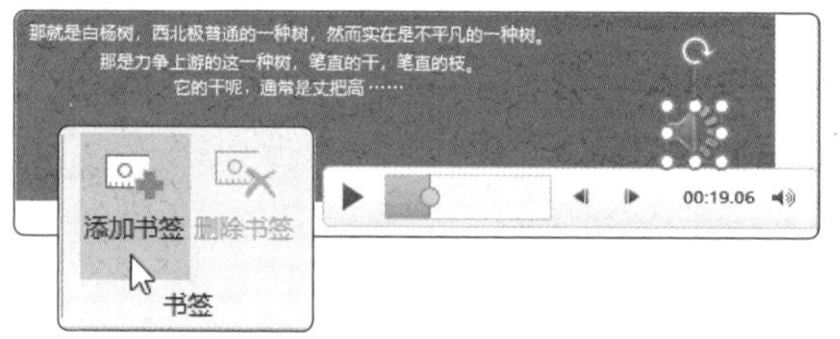

图7-11

STEP 3 此时按 Alt+End 组合键即可快速跳转到书签位置，如图 7-12 所示。

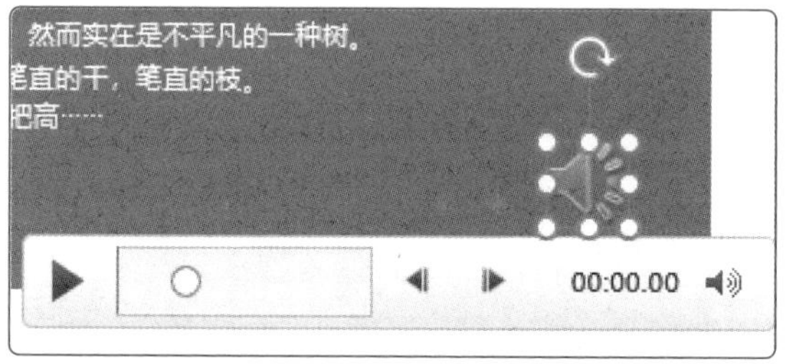

图7-12

应用秘技

如果用户想要删除书签，只需选中书签，单击“删除书签”按钮即可，如图7-13所示。

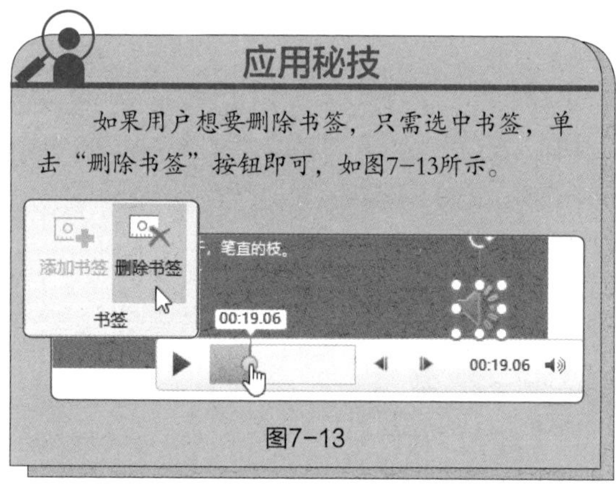

图7-13

如果用户想要在某范围内播放背景音乐，可以在“播放音频”对话框中进行设置。具体方法为：选中音频，在“动画”选项卡中单击“动画”选项组右侧的按钮，在“播放音频”对话框的“停止播放”选项组中单击“在：*张幻灯片后”单选按钮，并输入指定的幻灯片页数，如图7-14所示。

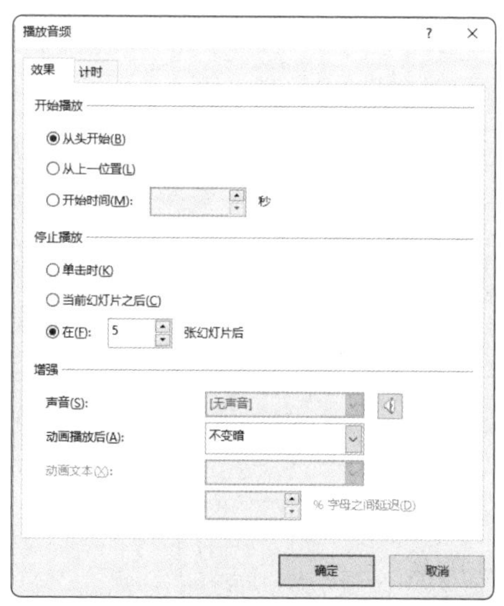

图7-14

例如，只想在放映前5张幻灯片时播放音乐，那么在相应数值框中输入“5”，即可在放映到第6张幻灯片时停止音乐的播放。

7.2 在幻灯片中插入视频

在幻灯片中插入视频可丰富幻灯片的内容，使幻灯片变得生动有趣。本节将对“视频”功能的应用进行详细介绍。

7.2.1 插入视频文件

插入视频文件和插入音频文件的方法相似，如果用户需要插入本地视频或联机视频，通过“视频”功能就可以实现，如图7-15所示。

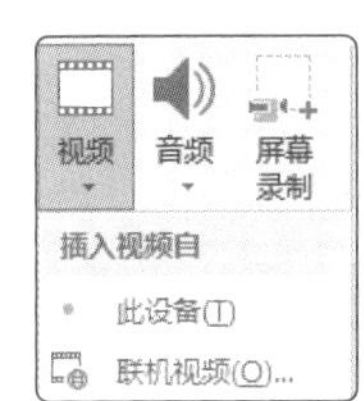

图7-15

[实操7-4] 插入录制视频

[实例资源] 第7章\例7-4

微课视频

利用“屏幕录制”功能可录制所需视频，并快速将其嵌入页面中。这样就免去了用户先下载视频，然后将其插入页面的烦琐操作。下面介绍具体的操作方法。

STEP 1 打开“课件.pptx”素材文件，选择第1张幻灯片，在“插入”选项卡中单击“屏幕录制”按钮，进入录制状态，拖曳鼠标选择录制范围，如图7-16所示。

图7-16

STEP 2 在录制界面上方的窗口中单击“录制”按钮，如图7-17所示。倒计时3秒后开始录制。

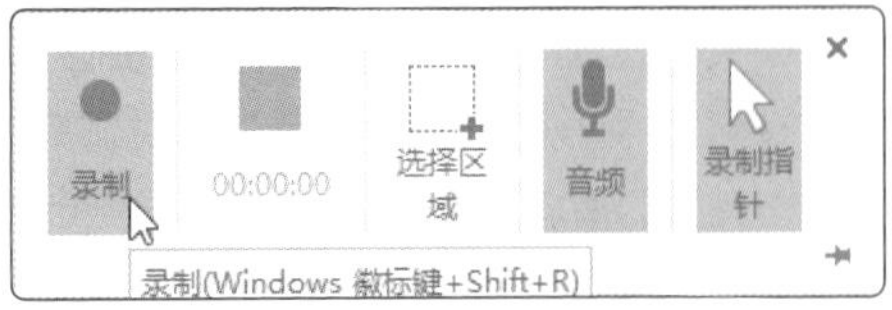

图7-17

STEP 3 录制完成后，在窗口中单击“停止”按钮，如图7-18所示。此时将录制的视频插入幻灯片中，如图7-19所示。

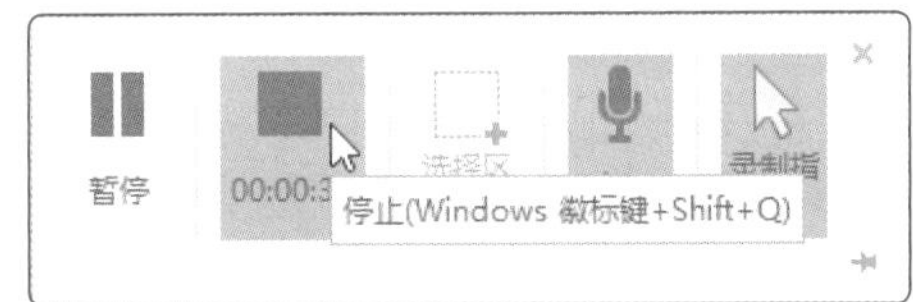

图7-18

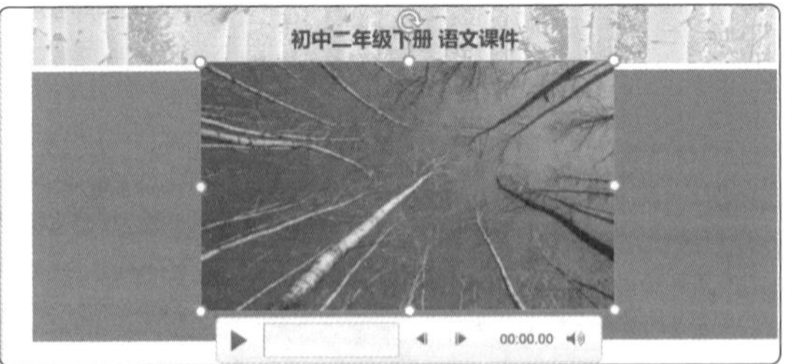

图7-19

应用秘技

在录制视频时，设置窗口是隐藏的，若想调出该窗口，只需将鼠标指针移至桌面顶部，此时设置窗口会自动显示出来。单击该窗口右侧的“固定”按钮，可以使窗口一直保持显示状态。

7.2.2 控制视频的播放

在放映幻灯片之前，用户需设置视频的播放模式。例如，自动播放、单击时播放视频、全屏播放、未播放时隐藏、循环播放等。在“视频选项”选项组中就可以设置视频的播放模式，如图7-20所示。

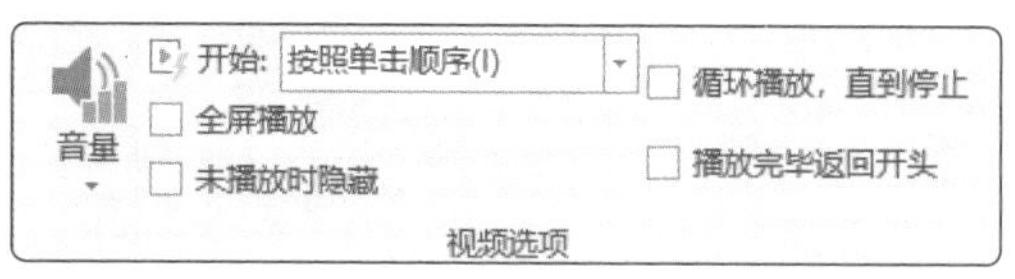

图7-20

- 全屏播放：勾选该复选框，则会全屏播放视频内容。
- 未播放时隐藏：勾选该复选框，则不播放视频时，视频隐藏。

其他选项与音频播放的设置相同，在此就不一一介绍了。

[实操7-5] 裁剪视频
[实例资源] 第7章\例7-5

微课视频

用户可以将视频中多余的内容裁剪掉，只保留所需内容。下面介绍具体的操作方法。

STEP 1 打开“例 7-5.pptx”素材文件，选择录制的视频，在“播放”选项卡中单击“剪裁视频”按钮，如图 7-21 所示。

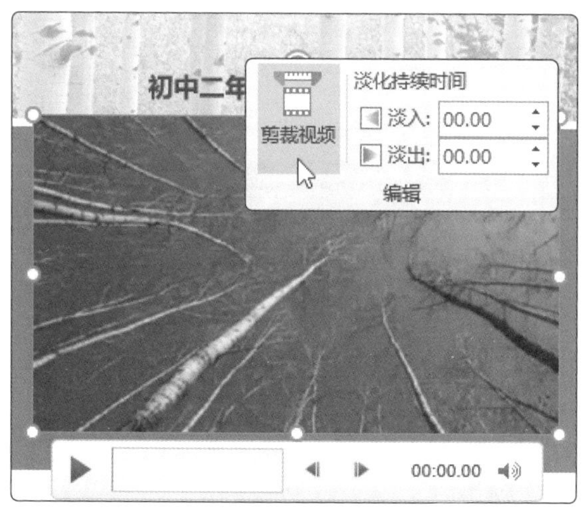

图7-21

STEP 2 在弹出的“剪裁视频”对话框中设置“开始时间”和“结束时间”，单击“确定”按钮，如图 7-22 所示。

图7-22

7.2.3 美化视频窗口

为了使视频窗口看起来更加美观，用户可以对其进行美化。例如，更改视频的亮度/对比度、调整视频的颜色、设置视频样式等，如图7-23所示。

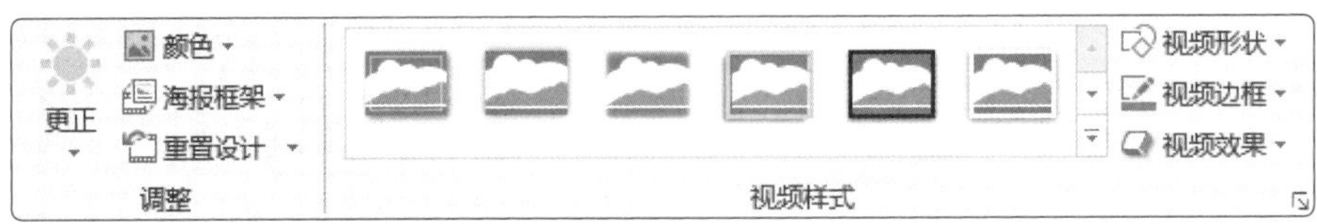

图7-23

[实操7-6] 设置视频封面
[实例资源] 第7章\例7-6

如果视频封面不是很美观，用户可以为视频重新设置一个封面。下面介绍具体的操作方法。

STEP 1 打开“例7-6.pptx”素材文件，选择视频，在“格式”选项卡中单击“海报框架”下拉按钮，在列表中选择“文件中的图像”选项，如图7-24所示。

图7-24

STEP 2 在“插入图片”窗格中单击“从文件”右侧的“浏览”按钮，如图7-25所示。

图7-25

STEP 3 在弹出的“插入图片”对话框中选择需要的图片，单击“插入”按钮，如图7-26所示。

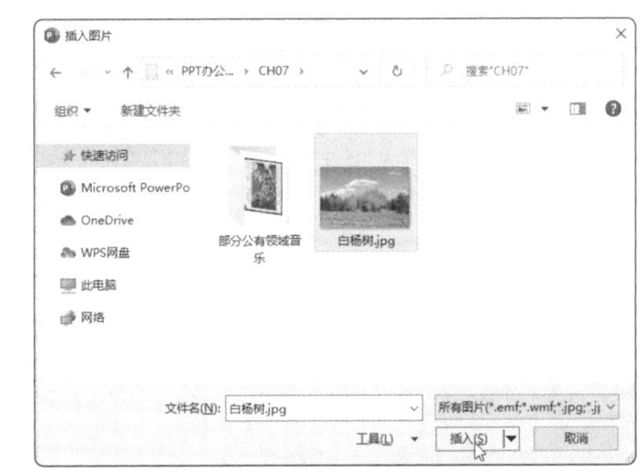

图7-26

STEP 4 所选图片被设置为视频的封面，如图7-27所示。

图7-27

基础入门篇

为课件设置音频播放控制器

前面介绍了音频和视频的插入和设置方法，接下来介绍如何为课件设置音频播放控制器，从而对本章所学内容进行巩固。

（1）绘制形状并进行组合，步骤如图7-28~图7-31所示。

绘制一个圆形

图7-28

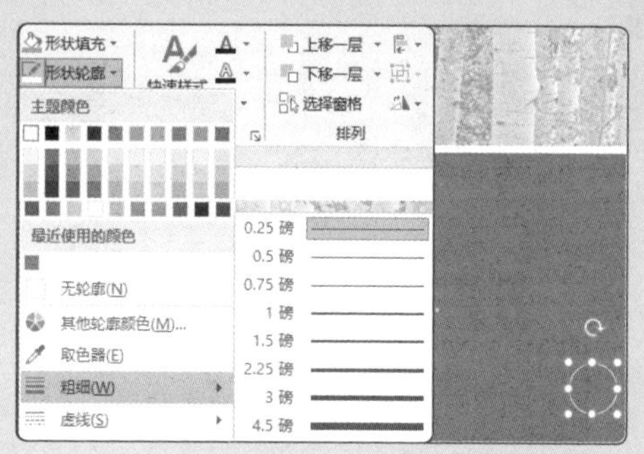

设置形状轮廓

图7-29

插入一张图片

图7-30

组合圆形和图片

图7-31

（2）设置“触发”动画并查看效果，步骤如图7-32~图7-37所示。

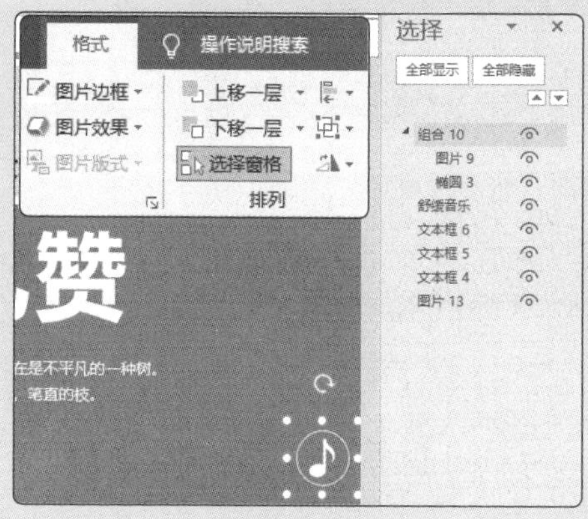

打开“选择”窗格

图7-32

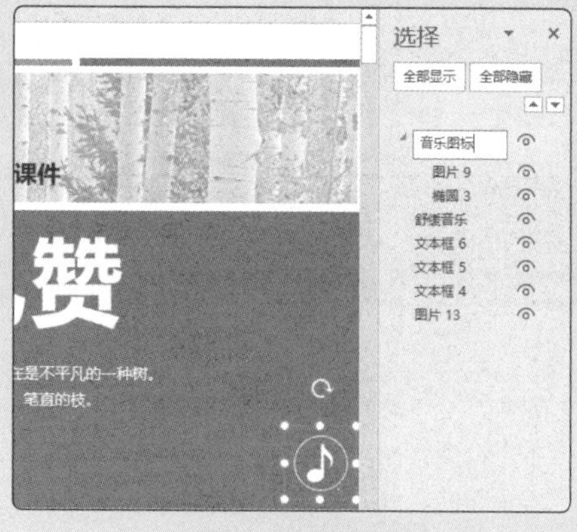

更改组合图标名称

图7-33

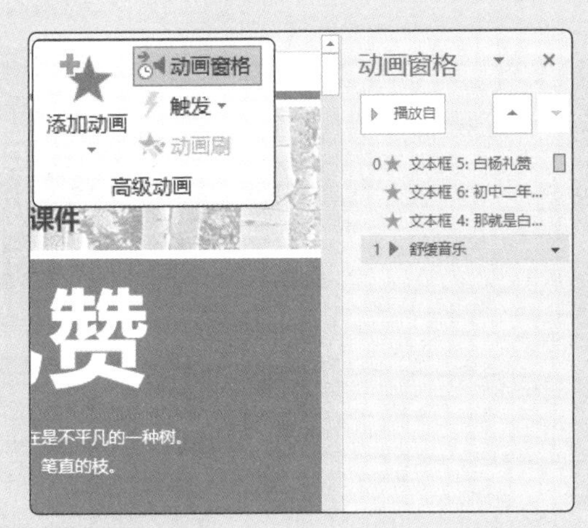

打开“动画窗格”窗格

图7-34

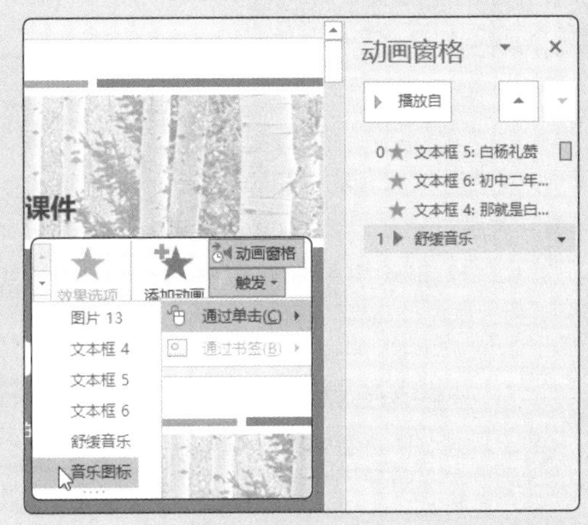

设置“触发”动画

图7-35

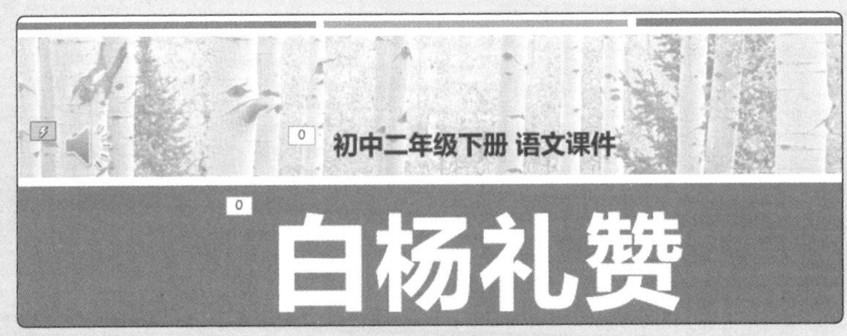

查看动画效果

图7-36

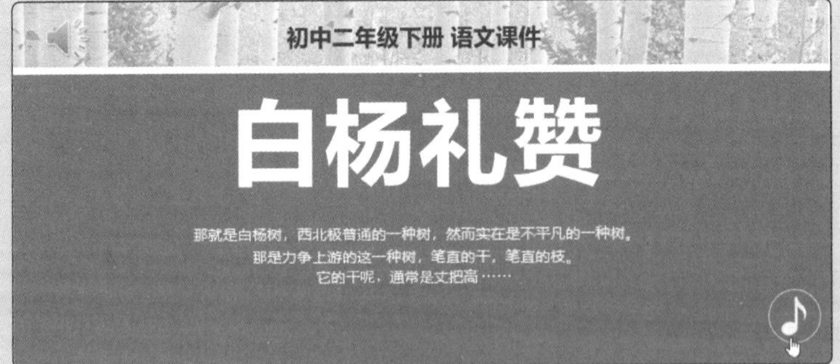

单击播放音乐

图7-37

疑难解答

Q1：如何调整音频的音量?

A：单击音频图标，在其播放器中单击右侧的喇叭按钮，就可以通过拖曳音量滑块来设置音频的音量高低，如图7-38所示。

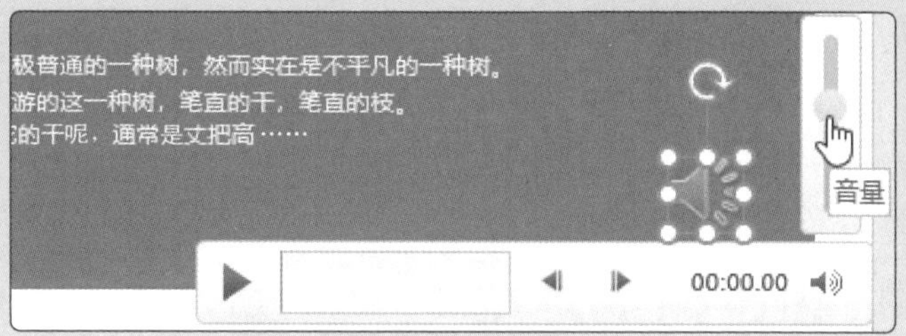

图7-38

Q2：如何更改视频的形状?

A：选择视频，在“格式”选项卡中单击“视频形状”下拉按钮，在列表中选择合适的形状，如图7-39所示。此时将视频更改为所选形状，如图7-40所示。

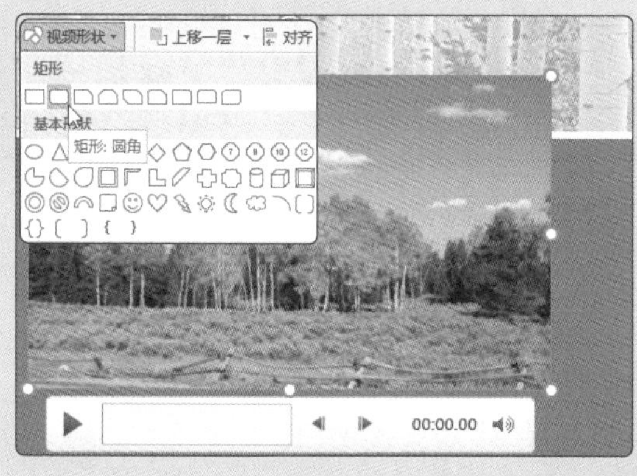

图7-39

图7-40

Q3：如何清除视频样式?

A：选择视频，在“格式”选项卡中单击“重置设计”下拉按钮，在列表中选择“重置设计”选项，即可清除对视频所做的样式更改，如图7-41所示。

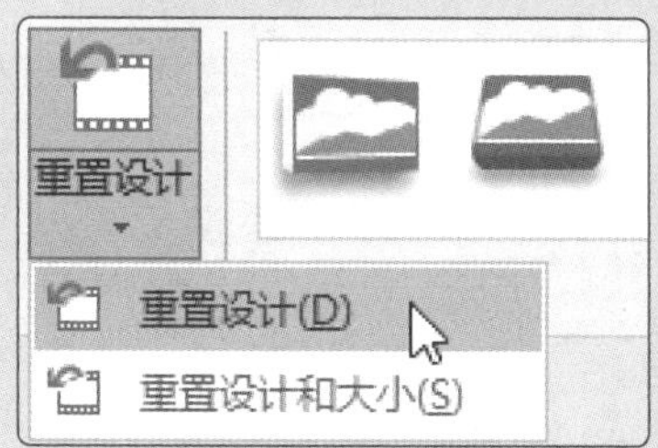

图7-41

基础入门篇

第 8 章

把控好 PPT 的放映节奏

制作好 PPT 后，按 F5 键就可以放映了。如果用户想要按照自己的方式放映幻灯片，则需要对幻灯片进行设置。例如，添加链接、设置放映类型、录制幻灯片演示等。本章将介绍 PPT 放映与输出的相关内容。

8.1 做好内容链接

为幻灯片中的内容添加链接，可以使幻灯片放映变得更具操控性。PPT中的链接有两种类型，分别为内部页面链接和外部内容链接。下面对其基本操作进行介绍。

8.1.1 设置内部页面链接

内部页面链接的作用范围比较小，只在当前PPT文档中进行链接。例如，将当前幻灯片中的内容链接到其他幻灯片中。用户利用“链接”功能可以为幻灯片设置内部页面链接，如图8-1所示。

图8-1

[实操8-1] 为目录添加链接

[实例资源] 第8章\例8-1

如果用户想要单击目录后快速跳转到相应的幻灯片，则可以按照以下方法进行操作。

STEP 1 打开“新产品宣传 .pptx”素材文件，单击“设计”选项卡“变体”选项组中的“其他”下拉按钮，在列表中选择“颜色”选项，并在其子列表中选择“自定义颜色”选项，如图 8-2 所示。

图8-2

STEP 2 在弹出的“新建主题颜色”对话框中设置“超链接”❶和“已访问的超链接”的颜色❷，单击“保存”按钮，如图 8-3 所示。

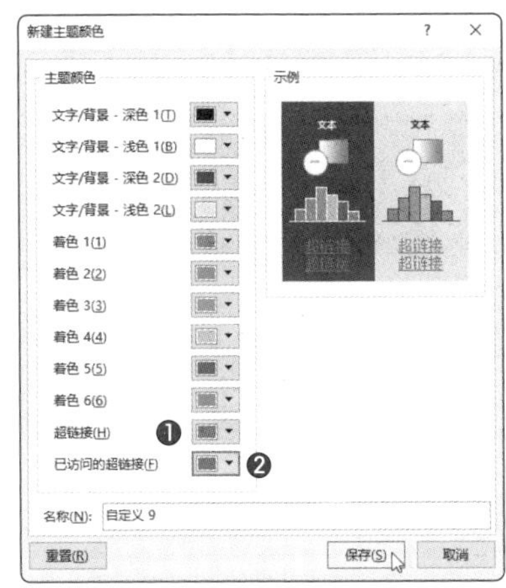

图8-3

STEP 3 选择目录标题，在“插入”选项卡中单击“链接”按钮，如图 8-4 所示。

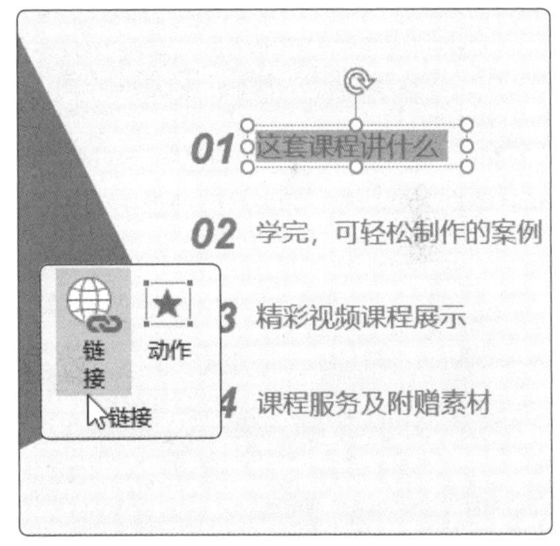

图8-4

STEP 4 在弹出的“插入超链接”对话框的“链接到”列表框中选择“本文档中的位置”选项❶，在“请选择文档中的位置”列表框中选择“幻灯片 3”选项❷，单击“确定”按钮❸，即可为目录标题添加链接❹，如图 8-5 所示。

STEP 5 按住 Ctrl 键，单击目录标题❶，即可快速跳转到相应的幻灯片❷，此时链接的颜色由蓝色变成灰色❸，如图 8-6 所示。

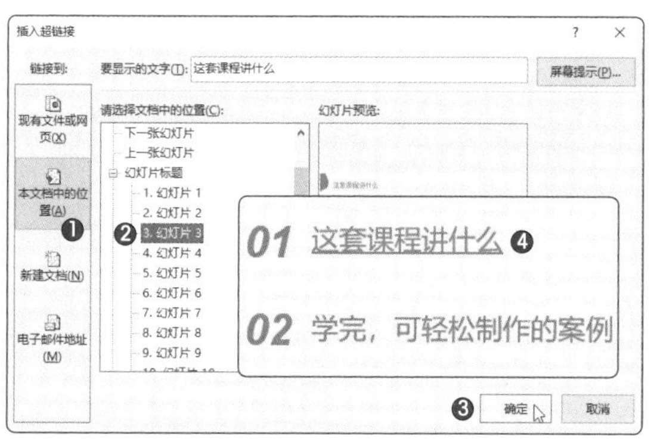

图8-5

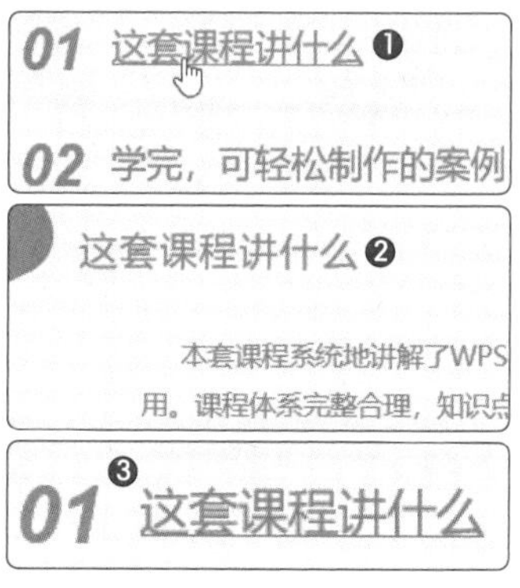

图8-6

8.1.2 添加外部内容链接

外部内容链接的作用范围比较广，可以链接到其他PPT文档、其他应用程序、网页等。设置外部内容链接时，同样可在“插入超链接”对话框中进行操作。

[实操8-2] 链接到网页

[实例资源] 第8章\例8-2

用户可以将对象链接到网页，以便实现更大范围的信息交互。下面介绍具体的操作方法。

STEP 1 打开“新产品宣传 .pptx”素材文件，选择首页标题文本框，在“插入”选项卡中单击“链接”按钮，如图 8-7 所示。

图8-7

STEP 2 在弹出的“插入超链接”对话框的“链接到”列表框中选择“现有文件或网页”选项❶，然后在“地址”文本框中输入网址❷，单击“确定”按钮，如图 8-8 所示。

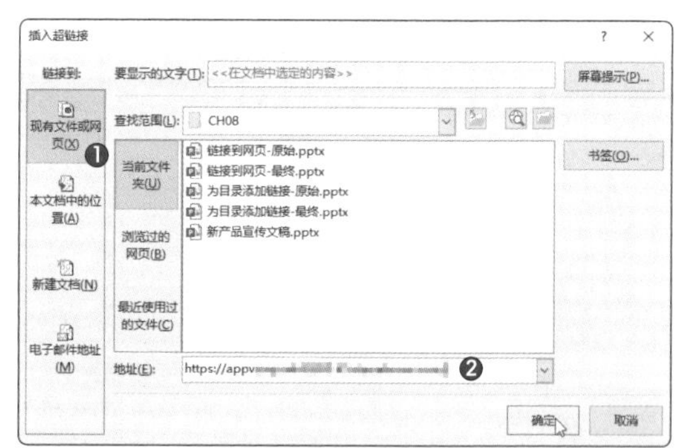

图8-8

STEP 3 按 F5 键放映幻灯片，单击首页标题，如图 8-9 所示。此时打开链接的网页，如图 8-10 所示。

图8-9

图8-10

应用秘技

如果用户想要链接到其他文件，如链接到文档或表格，则可以在“插入超链接”对话框中单击“浏览文件”按钮，如图8-11所示。在弹出的“链接到文件”对话框中选择需要的文件，单击“确定”按钮，如图8-12所示。

图8-11

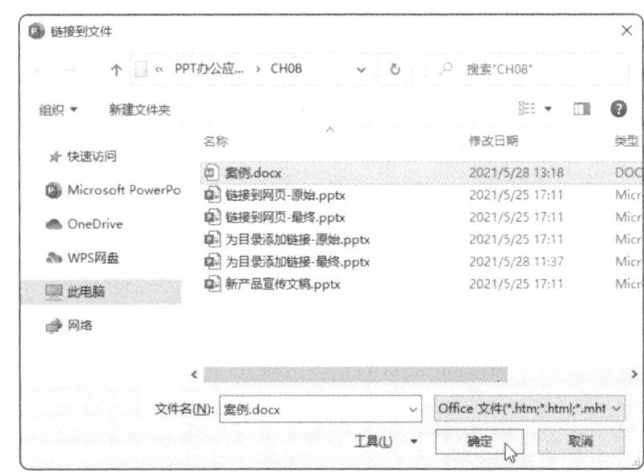
图8-12

8.2 PPT 的放映类型及方式

在不同的放映环境下，为了实现理想的放映效果，需要对PPT的放映类型和方式进行设置，本节将对其进行详细介绍。

8.2.1 PPT 的放映类型

PPT的放映类型有3种，包括演讲者放映(全屏幕)、观众自行浏览(窗口)和在展台浏览(全屏幕)。

用户只需在“幻灯片放映”选项卡中单击“设置幻灯片放映”按钮，在弹出的“设置放映方式”对话框中在这3种放映类型中进行切换，如图8-13所示。

1. 演讲者放映(全屏幕)

演讲者放映是默认放映类型，以全屏的方式进行放映，如图8-14所示。放映时，用户可以通过鼠标、翻页器及键盘进行控制。它一般用于公众演讲的场合。

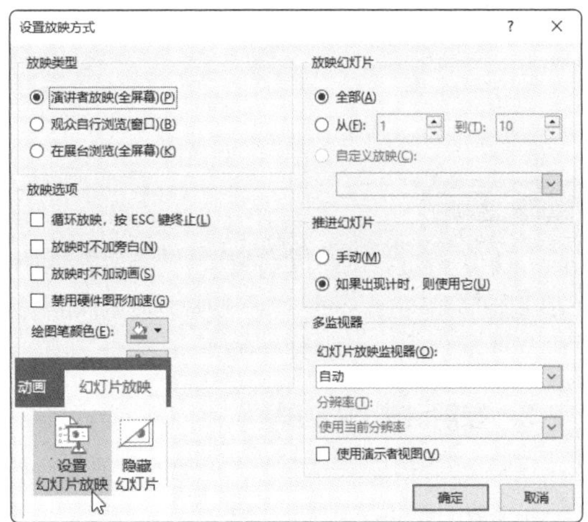
图8-13

图8-14

2. 观众自行浏览(窗口)

观众自行浏览类型以窗口模式进行放映，如图8-15所示。该类型只允许对幻灯片进行简单的控制，包括切换幻灯片、上下滚动幻灯片等。

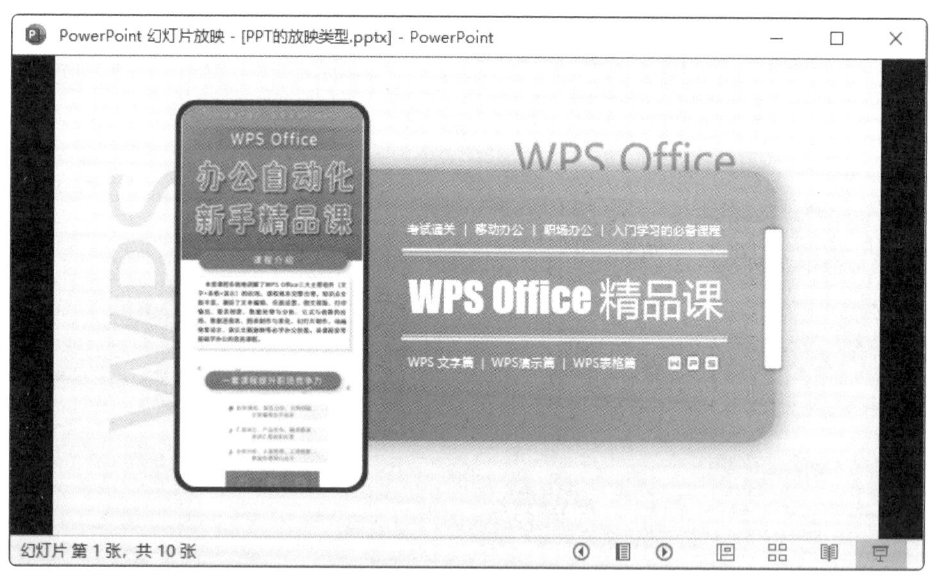

图8-15

新手提示

使用“观众自行浏览（窗口）”类型放映的幻灯片比较注重其交互性，在开始制作幻灯片时，就需要添加大量的动作按钮、链接和一些触发按钮，这样才能更好地与观者互动。

3. 在展台浏览(全屏幕)

在展台浏览类型是指在无人操控的情况下自行播放幻灯片。在制作该类型的PPT时，需要预先设定好每张幻灯片播放的时间，如图8-16所示。播放效果如图8-17所示。

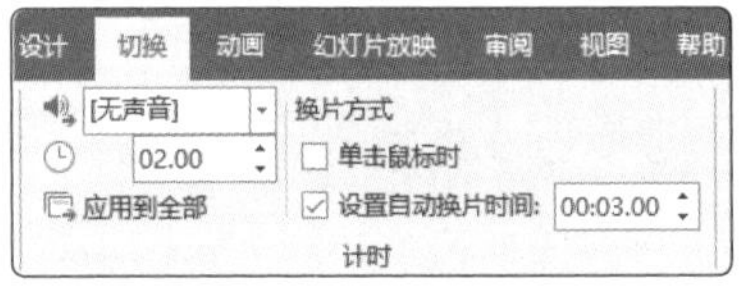

图8-16

图8-17

8.2.2 PPT 的 3 种放映方式

放映幻灯片时，用户可以根据需要选择放映方式。例如，从指定位置放映、放映指定幻灯片和按指定时间放映。

1. 从指定位置放映

如果用户想要从头开始放映幻灯片，在“幻灯片放映”选项卡中单击“从头开始”按钮，或按F5键即可，如图8-18所示。

如果用户想要从指定位置开始放映幻灯片，则单击“从当前幻灯片开始”按钮，或按Shift+F5组合键，如图8-19所示。

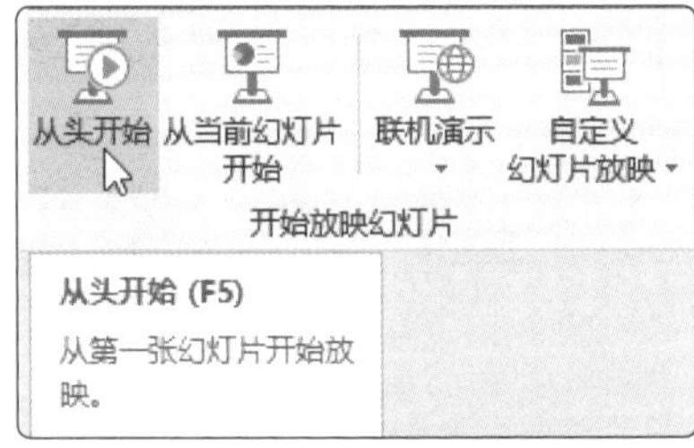

图8-18

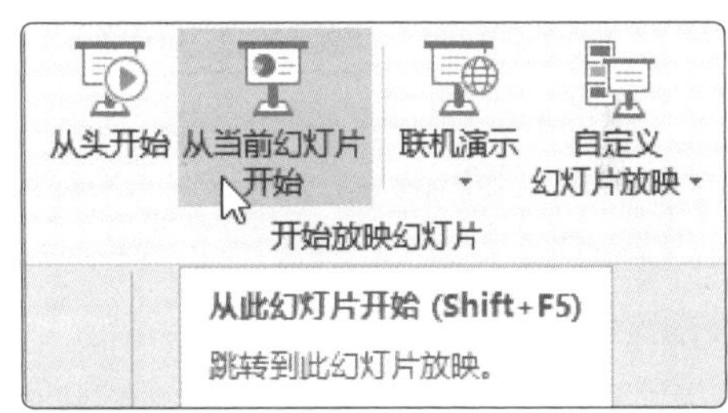

图8-19

2. 放映指定幻灯片

默认情况下，在放映幻灯片时，系统会按照幻灯片的前后顺序依次进行。如果用户想要放映指定幻灯片，则可以利用“自定义幻灯片放映”功能来实现。

[实操8-3] 放映第1、5、8、10张幻灯片

[实例资源] 第8章\例8-3

微课视频

STEP 1 打开“新产品宣传.pptx”素材文件，在“幻灯片放映”选项卡中单击“自定义幻灯片放映”下拉按钮，在列表中选择“自定义放映”选项，如图 8-20所示。

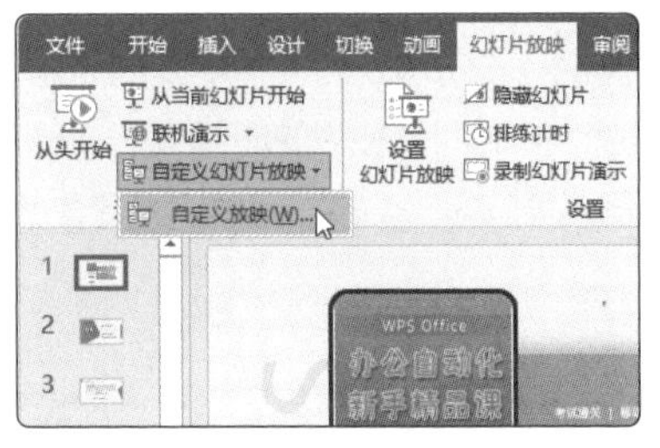

图8-20

STEP 2 在弹出的“自定义放映”对话框中单击“新建”按钮，如图 8-21 所示。

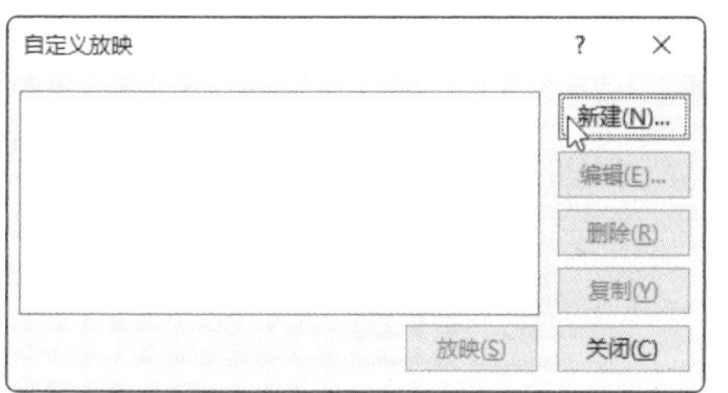

图8-21

STEP 3 在弹出的“定义自定义放映”对话框的“幻灯片放映名称”文本框中输入名称，然后在“在演示文稿中的幻灯片”列表框中勾选第 1、5、8、10 张幻灯片，单击“添加”按钮，如图 8-22 所示。将其添加到“在自定义放映中的幻灯片”列表框中，单击“确定”按钮，如图 8-23 所示。

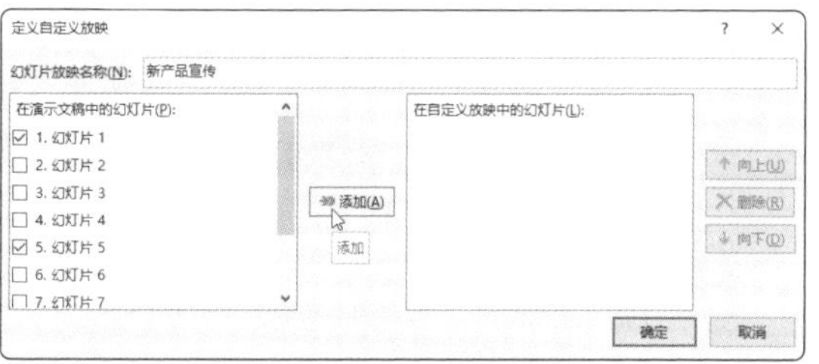

图8-22

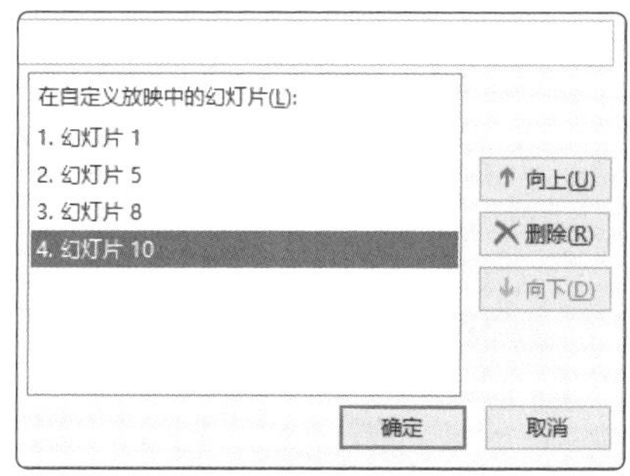

图8-23

STEP 4 返回到“自定义放映”对话框，选中刚创建的放映名称，单击“放映”按钮，即可放映第 1、5、8、10 张幻灯片，如图 8-24 所示。

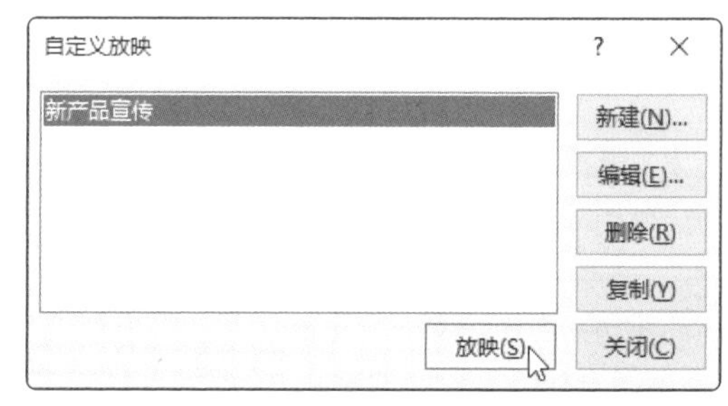

图8-24

基础入门篇

3. 按指定时间放映

当用户需要在指定的时间内完成幻灯片的放映时，如在3分钟内放映完所有幻灯片，就可以使用“排练计时”功能来实现。

[实操8-4] 设置每张幻灯片的放映时间

[实例资源] 第8章\例8-4

为幻灯片设置排练计时，可以使其按照指定的时间放映，下面介绍具体的操作方法。

STEP 1 打开“新产品宣传.pptx”素材文件，在“幻灯片放映”选项卡中单击“排练计时”按钮，如图 8-25 所示。进入放映模式，界面左上角会显示“录制”工具栏，如图 8-26 所示。其中，中间的时间代表放映当前幻灯片所需时间，右边的时间代表放映所有幻灯片累计所需时间。

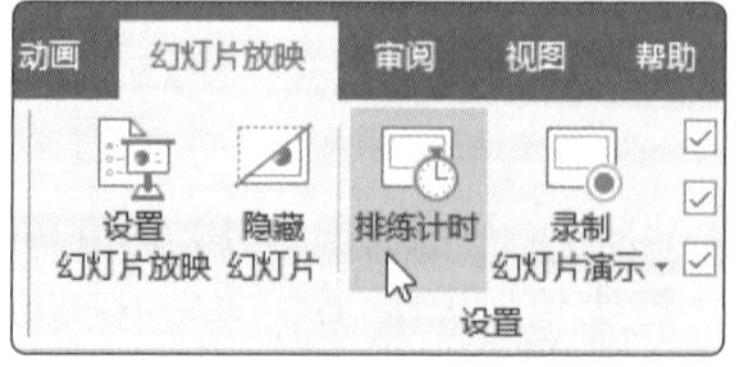

图8-25

图8-26

STEP 2 用户在“录制”工具栏中单击“下一项”按钮，切换幻灯片，然后根据需要设置每张幻灯片的播放时间。最后一张幻灯片的放映时间设置好后，会弹出一个提示对话框，单击“是”按钮，如图8-27所示。

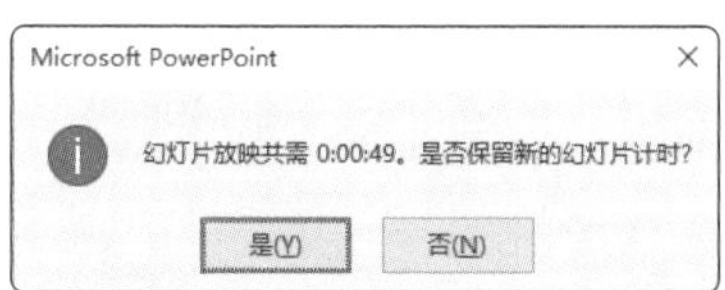

图8-27

STEP 3 返回到普通视图界面，在“视图”选项卡中单击“幻灯片浏览”按钮，进入浏览视图，在该视图下可以查看每张幻灯片放映所需时间，如图8-28所示。

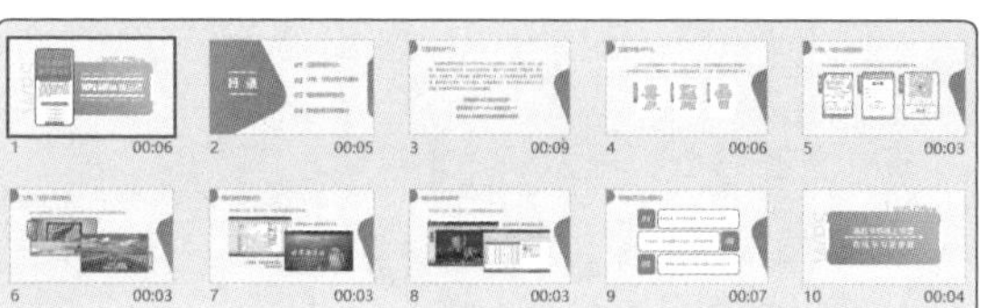
图8-28

应用秘技

如果用户想要删除排练计时，则需要在“切换”选项卡中取消勾选“设置自动换片时间”复选框，然后单击“应用到全部”按钮，如图8-29所示。

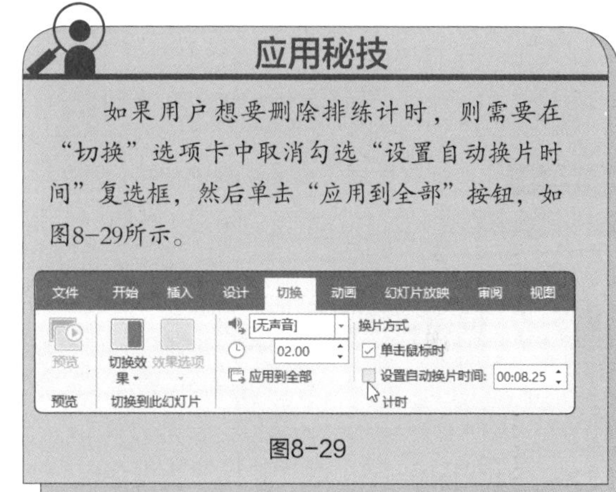

图8-29

8.3 对 PPT 进行讲解

在放映幻灯片并对幻灯片中的内容进行讲解时，用户可以使用墨迹功能和模拟黑板功能，本节将对其进行详细介绍。

8.3.1 墨迹功能的应用

在放映过程中，如果需要对幻灯片中的一些重点内容进行标记，可以使用墨迹功能。

[实操8-5] 标记重点内容
[实例资源] 第8章\例8-5

用户可以使用“笔”或“荧光笔”对重点内容进行标记。下面介绍具体的操作方法。

STEP 1 打开“新产品宣传 .pptx”素材文件，按F5键放映幻灯片，单击幻灯片左下角的“”按钮，在弹出的菜单中选择需要的墨迹类型，这里选择“笔”选项，再次打开该菜单，在其中选择笔的颜色，如图8-30所示。

STEP 2 拖曳鼠标对重点内容进行标记，如图8-31所示。

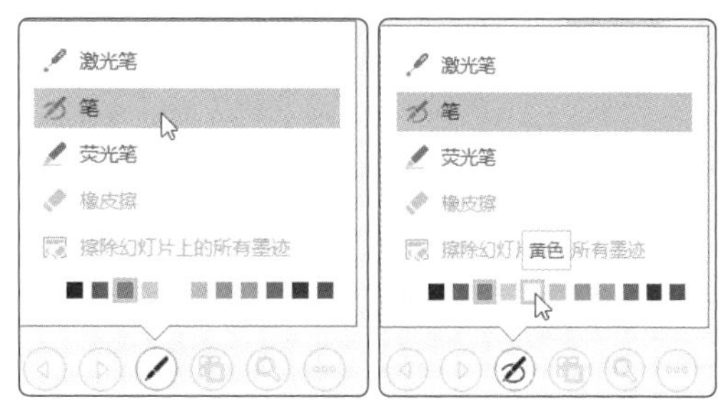

图8-30

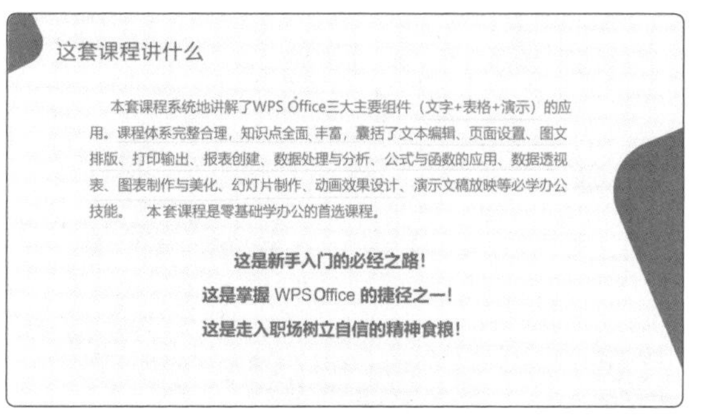

图8-31

STEP 3 放映结束后，系统会弹出提示对话框，询问是否保留墨迹注释，单击“保留”按钮则保留墨迹注释，单击“放弃”按钮则清除墨迹注释，如图 8-32 所示。

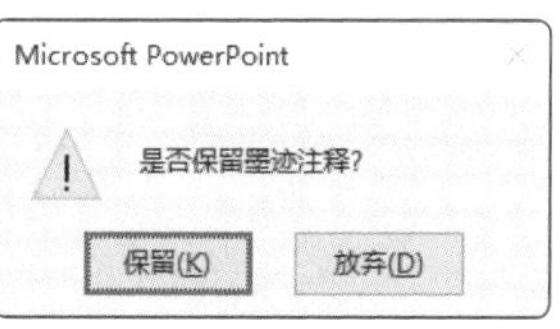

图8-32

新手提示

墨迹功能仅可用于演讲者放映类型，不可用于其他两种放映类型。

8.3.2 模拟黑板功能

放映幻灯片时，用户可以将幻灯片设置成“黑板”样式，在上面书写文字，即模拟黑板功能。

[实操8-6] 在“黑板”上写字

[实例资源] 第8章\例8-6

在放映幻灯片的过程中，用户可以将幻灯片设置成“黑屏”或“白屏”状态，然后在幻灯片中书写文字，下面介绍具体的操作方法。

STEP 1 打开“新产品宣传.pptx”素材文件，按 F5 键放映幻灯片，在幻灯片页面单击鼠标右键，在弹出的快捷菜单中选择“屏幕”选项，并在其子菜单中选择“黑屏”选项，如图 8-33 所示。

图8-33

STEP 2 此时幻灯片进入黑屏状态，单击屏幕左下角的“”按钮，在弹出的菜单中选择“笔”选项，如图 8-34 所示。

图8-34

STEP 3 拖曳鼠标在屏幕上书写文字，如图 8-35 所示。如果书写错误，可以单击“”按钮，在弹出的菜单中选择“橡皮擦”选项，然后进行擦除，如图 8-36 所示。书写完成后，按 Esc 键即可退出黑屏状态。

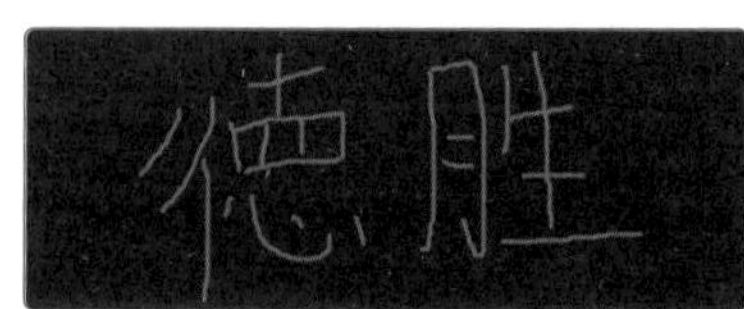

图8-35

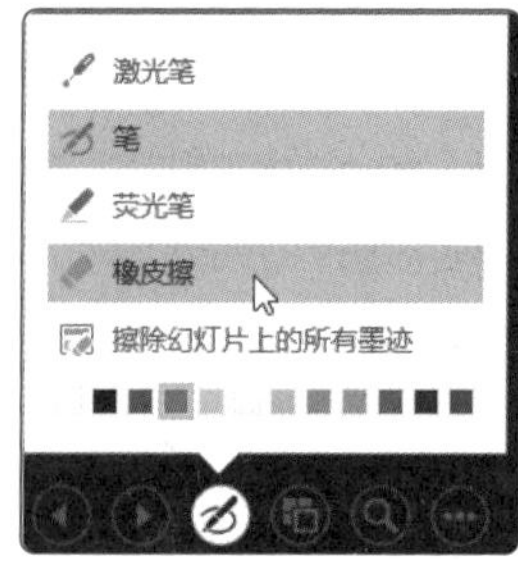

图8-36

8.3.3 录制幻灯片演示

录制幻灯片演示可以控制幻灯片的放映节奏，并且可以为幻灯片添加讲解旁白，以便观者快速理解幻灯片中的内容。用户可以利用“录制幻灯片演示”功能进行录制，如图8-37所示。

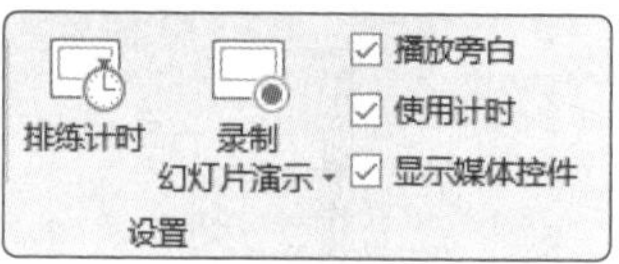

图8-37

[实操8-7] 录制旁白

[实例资源] 第8章\例8-7

为幻灯片录制旁白，可以省去重复讲解的步骤，提高讲解效率，下面介绍具体的操作方法。

STEP 1 打开“新产品宣传.pptx”素材文件，在“幻灯片放映”选项卡中单击“录制幻灯片演示”下拉按钮，在列表中选择“从头开始录制”选项，如图8-38所示。

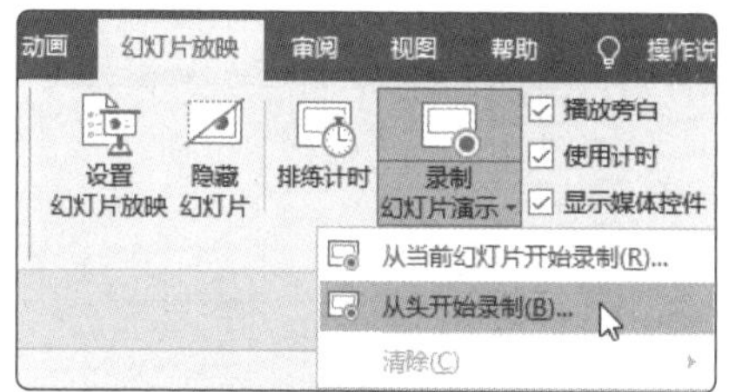

图8-38

STEP 2 在弹出的“录制幻灯片演示”对话框中勾选相应的复选框，单击“开始录制”按钮，如图8-39所示。

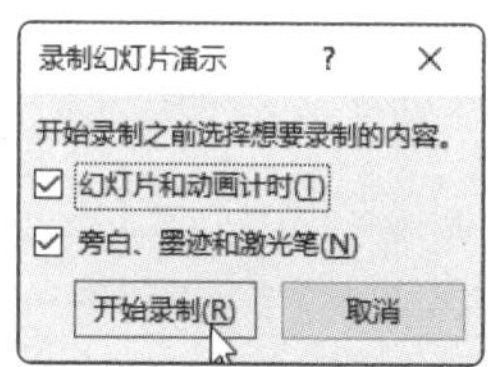

图8-39

STEP 3 进入录制状态，幻灯片左上角弹出“录制”工具栏，如图8-40所示。“录制”工具栏可以记录旁白录制的时间，按照需要为每张幻灯片录制旁白。

图8-40

STEP 4 录制完成后，系统会自动将每一页的旁白分别嵌入相应的幻灯片中，如图8-41所示。按F5键进入放映状态后，录制的旁白将自动播放。

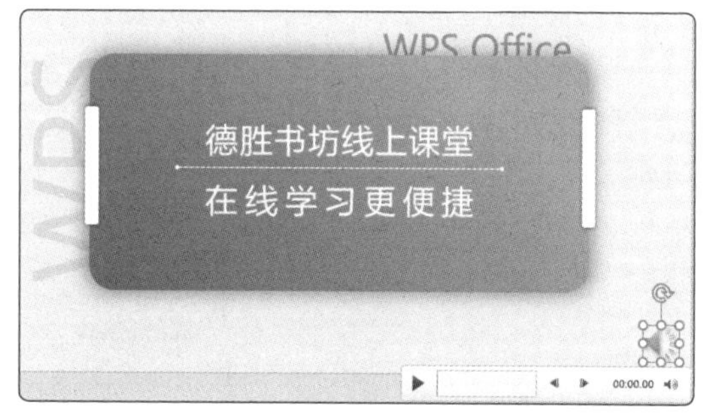

图8-41

应用秘技

如果用户想要清除录制的旁白或计时，单击“录制幻灯片演示”下拉按钮，在列表中选择“清除”选项，并在其子列表中根据需要进行选择即可，如图8-42所示。

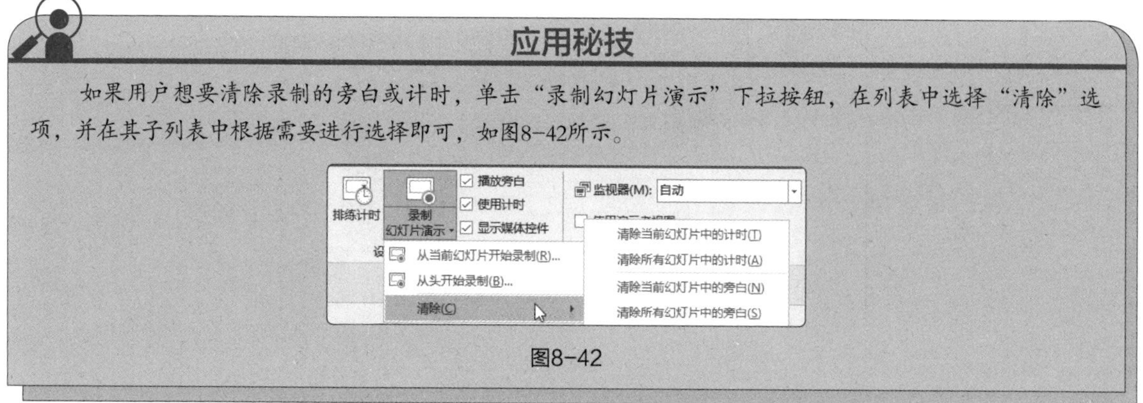

图8-42

8.4 输出 PPT

为了方便在没有安装PPT软件的计算机上浏览PPT中的内容，用户可以将PPT输出为其他格式。本节将对其进行详细介绍。

8.4.1 PPT 输出的方式

PPT默认的保存格式为“*.pptx”，用户也可以根据需要将其输出为图片、PDF文档、视频和放映文件。

1. 输出为图片

常用的图片类型为jpeg格式和png格式。如果用户想要将PPT输出为图片，须单击“文件”按钮，选择“另存为”选项，单击“浏览”按钮，如图8-43所示。在弹出的“另存为”对话框中单击“保存类型”下拉按钮，在列表中选择图片类型，然后单击“保存”按钮，如图8-44所示。

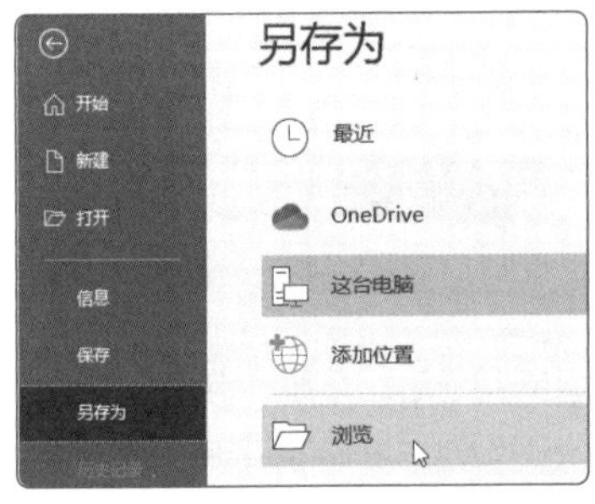

图8-43

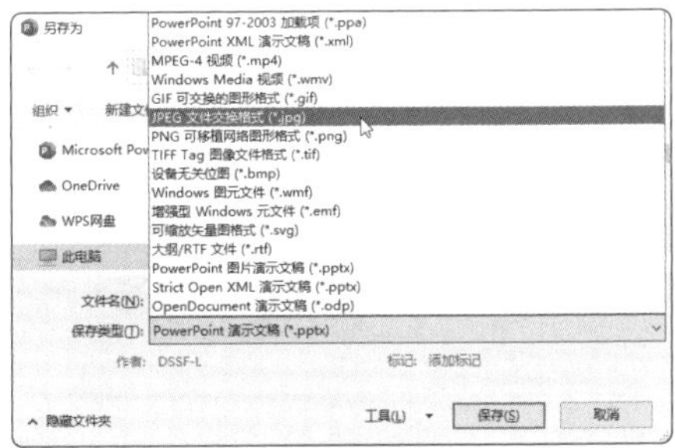

图8-44

在保存的过程中，系统会弹出提示对话框，询问导出哪些幻灯片，用户根据需要进行选择即可，如图8-45所示。PPT中的每张幻灯片都将以独立文件的方式被保存到文件夹中，用户可借助图片查看器查看，如图8-46所示。

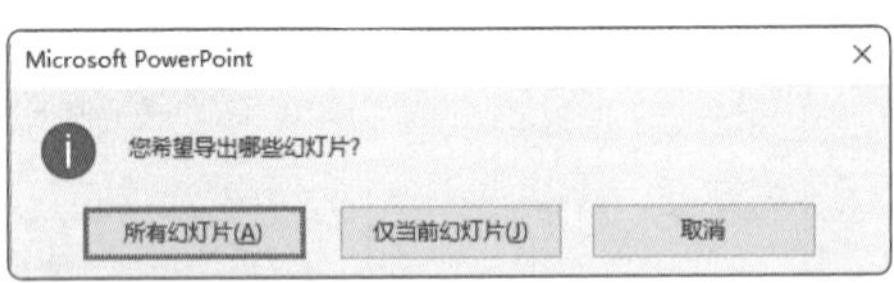

图8-45

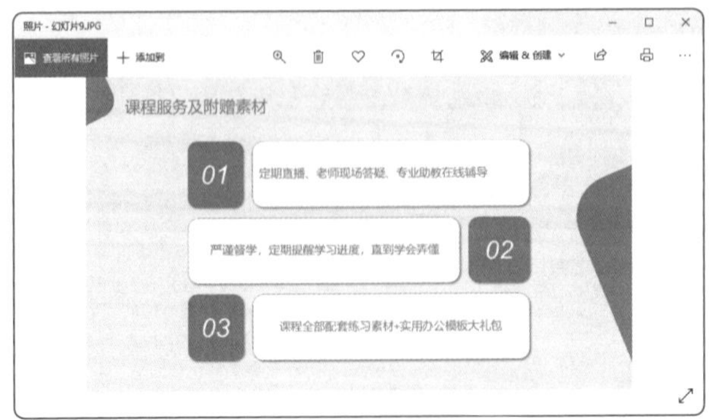

图8-46

2. 输出为PDF文档

将PPT输出为PDF文档，可以有效避免PPT在传输的过程中版式出现偏差。单击“文件”按钮，选择“导出”选项❶，然后选择“创建PDF/XPS文档”选项❷，并单击“创建PDF/XPS”按钮❸，如图8-47所示。在弹出的“发布为PDF或XPS”对话框中设置好文件名及保存位置，单击“发布”按钮，如图8-48所示。

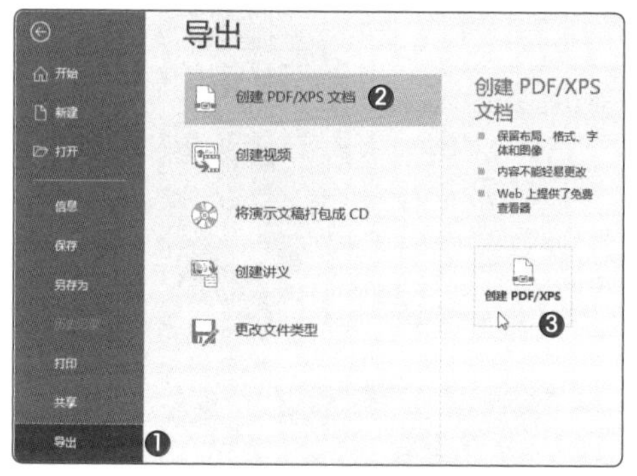

图8-47

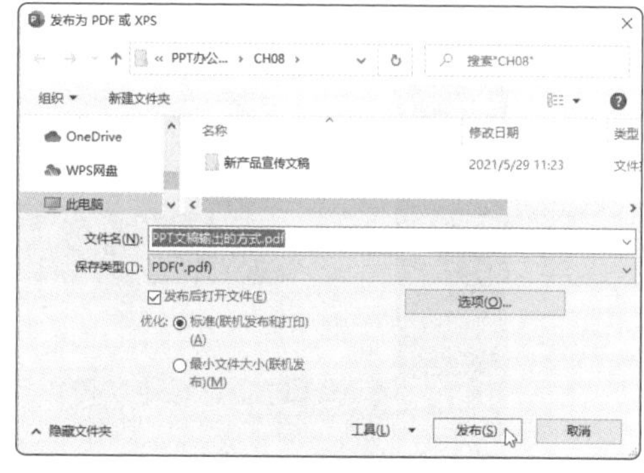

图8-48

稍等片刻，系统会自动打开PDF格式的PPT，如图8-49所示。

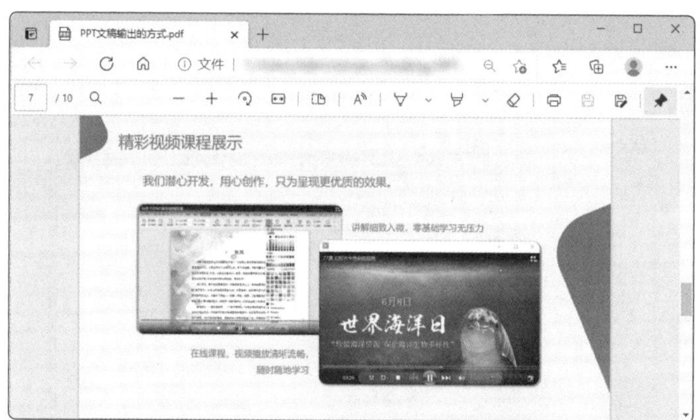

图8-49

3. 输出为视频

将PPT输出为视频，可方便用户在没有安装PPT软件的计算机上进行正常播放。单击“文件”按钮，选择“导出”选项❶，然后选择“创建视频”选项❷，设置“放映每张幻灯片的秒数”❸，单击“创建视频”按钮❹，如图8-50所示。在弹出的“另存为”对话框中设置保存位置和文件名，单击“保存”按钮，如图8-51所示。

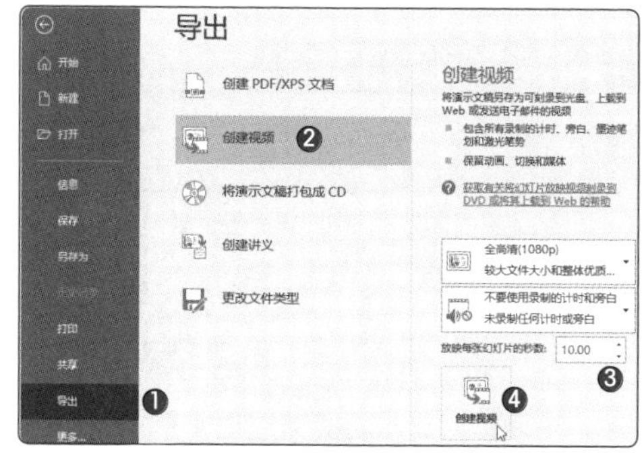

图8-50

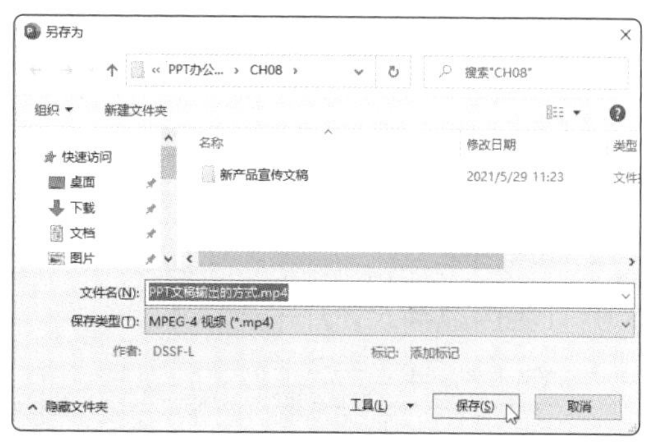

图8-51

用户找到保存的视频文件，使用播放器将其打开即可浏览其中的内容，如图8-52所示。

图8-52

4. 输出为放映文件

将PPT输出为放映文件，在打开PPT后可以自动放映。用户只需在“另存为”对话框中将“保存类型”设置为“PowerPoint放映（*.ppsx）”，如图8-53所示。打开PPT后，系统会直接以放映模式进行播放。

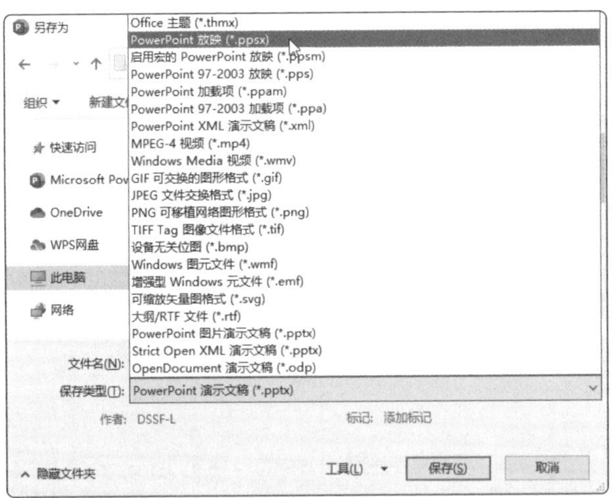

图8-53

基础入门篇

8.4.2 PPT 的归档

当PPT中使用了大量的素材时，为了防止传输的过程中丢失素材，用户可以将PPT打包。

[实操8-8] 打包PPT
[实例资源] 第8章\例8-8

微课视频

用户可将PPT中的相关素材打包在一个文件夹内以便随时放映，下面介绍具体的操作方法。

STEP 1 打开“新产品宣传 .pptx”素材文件，单击“文件”按钮，选择“导出”选项❶，在“导出”界面选择“将演示文稿打包成CD”选项❷，并单击“打包成 CD”按钮❸，如图 8-54 所示。

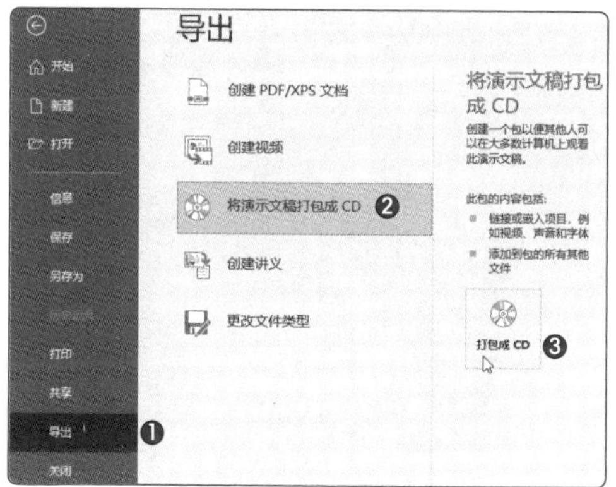

图8-54

STEP 2 在弹出的“打包成 CD”对话框中单击“复制到文件夹”按钮，如图 8-55 所示。

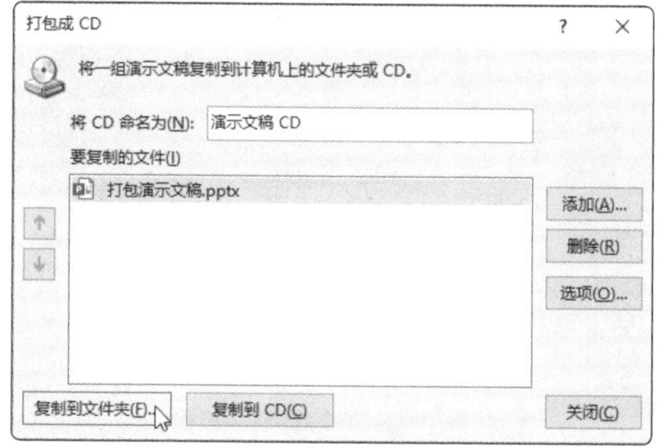

图8-55

STEP 3 在弹出的“复制到文件夹”对话框中设置“文件夹名称”，单击“浏览”按钮，如图 8-56 所示。在弹出的“选择位置”对话框中选择保存位置后，单击“选择”按钮，如图 8-57 所示。

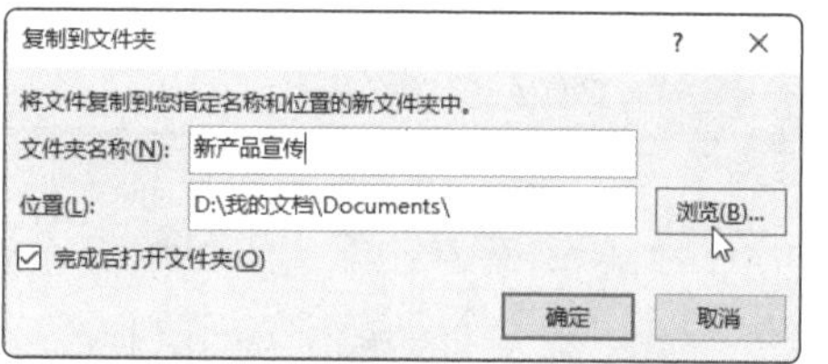

图8-56

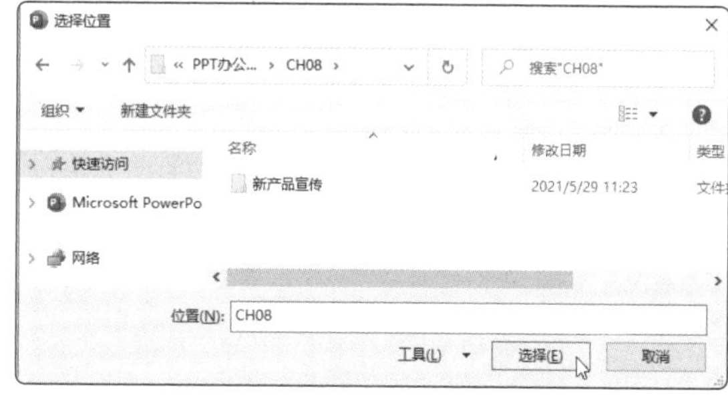

图8-57

STEP 4 返回到“复制到文件夹”对话框，单击“确定”按钮，在弹出的提示对话框中单击“是”按钮，如图 8-58 所示。

图8-58

STEP 5 稍等片刻，系统会打开一个文件夹，在其中可以看到当前 PPT 中包含的所有素材文件，如图 8-59 所示。

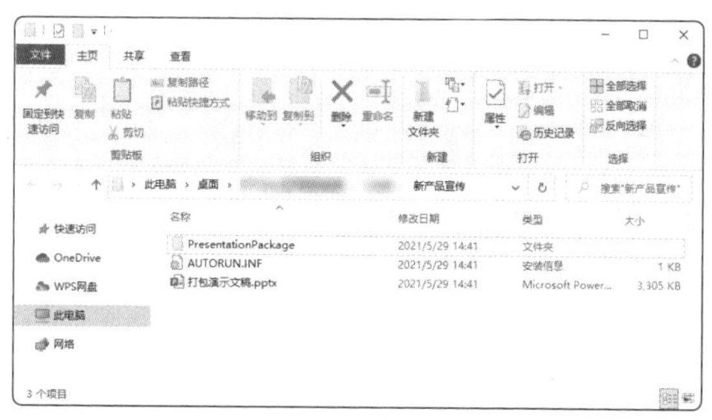

图8-59

为新产品宣传 PPT 添加动作按钮

微课视频

前面介绍了链接的添加方法，接下来介绍如何为新产品宣传PPT添加动作按钮。

（1）绘制动作按钮，并进行设置，步骤如图8-60～图8-62所示。

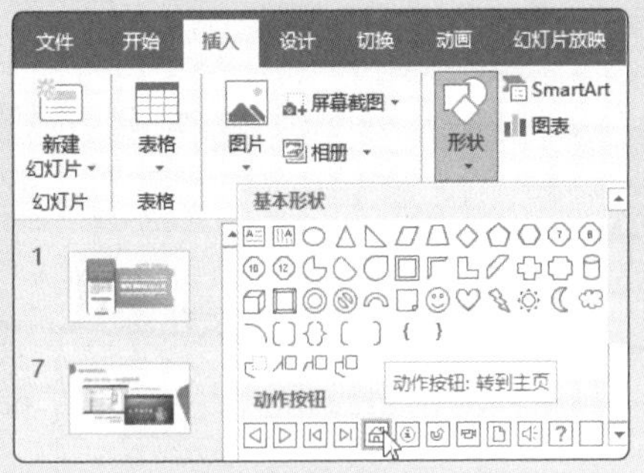

选择动作按钮的形状

图8-60

绘制动作按钮

图8-61

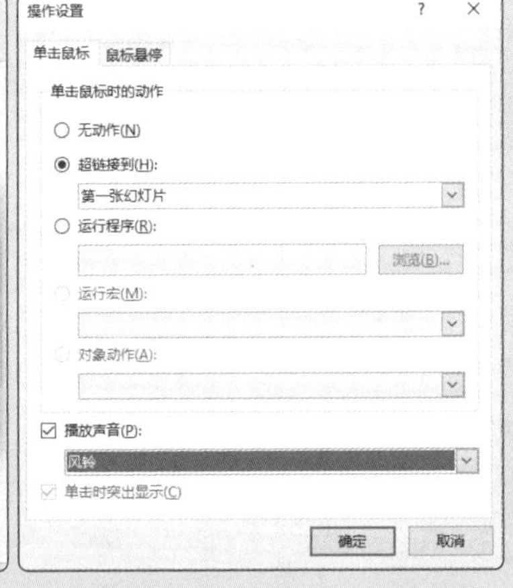

设置动作按钮

图8-62

（2）在“格式”选项卡中美化动作按钮，步骤如图8-63和图8-64所示。

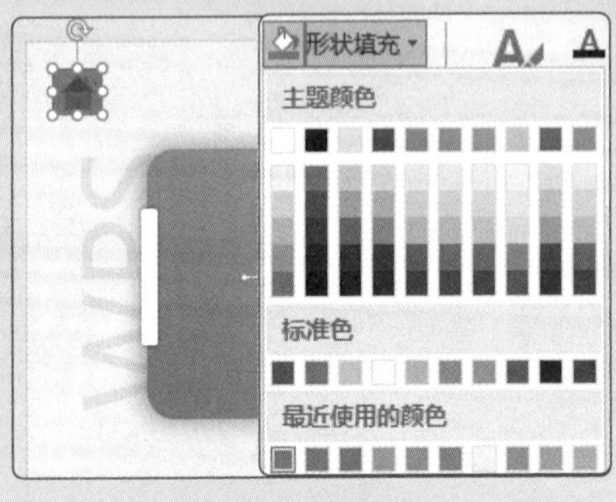

设置形状填充

图8-63

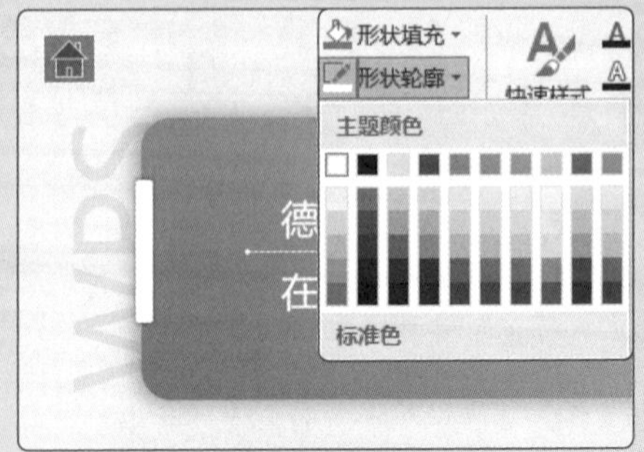

设置形状轮廓

图8-64

（3）放映幻灯片，查看动作按钮的效果，步骤如图8-65和图8-66所示。

放映幻灯片，单击动作按钮

图8-65

返回到第1张幻灯片

图8-66

应用秘技

如果用户想要对动作按钮进行编辑，则可以选择动作按钮，单击鼠标右键，在弹出的快捷菜单中选择“编辑链接”选项，在弹出的“操作设置”对话框中进行设置，如图8-67所示。

图8-67

疑难解答

Q1：放映幻灯片时，如何让鼠标指针一直显示？

A：放映幻灯片时，在幻灯片页面单击鼠标右键，在弹出的快捷菜单中选择“指针选项”选项，并在其子菜单中选择“箭头选项”选项，然后选择“可见”选项即可，如图8-68所示。

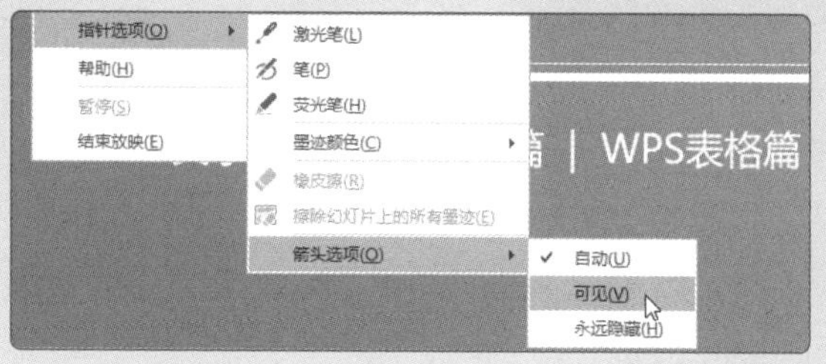

图8-68

Q2：如何隐藏或显示幻灯片？

A：选择需要隐藏的幻灯片，单击鼠标右键，在弹出的快捷菜单中选择“隐藏幻灯片”选项，即可隐藏所选幻灯片，如图8-69所示；如果用户需要将隐藏的幻灯片显示出来，则在“幻灯片放映”选项卡中单击“隐藏幻灯片”按钮即可，如图8-70所示。

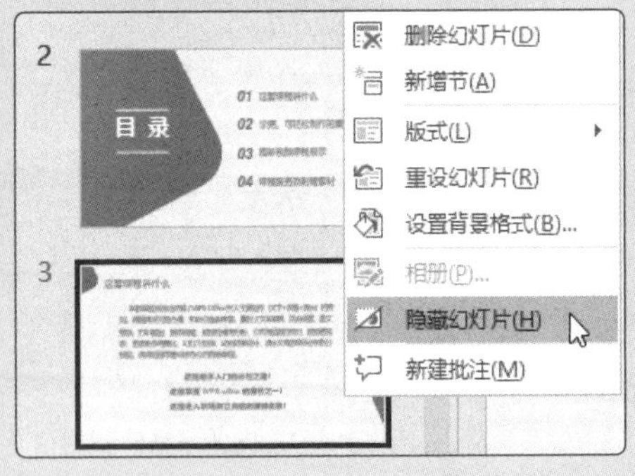

图8-69

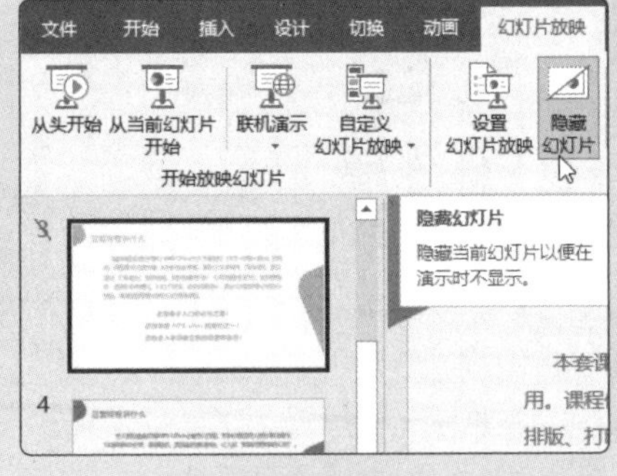

图8-70

Q3：如何删除超链接？

A：选择添加超链接的对象，单击鼠标右键，在弹出的快捷菜单中选择“删除链接”命令即可，如图8-71所示。

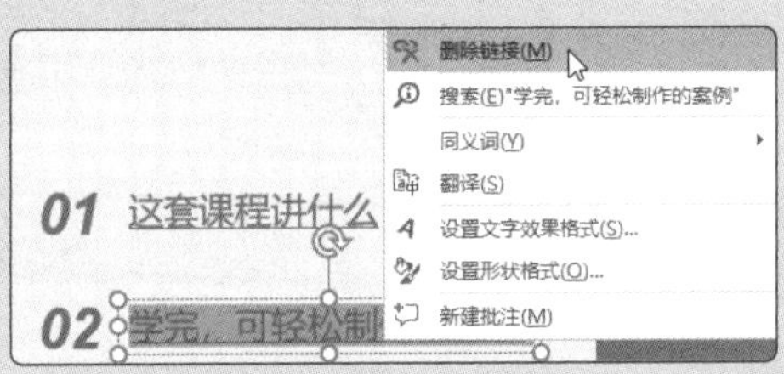

图8-71

第 9 章

制作新产品宣传 PPT

公司出了新产品，为了提高新产品的知名度和曝光度，需要对其进行推广宣传。在推广新产品时，通常会选择使用 PPT 进行辅助宣传，以达到更好的效果。本章将对新产品宣传 PPT 的制作过程进行详细介绍。

9.1 制作宣传 PPT 页面版式

用户可以通过设计幻灯片母版来快速统一PPT的风格。下面介绍如何创建内容页版式、标题页版式、目录页版式和结尾页版式。

9.1.1 创建内容页版式

微课视频

用户可以在Office主题母版中设计内容页版式，下面介绍具体的操作方法。

STEP 1 新建一个空白 PPT，并命名为“新产品宣传文稿”，打开空白 PPT，在“视图”选项卡中单击“幻灯片母版”按钮，如图 9-1 所示。

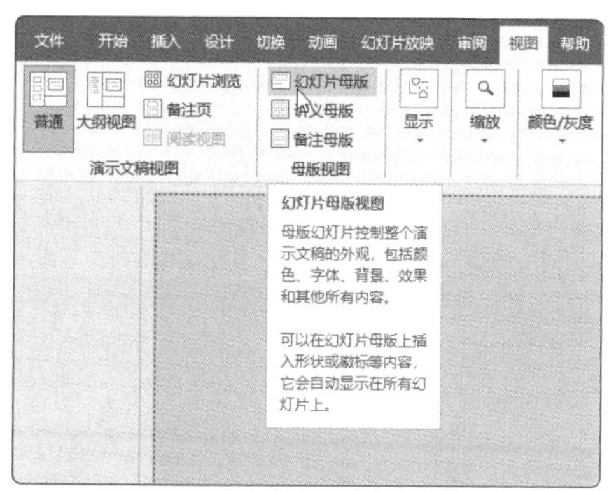

图9-1

STEP 2 进入幻灯片母版视图，在预览窗格中选择“Office 主题”母版，删除母版中的所有占位符，如图 9-2 所示。

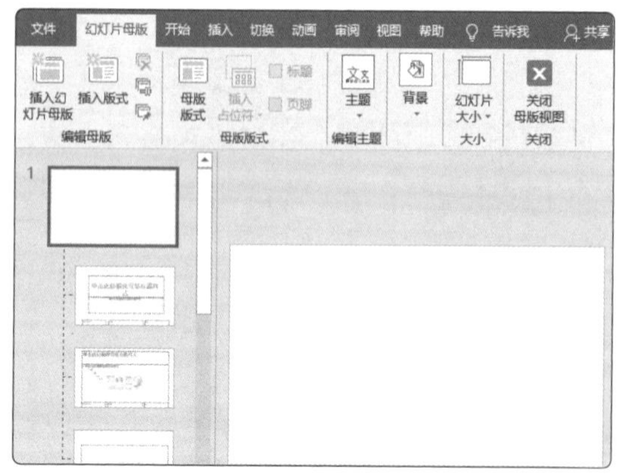

图9-2

STEP 3 在“幻灯片母版”选项卡中单击“背景样式”下拉按钮❶，在列表中选择“设置背景格式”选项❷，打开“设置背景格式”窗格，在“填充”选项中单击“纯色填充”单选按钮❸，并设置合适的填充颜色❹，如图 9-3 所示。

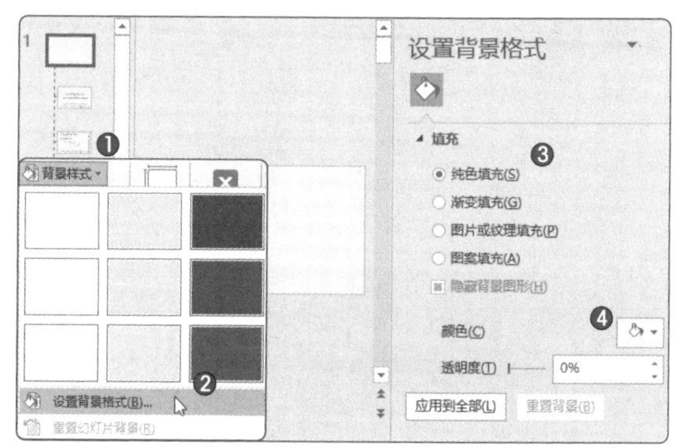

图9-3

STEP 4 在“插入”选项卡中单击“形状”下拉按钮，在列表中选择“矩形：圆角”选项，在幻灯片中绘制一个圆角矩形，如图 9-4 所示。

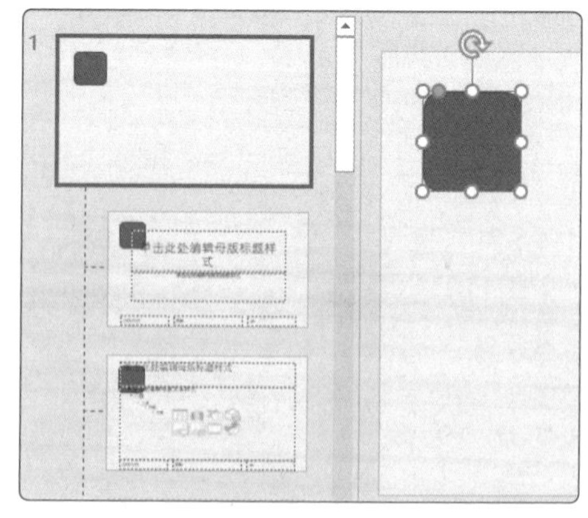

图9-4

STEP 5 将鼠标指针移至圆角矩形上方的圆点上，拖曳圆点更改矩形的圆角，然后将圆角矩形旋转到合适的角度，移至幻灯片的左上角，如图 9-5 所示。

图9-5

STEP 6 选择圆角矩形，单击鼠标右键，在弹出的快捷菜单中选择“设置形状格式”选项，如图 9-6 所示。

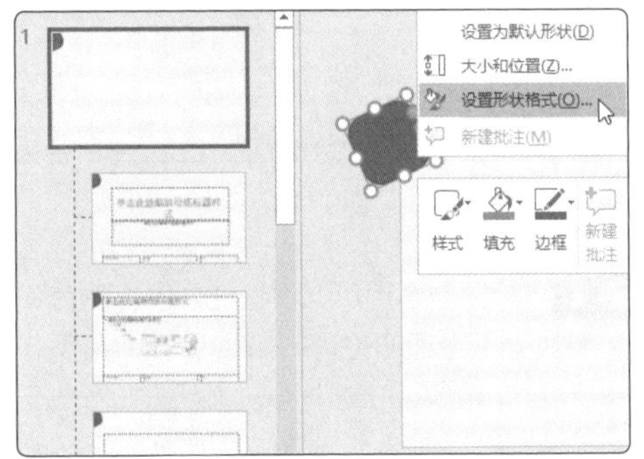

图9-6

STEP 7 在“设置形状格式”窗格的“填充”选项中单击“渐变填充”单选按钮❶，在“渐变光圈”区域设置停止点和渐变颜色❷，在“线条”选项中单击“无线条”单选按钮❸，如图 9-7 所示。

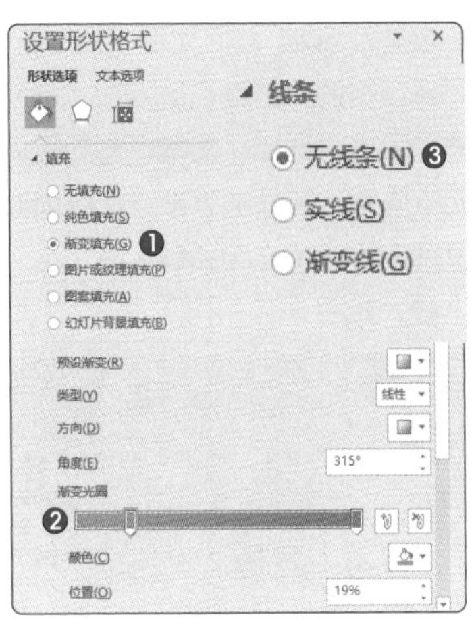

图9-7

STEP 8 按照上述方法，再绘制一个圆角矩形并设置渐变填充，将其移至幻灯片右侧，如图 9-8 所示。

至此，内容页版式创建完成。

图9-8

9.1.2 创建标题页版式

微课视频

用户可以在标题幻灯片版式中设计标题页版式，下面介绍具体的操作方法。

STEP 1 在幻灯片母版视图中选择“标题幻灯片”版式❶，在“幻灯片母版”选项卡中勾选“隐藏背景图形”复选框❷，删除标题幻灯片中的所有占位符，如图 9-9 所示。

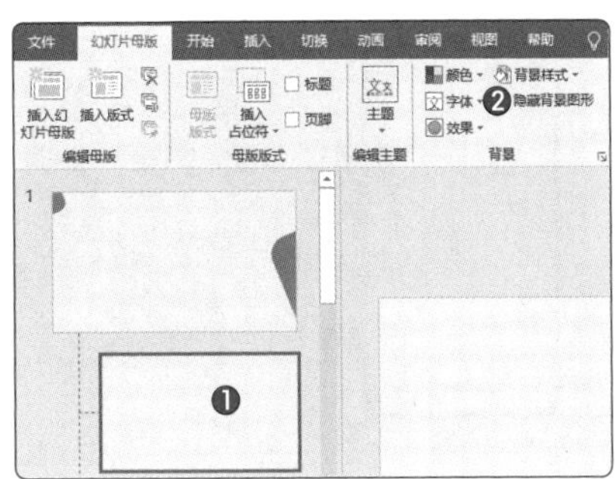

图9-9

STEP 2 在“插入”选项卡中单击“文本框”下拉按钮，在列表中选择“绘制横排文本框”选项，在幻灯片中绘制一个文本框，输入内容并设置字体格式，如图 9-10 所示。

图9-10

STEP 3 选择文本框，在“格式”选项卡中单击“艺术字样式”选项组的对话框启动器按钮❶，打开“设置形状格式”窗格，选择“文本填充与轮廓”选项卡❷，在“文本填充”选项中单击“纯色填充”单选按钮❸，并设置合适的填充颜色❹，将“透明度”设置为“80%”❺，如图 9-11 所示。

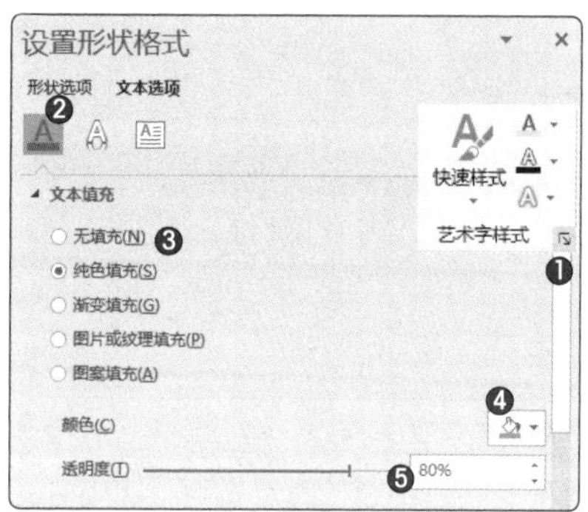

图9-11

STEP 4 选择文本框，在“格式”选项卡中单击“旋转”下拉按钮❶，从列表中选择“向左旋转 90°”选项❷，然后将文本框移至幻灯片左侧，如图 9-12 所示。

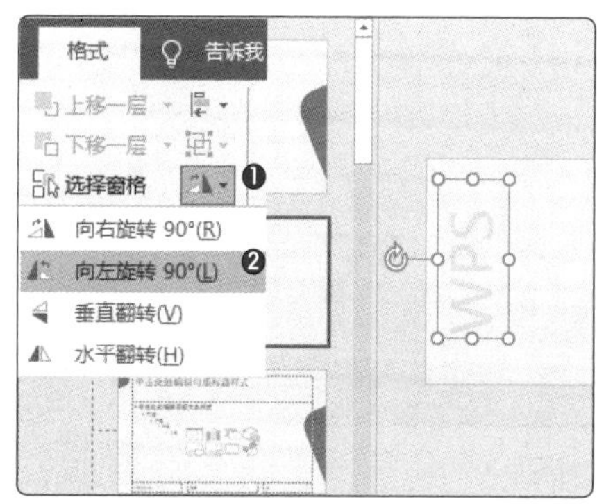

图9-12

STEP 5 按照上述方法，再绘制一个文本框并输入内容，将其移至幻灯片上方，如图 9-13 所示。

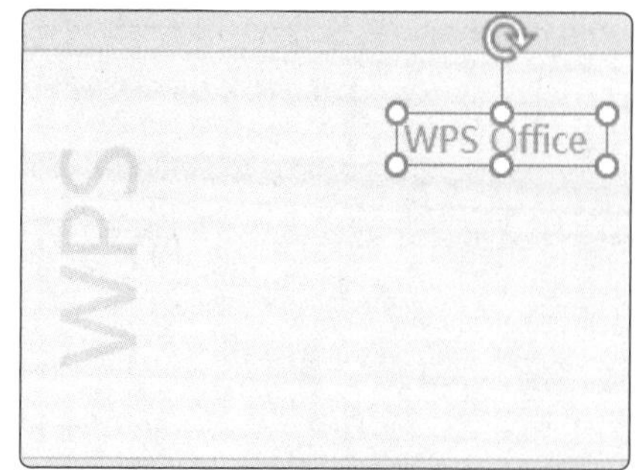

图9-13

STEP 6 绘制一个圆角矩形，打开“设置形状格式”窗格，在“填充与线条”选项卡中设置渐变填充颜色，在“效果”选项卡中设置“阴影”效果，如图 9-14 所示。

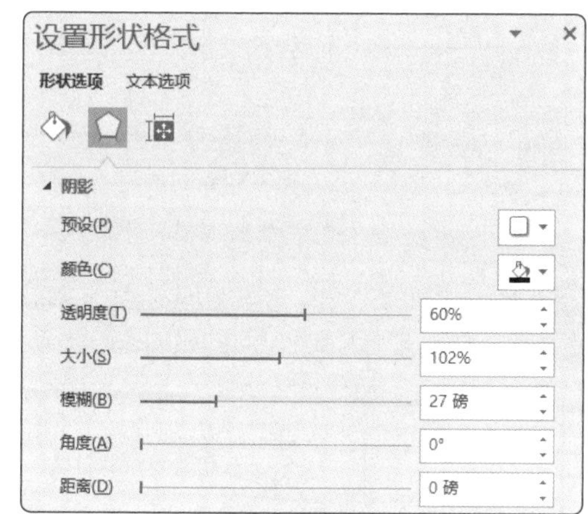

图9-14

STEP 7 绘制一个矩形，设置纯色填充颜色和阴影效果，将其移至合适的位置，如图 9-15 所示。

图9-15

STEP 8 插入一张手机样机图片，将其移至合适的位置，如图 9-16 所示。

至此，标题页版式创建完成。

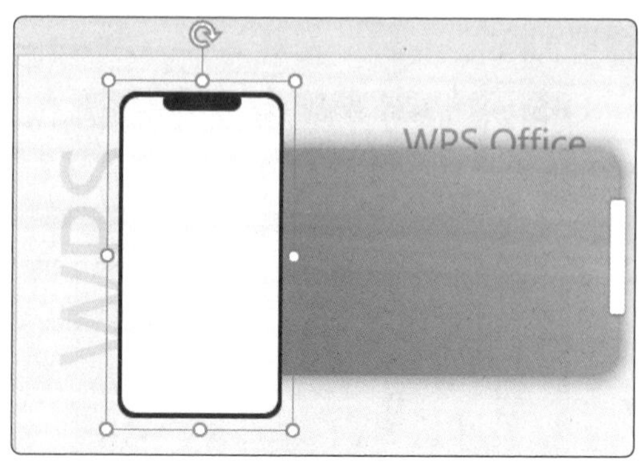

图9-16

实战案例篇

9.1.3 创建目录页版式

用户可以在标题页版式和内容页版式中设计目录页版式，下面介绍具体的操作方法。

STEP 1 在幻灯片母版视图中选择“标题和内容”版式，勾选“隐藏背景图形”复选框，删除幻灯片中的所有占位符，如图 9-17 所示。

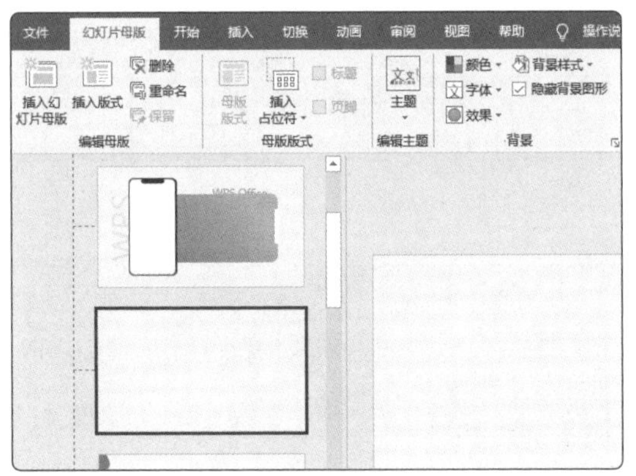

图9-17

STEP 2 绘制一个圆角矩形，并设置渐变填充颜色，将其旋转至合适的角度后，移至幻灯片左侧，如图 9-18 所示。

STEP 3 选择圆角矩形，复制后调整其大小和角度，然后将其移至幻灯片右侧，如图 9-19 所示。

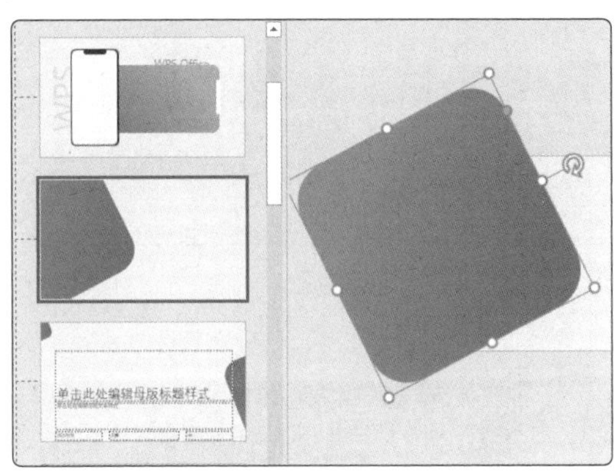

图9-18

至此，目录页版式创建完成。

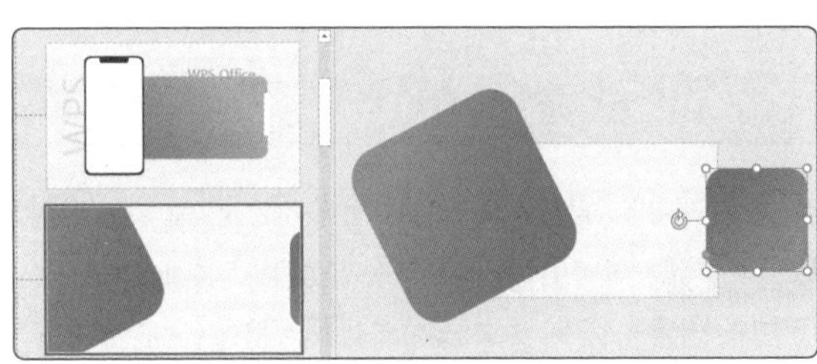

图9-19

9.1.4 创建结尾页版式

用户可以在节标题版式中设计结尾页版式，下面介绍具体的操作方法。

STEP 1 在幻灯片母版视图中选择“节标题”版式，勾选“隐藏背景图形”复选框，删除幻灯片中的所有占位符，将“标题幻灯片”版式中的文本复制到该幻灯片中，如图 9-20 所示。

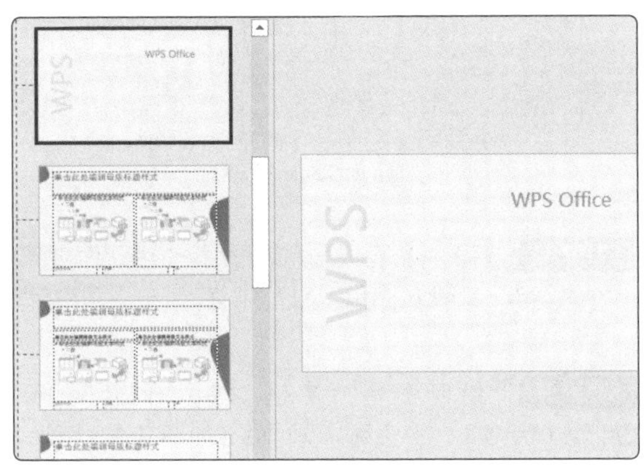

图9-20

STEP 2 绘制一个圆角矩形，为其设置渐变填充颜色和阴影效果，然后将其移至合适的位置，如图 9-21 所示。

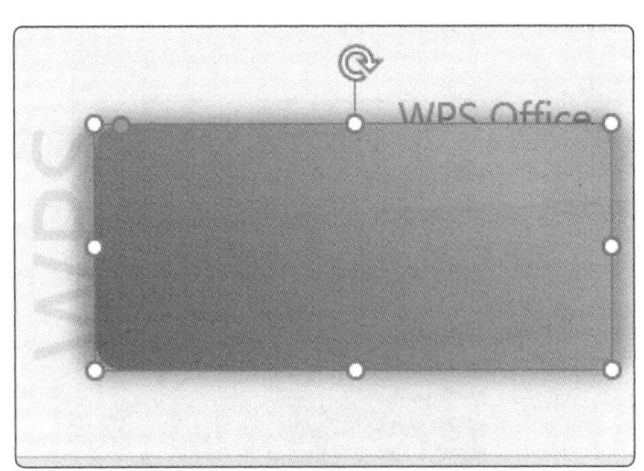

图9-21

STEP 3 绘制一个矩形，设置纯色填充颜色和阴影效果，复制一次，并将这两个矩形分别移至合适的位置，如图 9-22 所示。

至此，结尾页版式创建完成。

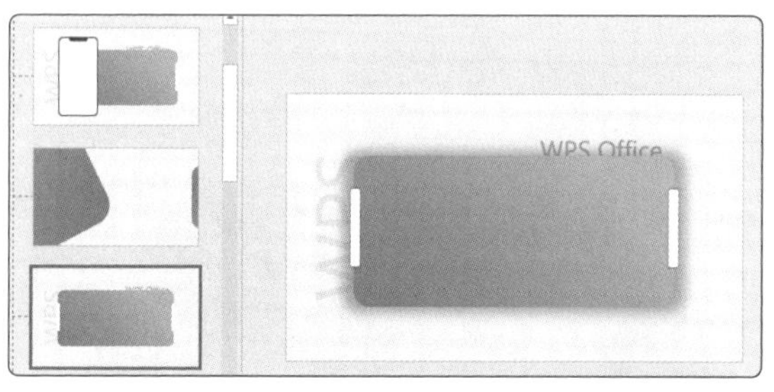

图9-22

应用秘技

在“幻灯片母版”选项卡中单击“关闭母版视图”按钮，即可退出母版视图，如图9-23所示。

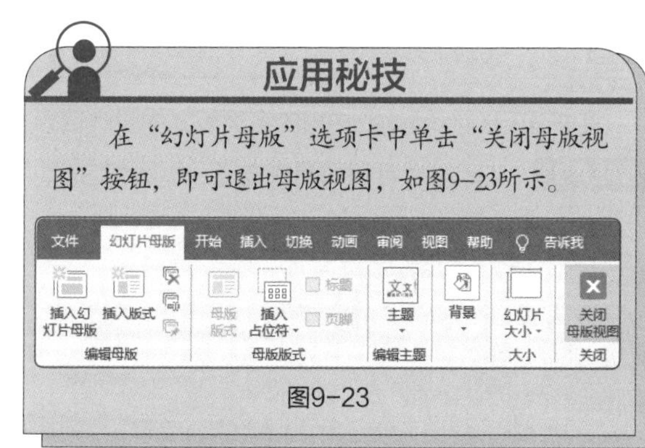

图9-23

9.2 制作宣传 PPT 内容

创建好母版幻灯片的版式后，可以直接套用来制作封面幻灯片、内容幻灯片和结尾幻灯片，下面进行详细介绍。

9.2.1 制作封面幻灯片

微课视频

制作封面幻灯片时需要使用图片、图形、文本框等元素，下面介绍具体的操作方法。

STEP 1 在“开始”选项卡中单击“新建幻灯片”下拉按钮❶，在列表中选择“标题幻灯片”选项❷，如图 9-24 所示。

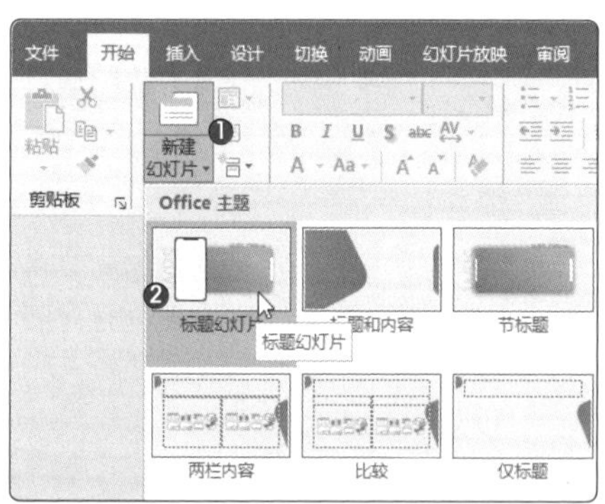

图9-24

STEP 2 在新建的第 1 张幻灯片中插入一张图片，将其移至手机样机图片上方，如图 9-25 所示。

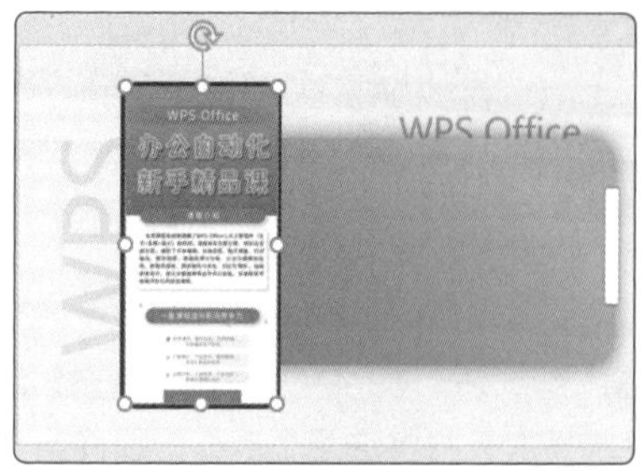

图9-25

STEP 3 选择图片，在“格式”选项卡中单击“裁剪”下拉按钮❶，在列表中选择“裁剪为形状”选项❷，并在其子列表中选择“矩形：圆角”选项❸，如图 9-26 所示。

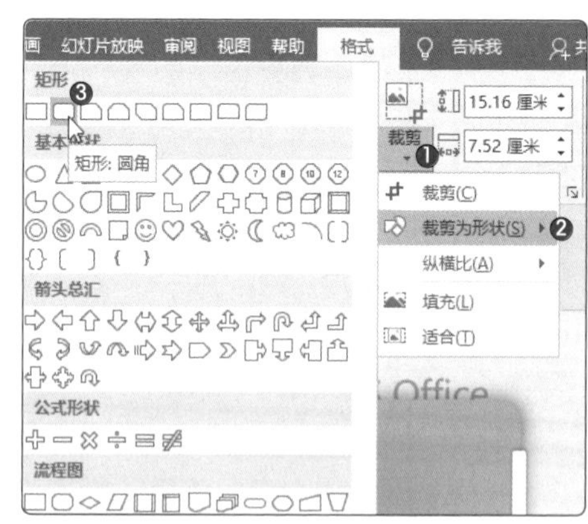

图9-26

STEP 4 将图片裁剪成圆角矩形后，拖曳圆角矩形上方的圆点，调整其圆角，如图 9-27 所示。调整后，按 Esc 键确认。

STEP 5 绘制一个文本框，输入标题“WPS Office 精品课”，并设置字体格式，如图 9-28 所示。

实战案例篇

图9-27

图9-28

STEP 6 在“插入”选项卡中单击“形状”下拉按钮，在列表中选择“直线”选项，绘制一条直线，在“格式”选项卡中设置直线的颜色❶和粗细❷，如图 9-29 所示。

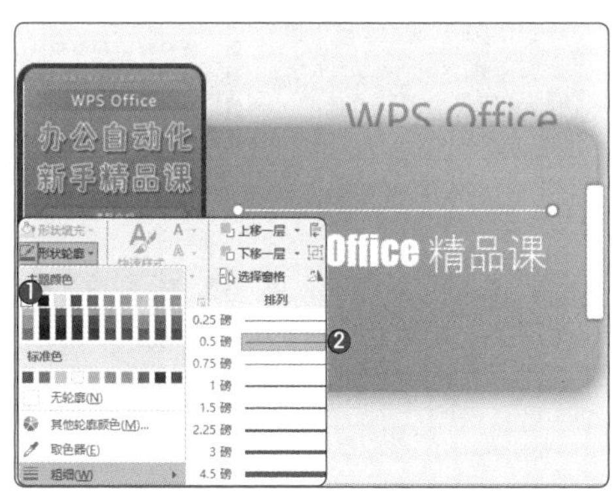

图9-29

STEP 7 复制一条直线，并将其移至合适的位置，如图 9-30 所示。

STEP 8 复制两条直线，更改直线的粗细，并分别移至合适的位置，如图 9-31 所示。

STEP 9 在标题文本的上方和下方输入文字，将光标移至文本“考试通关”后面，在“插入”选项卡中单击“符号”按钮，如图 9-32 所示。

图9-30

图9-31

图9-32

STEP 10 在弹出的“符号”对话框中将“字体”设置为“普通文本”❶，将“子集”设置为“半角字母”❷，在列表框中选择“竖线”选项❸，单击“插入”按钮，即可在“考试通关”文本后面插入一条竖线，如图9-33 所示。

图9-33

STEP 11 按照步骤 9 和步骤 10 所述方法，在其他文本后面插入竖线，如图 9-34 所示。

图9-34

STEP 12 插入 3 张图片，并将其移至合适的位置，如图 9-35 所示。

至此，封面幻灯片制作完成。

图9-35

9.2.2 制作内容幻灯片

内容幻灯片主要用于对新产品进行介绍和展示，下面介绍制作内容幻灯片的操作方法。

STEP 1 在“开始”选项卡中单击“新建幻灯片”下拉按钮❶，在列表中选择“标题和内容”选项❷，新建第 2 张幻灯片，如图 9-36 所示。

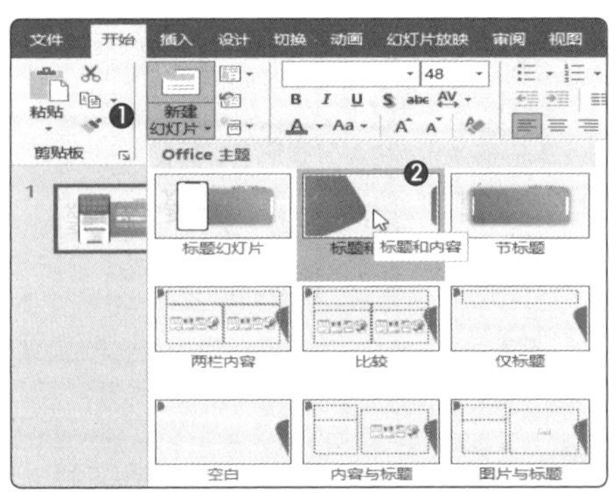

图9-36

STEP 2 绘制一个文本框，输入文本“目录”，并设置字体格式，然后将其移至合适的位置，如图 9-37 所示。

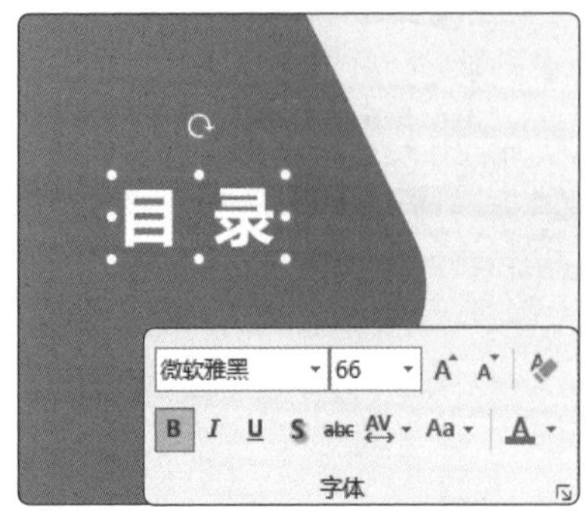

图9-37

STEP 3 绘制两条直线，并设置直线的轮廓颜色，然后分别将其移至“目录”文本的上、下方，如图 9-38 所示。

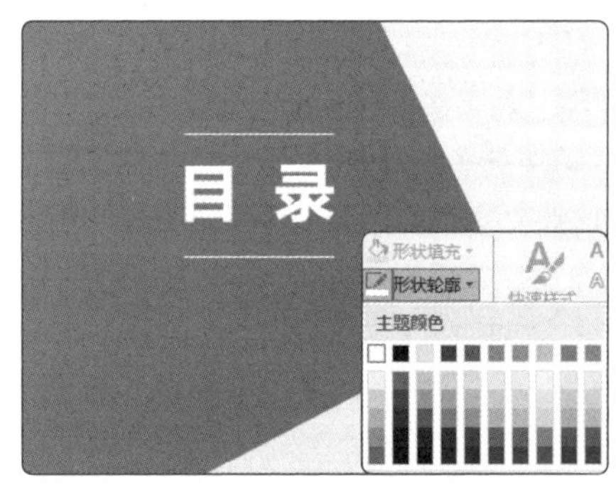

图9-38

STEP 4 在幻灯片中输入序号❶和标题文本❷，并设置字体格式，如图 9-39 所示。

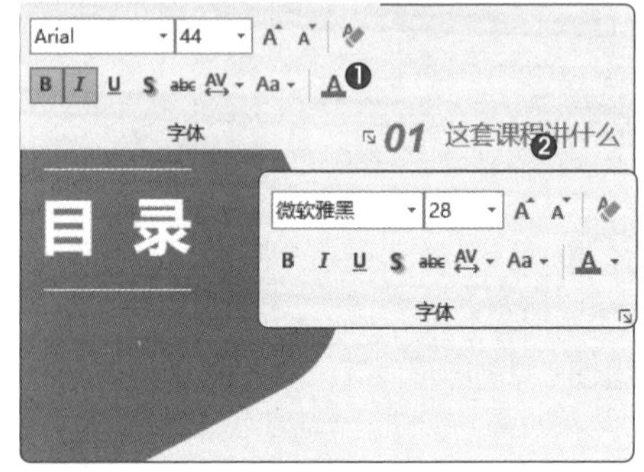

图9-39

实战案例篇

STEP 5 复制序号和标题文本，然后更改序号和标题内容，如图 9-40 所示。

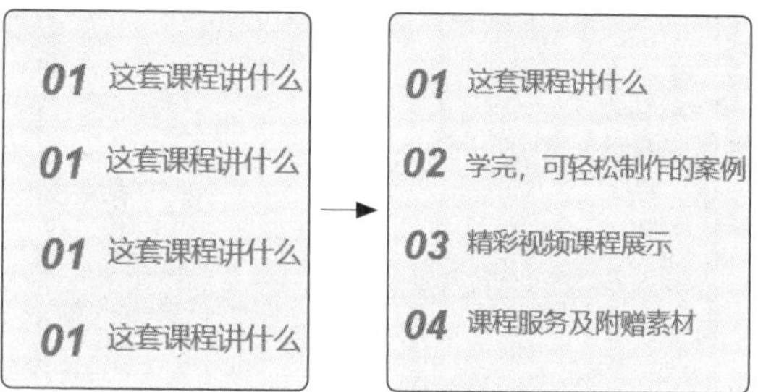

图9-40

STEP 6 在“开始”选项卡中单击“新建幻灯片”下拉按钮❶，在列表中选择“空白”选项❷，新建第 3 张幻灯片，如图 9-41 所示。

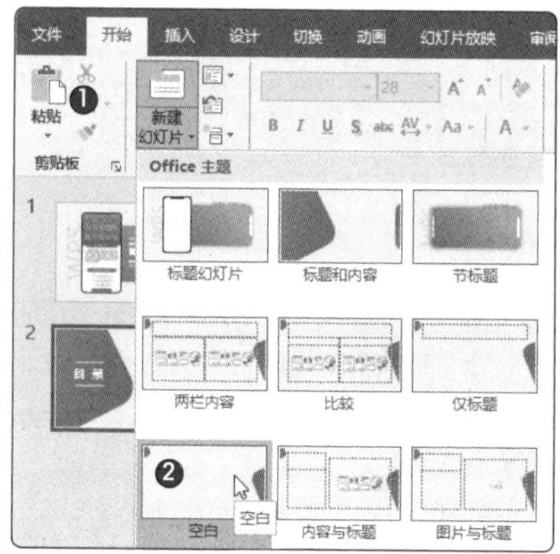

图9-41

STEP 7 在幻灯片中输入标题和正文内容，如图 9-42 所示。

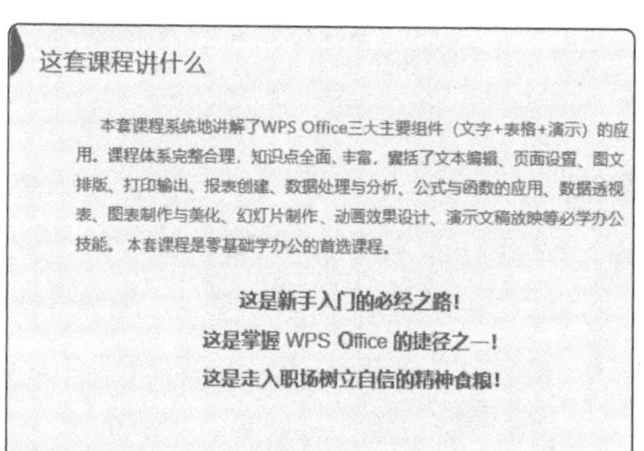

图9-42

STEP 8 按 Ctrl+D 组合键，复制一张幻灯片，然后更改正文内容，如图 9-43 所示。

STEP 9 绘制一个圆角矩形，设置渐变填充颜色，在其上方绘制一个文本框，并输入内容，然后将圆角矩形和文本框组合在一起，如图 9-44 所示。

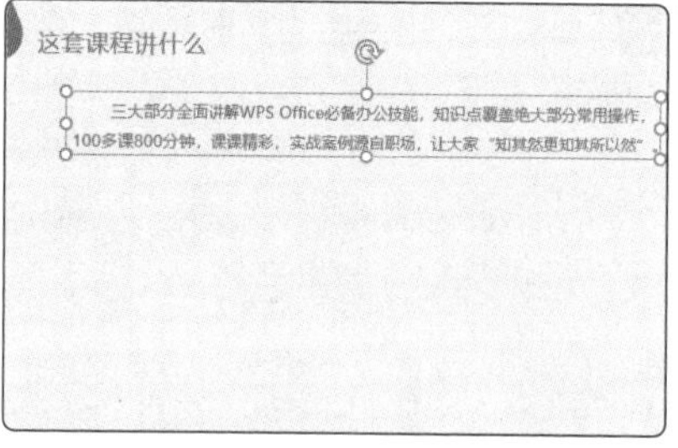

图9-43

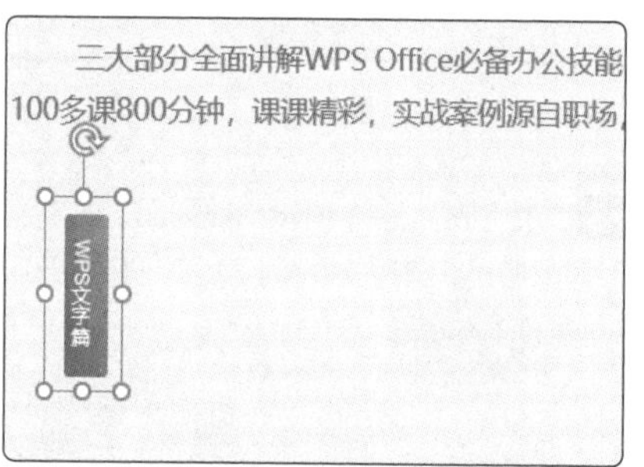

图9-44

STEP 10 绘制一个圆角矩形，为其设置纯色填充颜色和阴影效果，然后在其上方绘制一个文本框并输入文本内容，如图 9-45 所示。

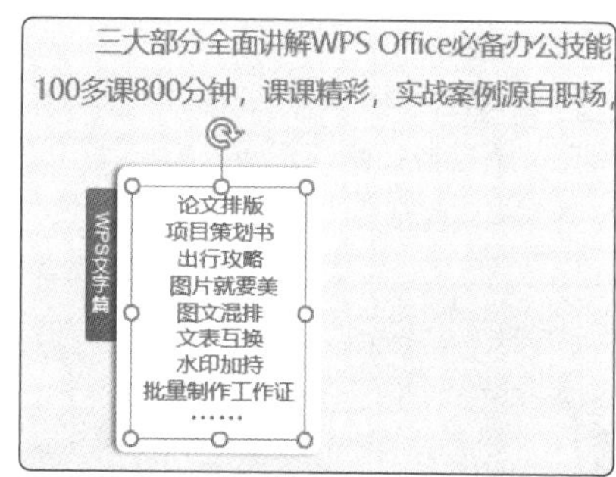

图9-45

STEP 11 选择步骤 10 中的圆角矩形、文本框及步骤 9 中的组合对象，单击鼠标右键，在弹出的快捷菜单中选择“组合”选项，并在其子菜单中选择“组合”选项，将对象组合在一起，如图 9-46 所示。

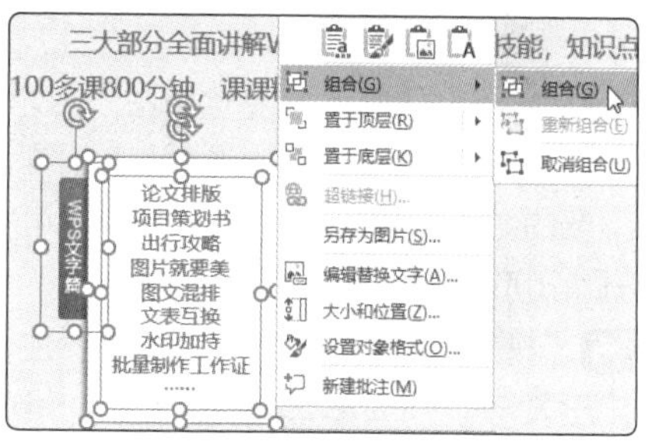

图9-46

STEP 12 复制两个组合后的图形对象，然后修改文本框中的内容，如图 9-47 所示。

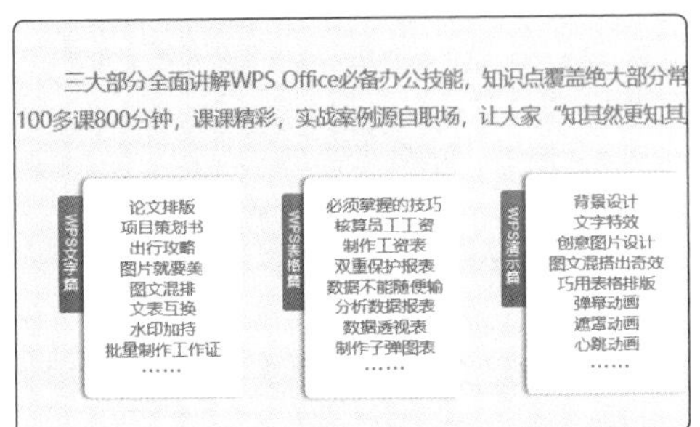

图9-47

STEP 13 复制幻灯片，修改标题和正文内容，删除组合图形对象中的文本，并调整其大小，如图9-48所示。

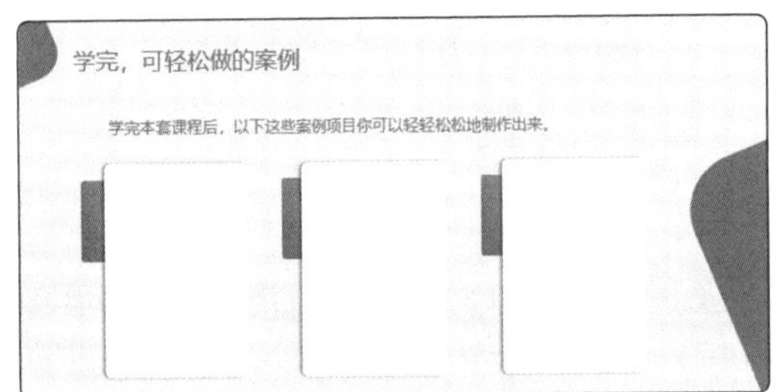

图9-48

STEP 14 选择圆角矩形，在"格式"选项卡中单击"形状填充"下拉按钮❶，在列表中选择"图片"选项❷，如图 9-49 所示。

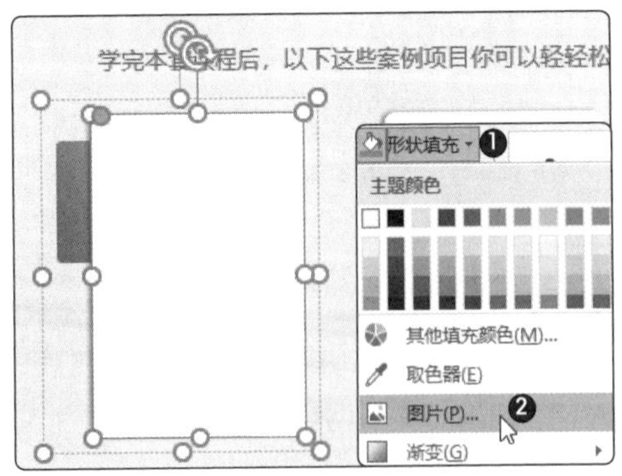

图9-49

STEP 15 在"插入图片"窗格中单击"从文件"右侧的"浏览"按钮，打开"插入图片"对话框，在其中选择需要的图片，单击"插入"按钮，即可将图片填充到圆角矩形中，如图 9-50 所示。

STEP 16 按照步骤 14 和步骤 15 所述方法，为其他圆角矩形填充图片，然后在文本框中输入相关内容，如图 9-51 所示。

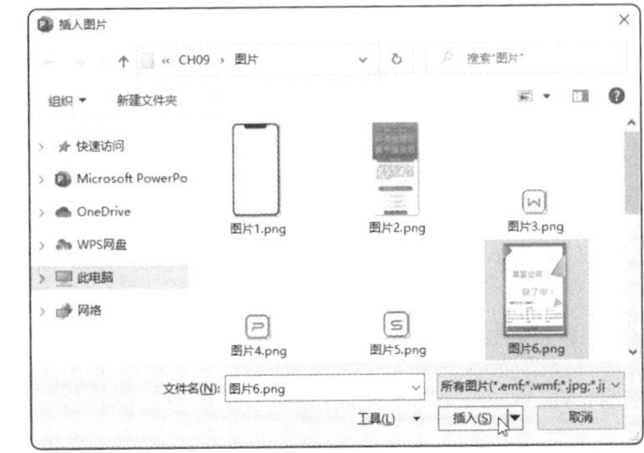

图9-50

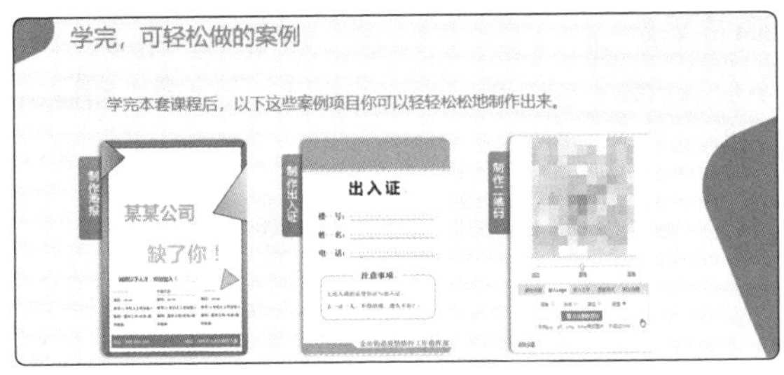

图9-51

STEP 17 复制幻灯片，删除幻灯片中不需要的元素后插入两张图片并调整位置，如图 9-52 所示。

图9-52

STEP 18 选择两张图片，在"格式"选项卡中单击"图片效果"下拉按钮，在列表中选择"阴影"选项，并在其子列表中选择合适的阴影效果，如图 9-53 所示。

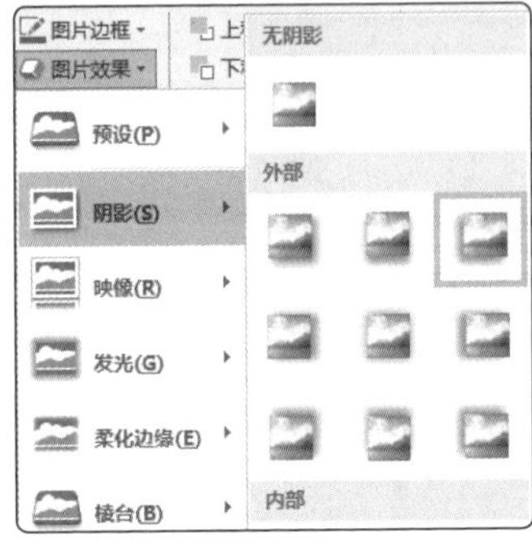

图9-53

实战案例篇

图9-53（续）

STEP 19 绘制两个圆角矩形，并置于图片底层，然后在圆角矩形中输入文本内容，如图 9-54 所示。

图9-54

STEP 20 复制幻灯片，修改标题和正文内容，更改图片并添加相关说明文本，删除圆角矩形，如图 9-55 所示。

图9-55

STEP 21 复制幻灯片，更改幻灯片中的两张图片及相关说明文本，如图 9-56 所示。

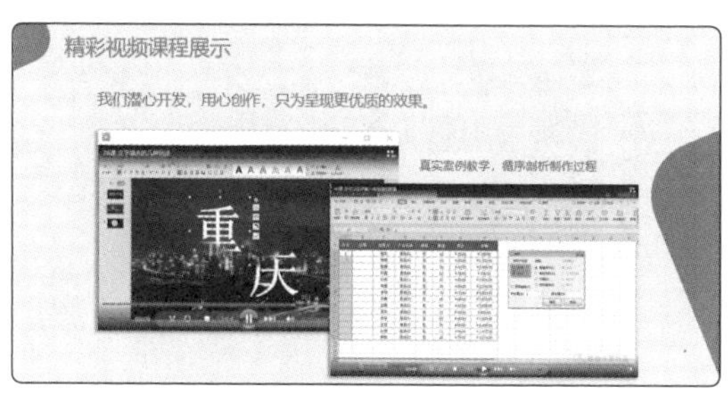

图9-56

STEP 22 复制幻灯片，删除幻灯片中的正文内容、图片和相关说明文本，修改标题内容，绘制多个圆角矩形，如图 9-57 所示。

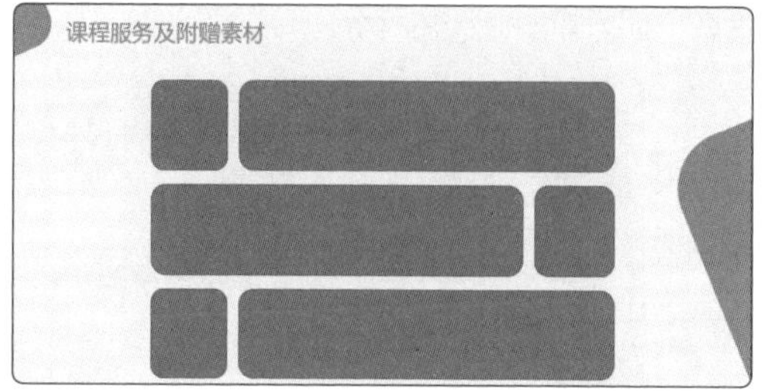

图9-57

STEP 23 选择圆角矩形，在“格式”选项卡中设置“形状填充”和“形状轮廓”，如图 9-58 所示。

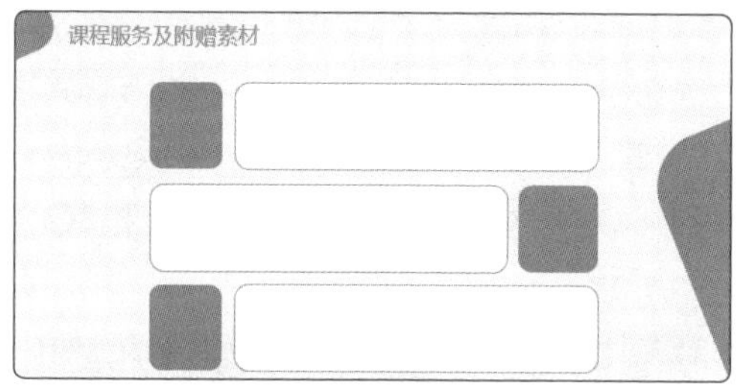

图9-58

STEP 24 选择圆角矩形，单击鼠标右键，在弹出的快捷菜单中选择“编辑文字”选项，如图 9-59 所示。

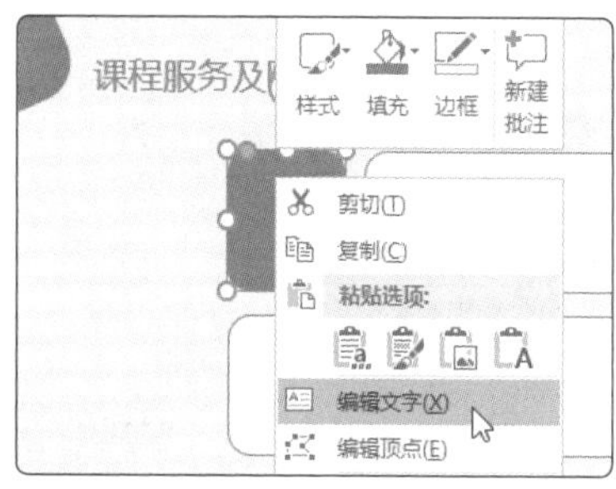

图9-59

STEP 25 在圆角矩形中输入文本，用同样的方法在其他圆角矩形中输入相关内容，如图 9-60 所示。

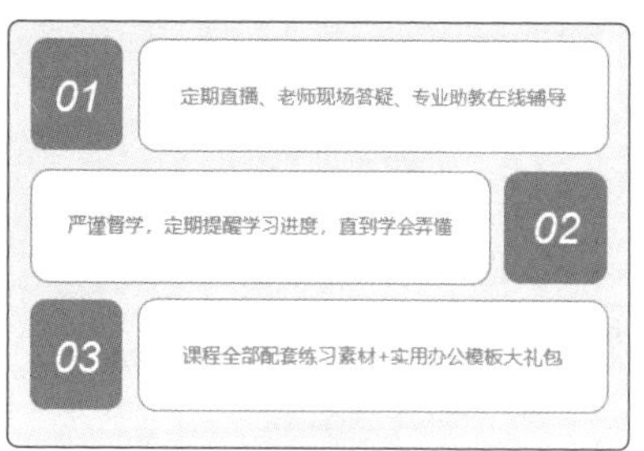

图9-60

STEP 26 选择所有的圆角矩形，单击鼠标右键，在弹出的快捷菜单中选择“组合”选项，并在其子菜单中选择“组合”选项，如图 9-61 所示。将圆角矩形组合在一起，如图 9-62 所示。

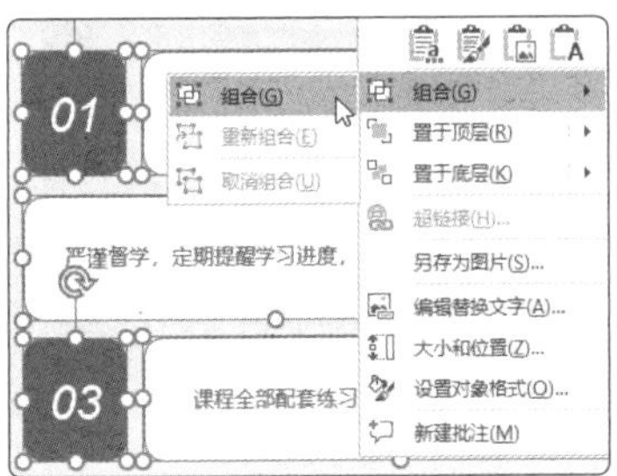

图9-61

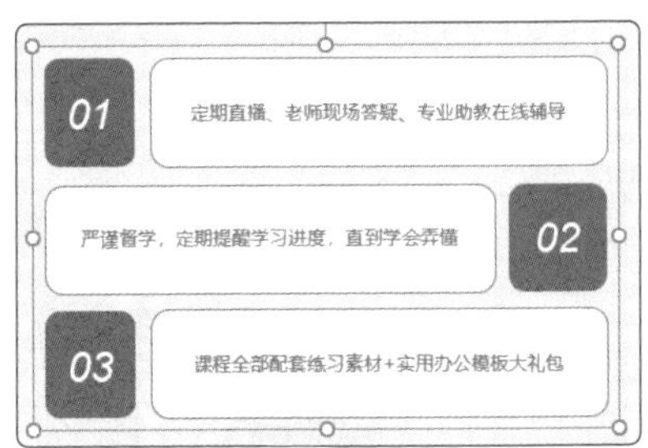

图9-62

9.2.3 制作结尾幻灯片

微课视频

结尾幻灯片的制作很简单，用户只需套用版式，然后输入内容即可，下面介绍具体的操作方法。

STEP 1 在“开始”选项卡中单击“新建幻灯片”下拉按钮❶，在列表中选择“节标题”选项❷，如图 9-63 所示。

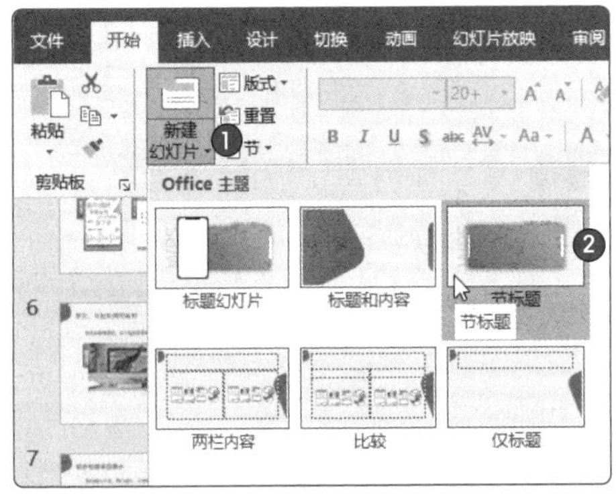

图9-63

STEP 2 新建最后一张幻灯片，在其中绘制一条直线，并设置直线的轮廓颜色，如图 9-64 所示。

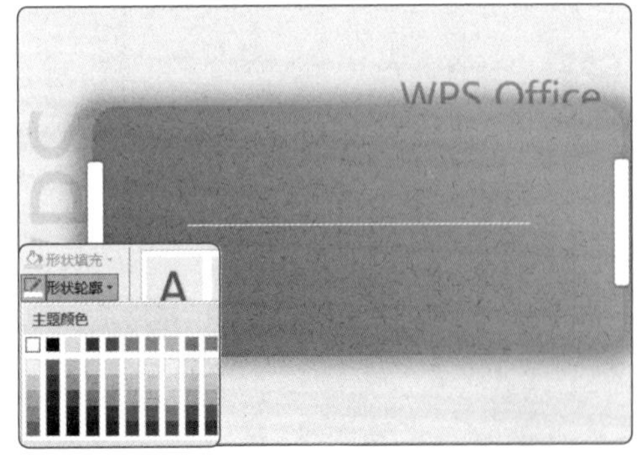

图9-64

STEP 3 选择直线，在“格式”选项卡中单击“形状轮廓”下拉按钮❶，在列表中选择“箭头”选项❷，并在其子列表中选择“箭头样式 11”选项❸，如图 9-65 所示。

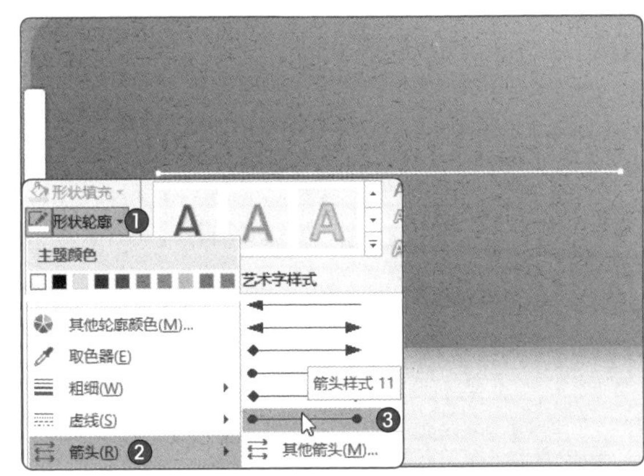

图9-65

STEP 4 在直线上方和下方输入文本内容，如图 9-66 所示。

图9-66

实战案例篇

实战案例篇

第 10 章

制作个人简历 PPT

个人简历是求职者向招聘单位展示的一份简要的自我介绍，主要包括求职者的基本信息、工作历程、作品展示等内容。用户以 PPT 的形式制作个人简历，可以呈现更好的效果。本章将对个人简历 PPT 的制作过程进行详细介绍。

10.1 制作简历封面

简历封面主要显示标题信息，下面介绍如何创建封面版式和设置标题内容。

10.1.1 创建封面版式

微课视频

封面版式决定了整个PPT的风格，所以其设计至关重要，下面介绍如何创建封面版式。

STEP 1 新建一个空白 PPT，并命名为“个人简历”，打开空白 PPT，单击“单击以添加第一张幻灯片”字样，新建一张幻灯片，如图 10-1 所示。

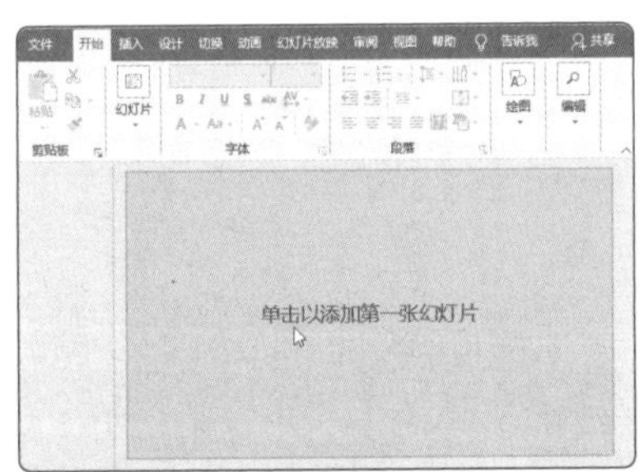

图10-1

STEP 2 选择幻灯片中的占位符，按 Delete 键将其删除，如图 10-2 所示。

图10-2

STEP 3 选择“插入”选项卡，单击“图像”选项中的“图片”按钮，如图 10-3 所示。

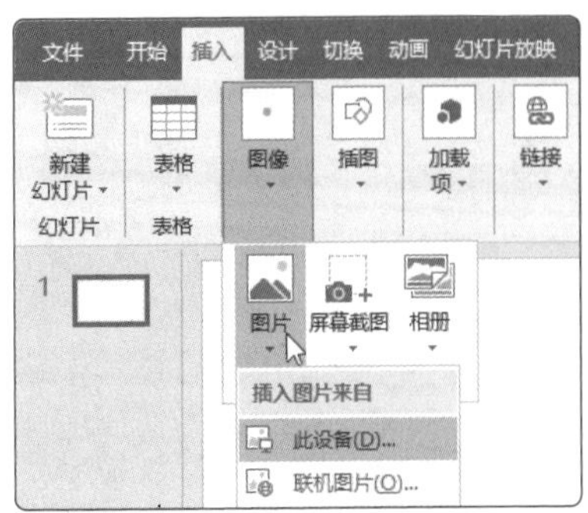

图10-3

STEP 4 在弹出的“插入图片”对话框中选择需要的图片，单击“插入”按钮，将图片插入幻灯片中，如图 10-4 所示。

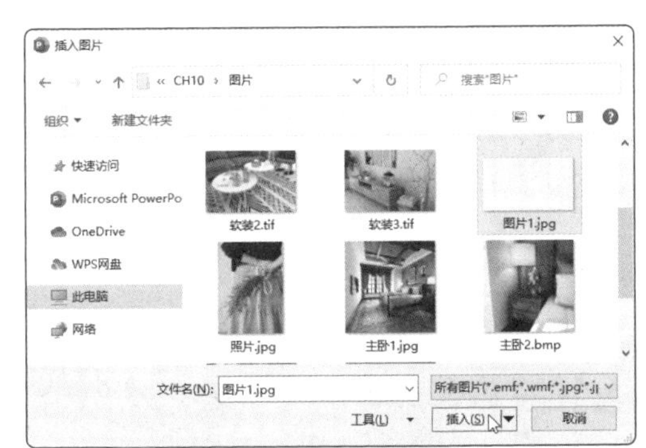

图10-4

STEP 5 在“插入”选项卡中单击“形状”下拉按钮，在列表中选择“矩形”选项，如图 10-5 所示。

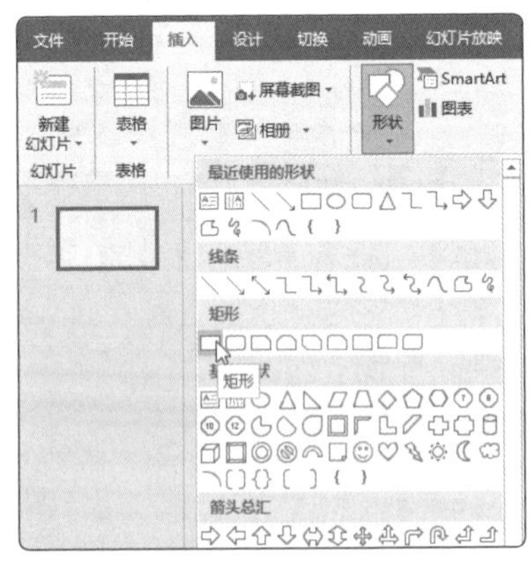

图10-5

STEP 6 此时鼠标指针变为“十”字形，按住鼠标左键不放并拖曳，在幻灯片页面中绘制一个大小合适的矩形，如图 10-6 所示。

STEP 7 选中矩形，在“格式”选项卡中将“形状填充”设置为“金色，个性色 4”，如图 10-7 所示。将“形状轮廓”设置为“无轮廓”，如图 10-8 所示。

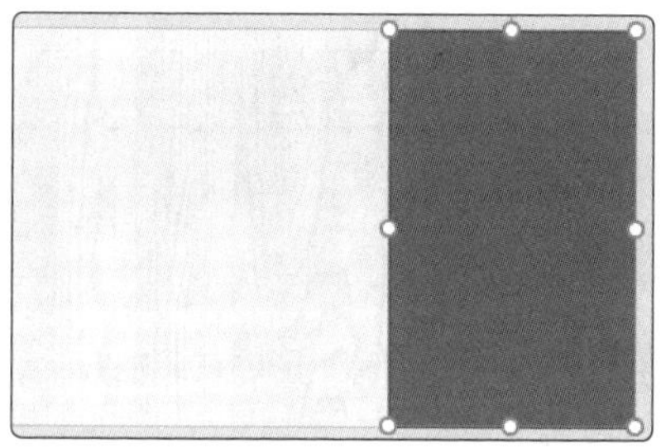

图10-6

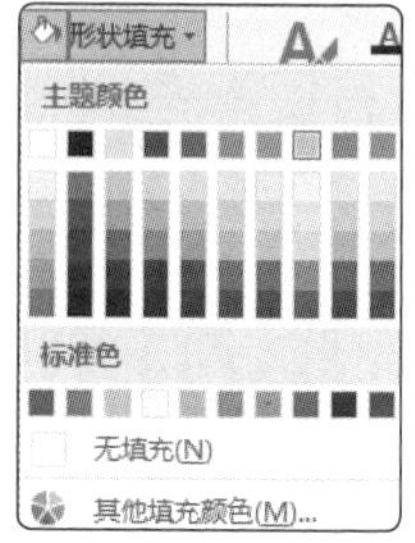

图10-7

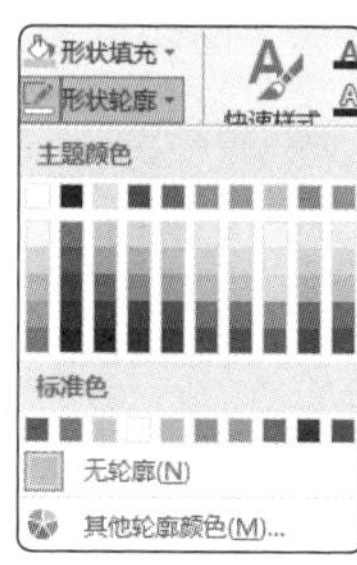

图10-8

STEP 8 在幻灯片页面中绘制一个矩形，选择“格式”选项卡，单击“形状填充”下拉按钮❶，在列表中选择“取色器”选项❷，如图 10-9 所示。

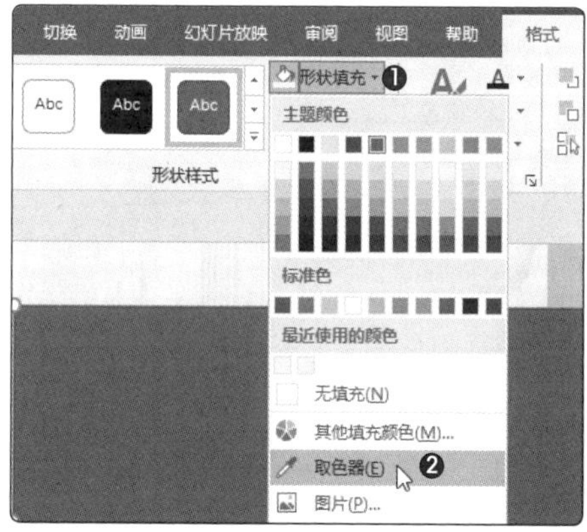

图10-9

STEP 9 此时鼠标指针变为“ ”形状，在需要的颜色上方单击，即可将颜色填充至矩形中，如图 10-10 所示。

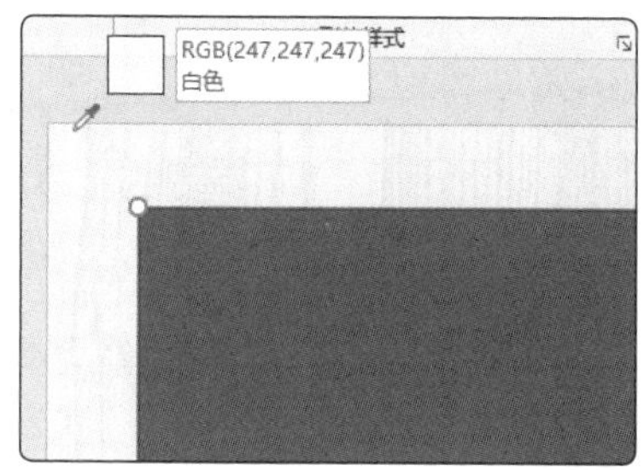

图10-10

STEP 10 单击“形状轮廓”下拉按钮❶，在列表中选择“无轮廓”❷选项，如图 10-11 所示。

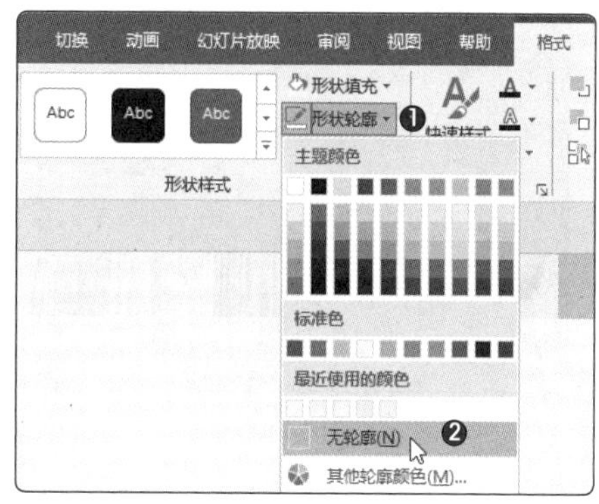

图10-11

STEP 11 单击“形状效果”下拉按钮❶，在列表中选择“阴影”选项❷，并在其子列表中选择“偏移：中”阴影效果❸，如图 10-12 所示。

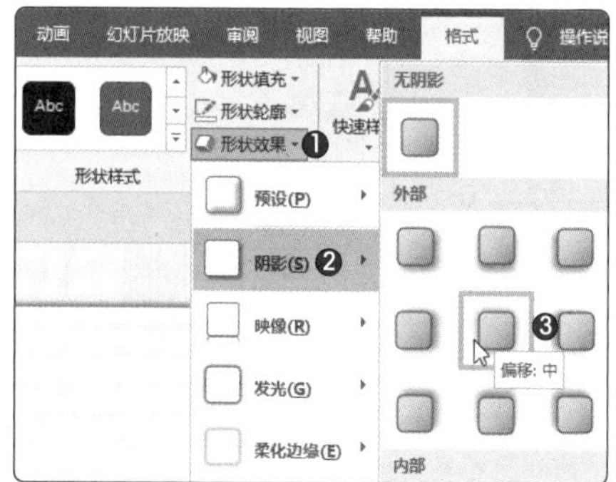

图10-12

STEP 12 选择矩形，单击鼠标右键，在弹出的快捷菜单中选择“设置形状格式”选项，如图 10-13 所示。

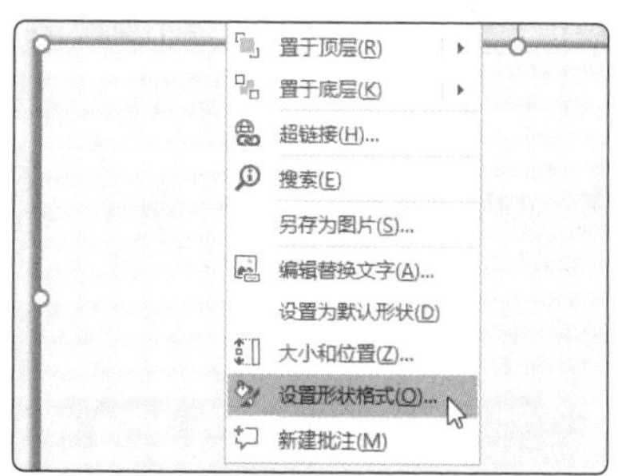

图10-13

STEP 13 在“设置形状格式”窗格中选择“效果”选项卡❶，在“阴影”选项中❷，设置“透明度”“大小”“模糊”的值❸，如图 10-14 所示。

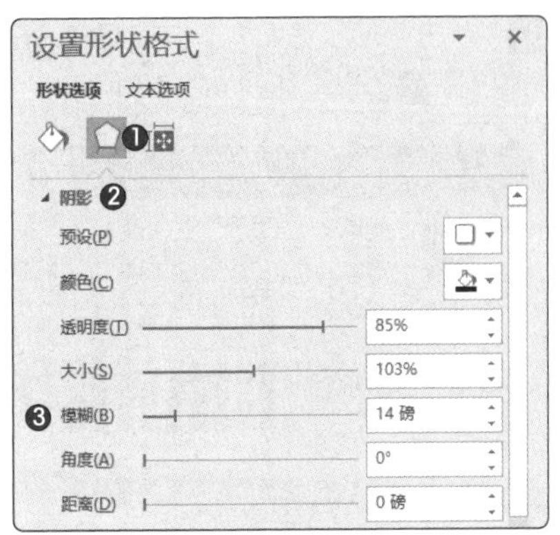

图10-14

STEP 14 在幻灯片页面中绘制一个矩形，并复制 5 份，选择这 6 个矩形，单击鼠标右键，在弹出的快捷菜单中选择“组合”选项，并在其子菜单中选择“组合”选项，将这 6 个矩形组合，如图 10-15 所示。

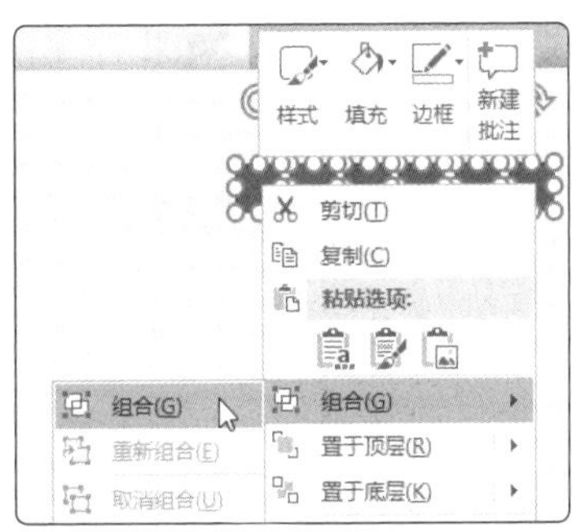

图10-15

应用秘技

绘制矩形时，如果想要绘制正方形，需要按住Shift键不放，同时拖曳鼠标。

STEP 15 选择组合后的矩形，在“格式”选项卡中将“形状填充”设置为“无填充”，如图 10-16 所示。将“形状轮廓”设置为“金色,个性色 4”，如图 10-17 所示。

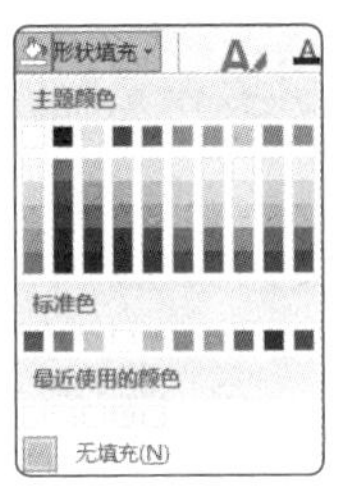

图10-16

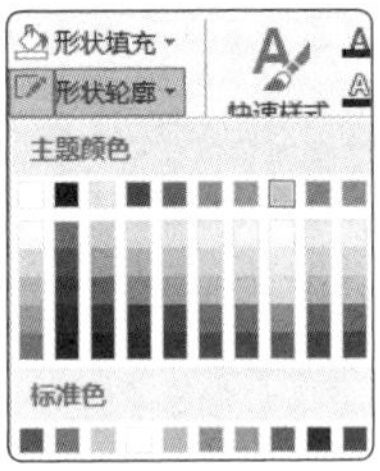

图10-17

STEP 16 按照上述方法，再绘制一个矩形，并设置矩形的“形状填充”和“形状轮廓”，完成封面版式的创建，如图 10-18 所示。

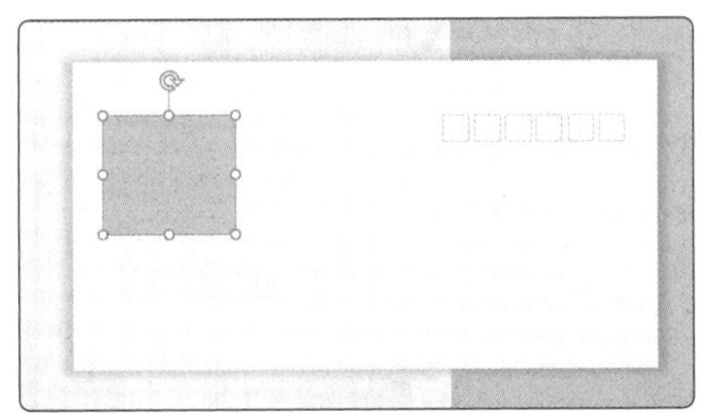

图10-18

10.1.2 设置标题内容

微课视频

创建好封面的版式后，需要在封面中输入标题内容，下面介绍如何设置标题内容。

STEP 1 选择“插入”选项卡，单击“文本框”下拉按钮，在列表中选择“绘制横排文本框”选项，如图 10-19 所示。

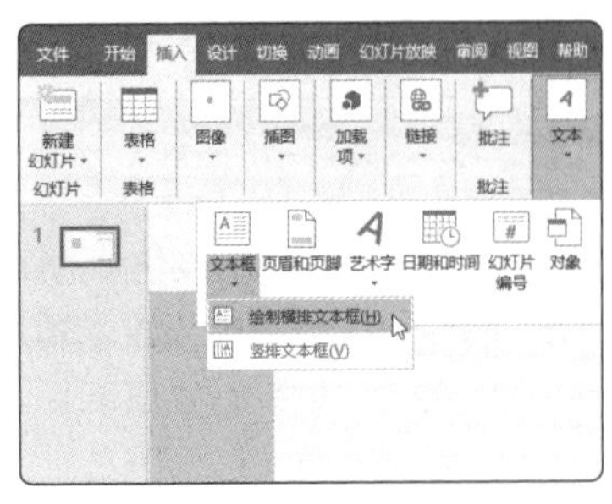

图10-19

STEP 2 在幻灯片页面中合适的位置绘制一个文本框，并输入文本内容，如图 10-20 所示。

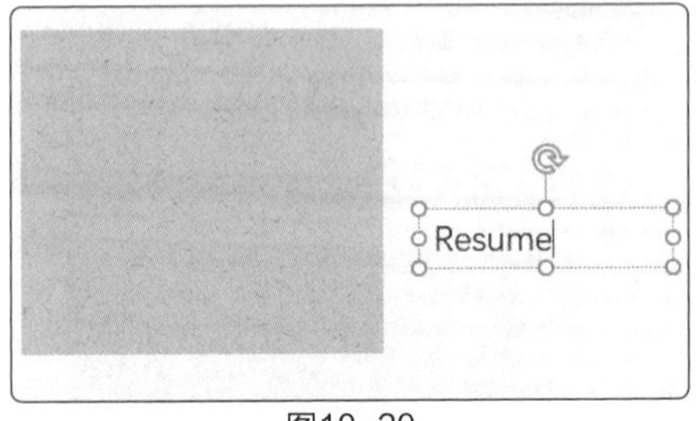

图10-20

STEP 3 选择文本框，在"开始"选项卡中将"字体"设置为"微软雅黑 Light"，将"字号"设置为"130"，并加粗显示，如图 10-21 所示。

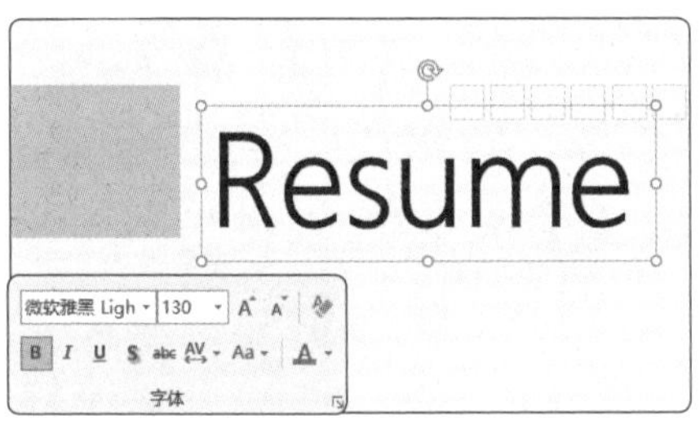

图10-21

STEP 4 选择"格式"选项卡，单击"艺术字样式"选项组的对话框启动器按钮，如图 10-22 所示。

图10-22

STEP 5 在"设置形状格式"窗格中选择"文本填充与轮廓"选项❶，在"文本填充"选项中❷将"透明度"设置为"96%"❸，如图 10-23 所示。

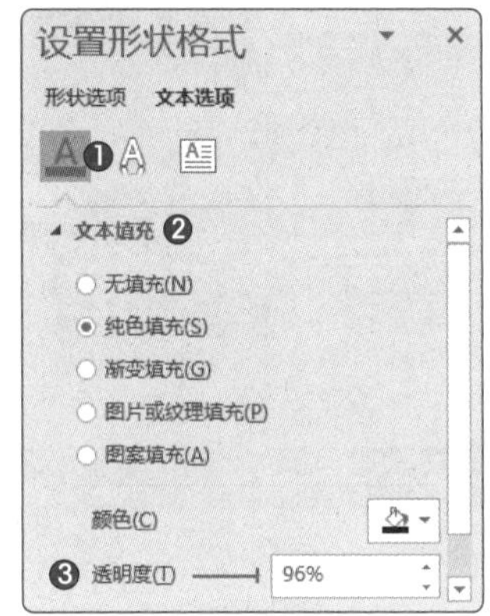

图10-23

STEP 6 按照上述方法，绘制文本框，输入标题"求职简历"，以及"姓名：姚清"和"求职意向：室内设计师"，并设置字体格式，如图 10-24 所示。

图10-24

10.2 制作简历内容

简历内容包括基本信息、工作历程、作品展示等，下面介绍如何制作其相关页面。

10.2.1 制作基本信息页

微课视频

基本信息页通常显示求职者的姓名、照片、毕业学校、出生年月、联系方式等信息。下面介绍如何制作基本信息页。

STEP 1 在"开始"选项卡中单击"新建幻灯片"下拉按钮，在列表中选择"空白"选项，新建一张空白幻灯片，如图 10-25 所示。

STEP 2 选择"设计"选项卡，单击"自定义"下拉按钮，单击"设置背景格式"按钮，如图 10-26 所示。

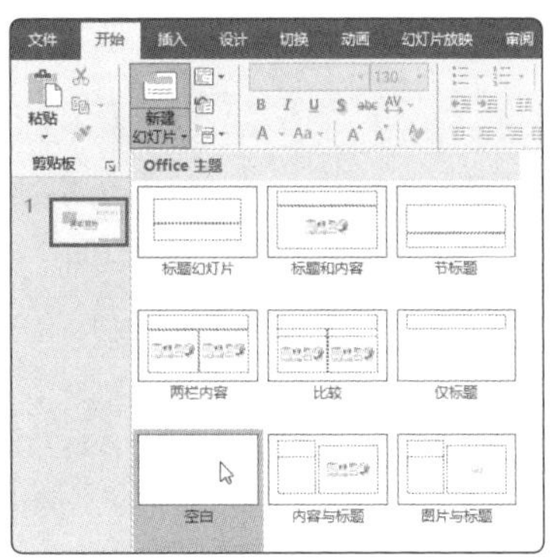

图10-25

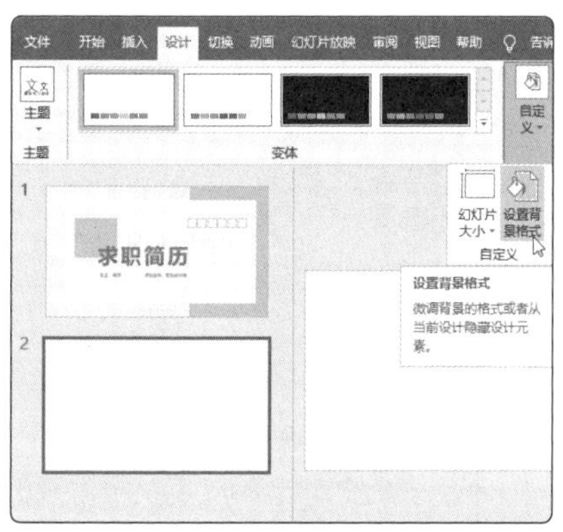

图10-26

STEP 3 在“设置背景格式”窗格的“填充”选项中单击“纯色填充”单选按钮❶，单击“颜色”下拉按钮❷，在列表中选择合适的颜色❸，即可为幻灯片设置背景颜色，如图 10-27 所示。

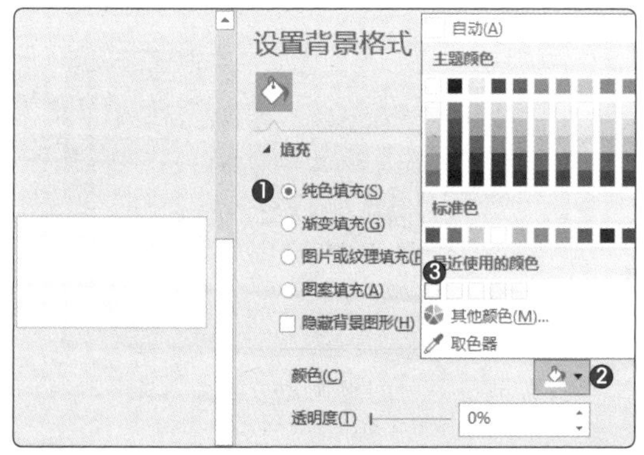

图10-27

STEP 4 绘制两个大小合适的矩形，设置好填充颜色和轮廓，并分别移至幻灯片的顶部和底部位置，如图 10-28 所示。

图10-28

STEP 5 绘制一个文本框，输入内容，并设置文本的字体格式，然后打开“设置形状格式”窗格，将“透明度”设置为“96%”，如图 10-29 所示。

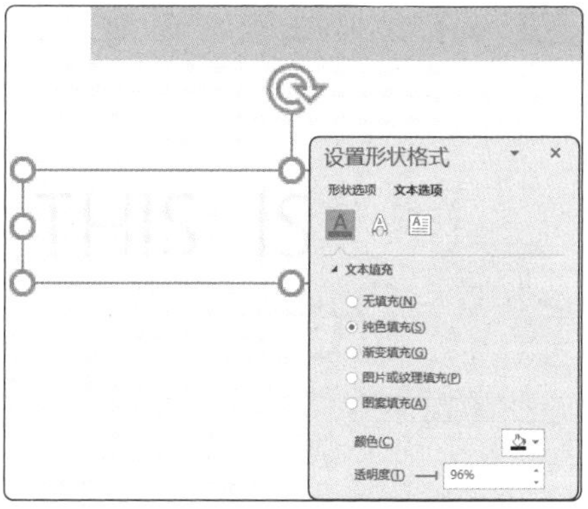

图10-29

STEP 6 选择文本框，在“格式”选项卡中单击“旋转”下拉按钮，在列表中选择“向左旋转 90° ”选项，可将文本框移至幻灯片页面左侧，如图 10-30 所示。

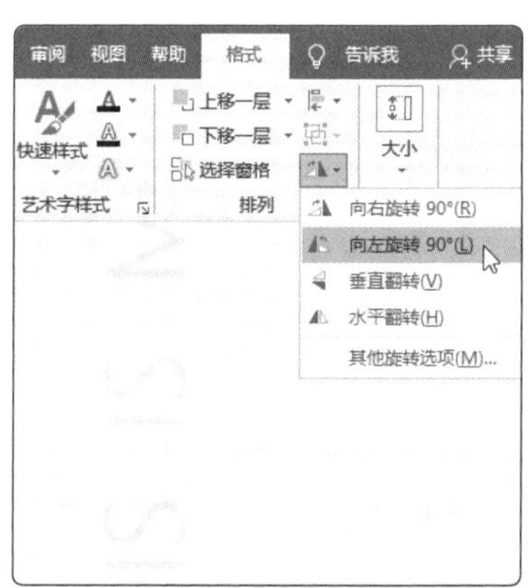

图10-30

STEP 7 插入一张图片，调整大小后将其移至合适的位置，如图 10-31 所示。

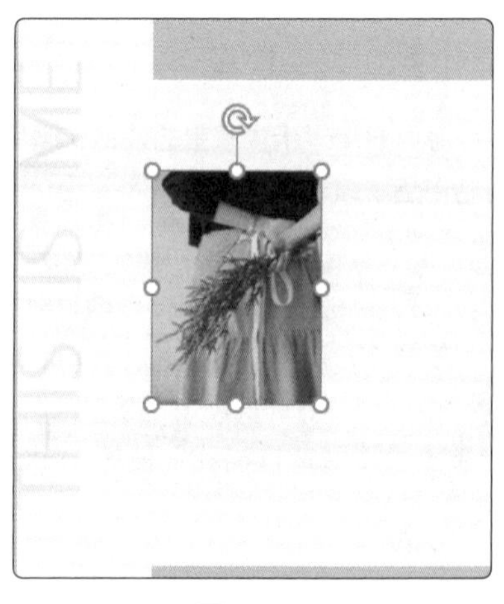

图10-31

STEP 8 输入姓名等相关内容，选择“插入”选项卡，单击“形状”下拉按钮，在列表中选择“直线”选项，如图 10-32 所示。

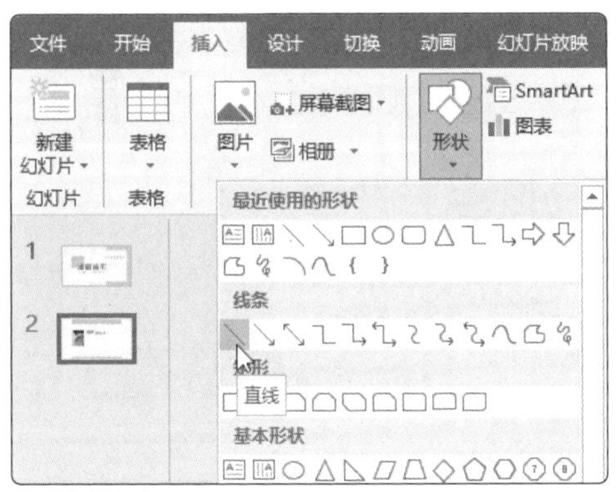

图10-32

STEP 9 按住 Shift 键不放，同时拖曳鼠标，在姓名下方绘制一条直线，如图 10-33 所示。

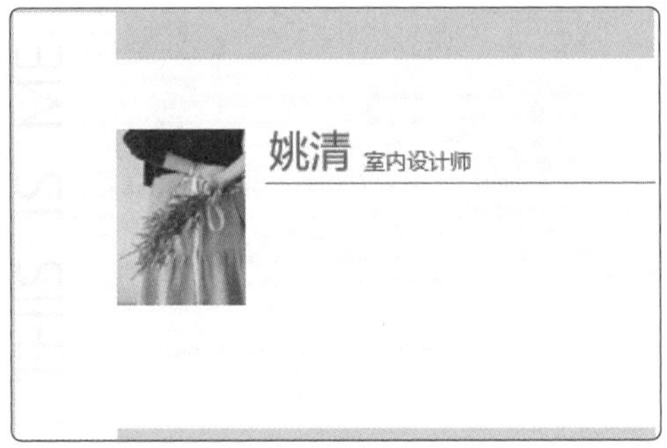

图10-33

STEP 10 选择直线，在“格式”选项卡中单击“形状样式”选项组中的“其他”下拉按钮，在列表中选择合适的样式，即可为直线套用所选样式，如图 10-34 所示。

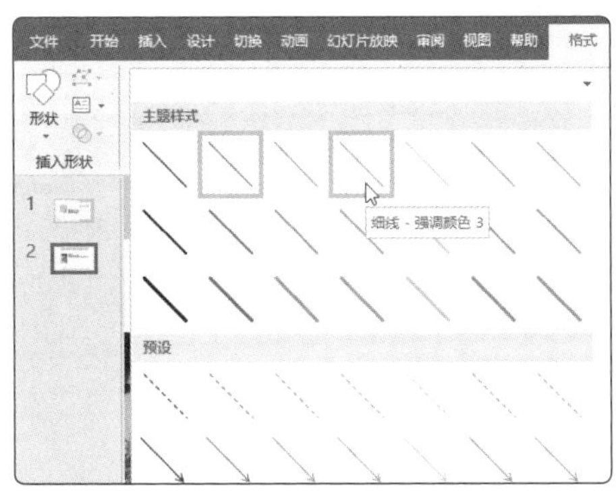

图10-34

STEP 11 绘制一个矩形，设置好填充颜色和轮廓后将其移至直线的右侧，如图 10-35 所示。

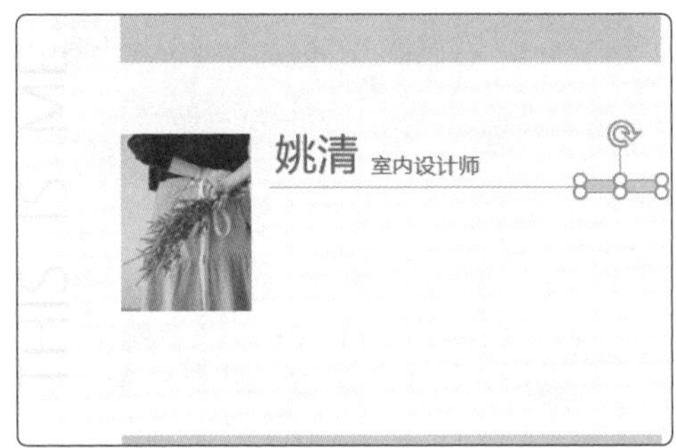

图10-35

STEP 12 选择“插入”选项卡，单击“表格”下拉按钮，在列表中选择 3 行 4 列的表格，即可在幻灯片中插入一个 3 行 4 列的表格，如图 10-36 所示。

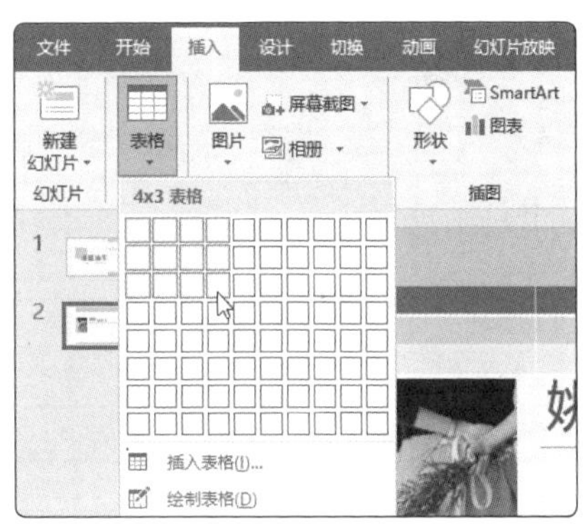

图10-36

STEP 13 调整表格的大小，并将其移至合适的位置，在“设计”选项卡中单击“表格样式”选项组中的“其他”下拉按钮，在列表中选择“清除表格”选项，即可清除表格的样式，如图 10-37 所示。

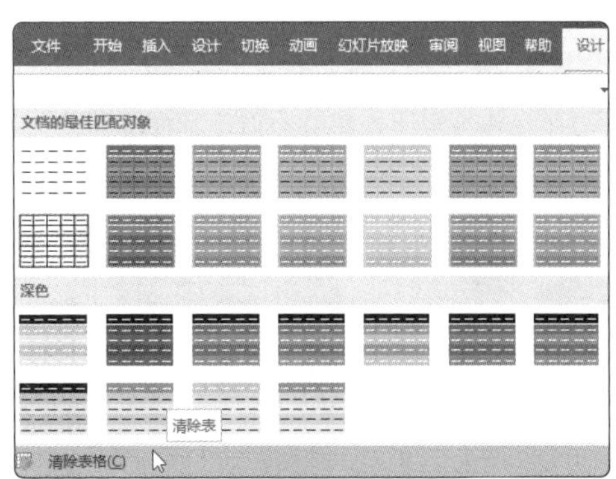

图10-37

STEP 14 在表格中输入内容，选择“布局”选项卡，单击“对齐方式”选项组中的“居中”按钮❶和“垂直居中”按钮❷，将文本设置为居中对齐，如图 10-38 所示。

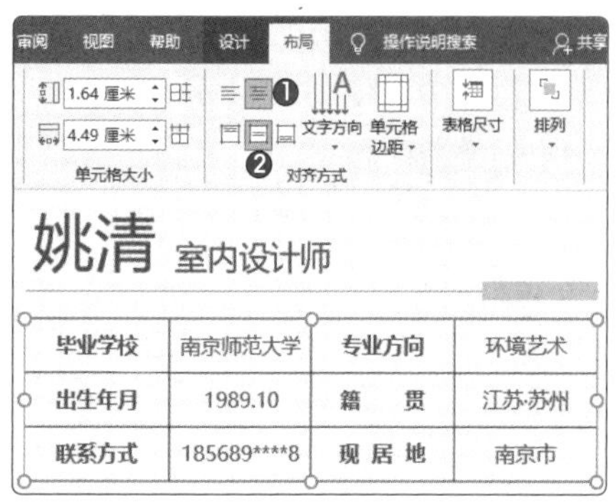

图10-38

STEP 15 选择表格，在“设计”选项卡中单击“边框”下拉按钮，在列表中选择“无框线”选项，如图 10-39 所示。

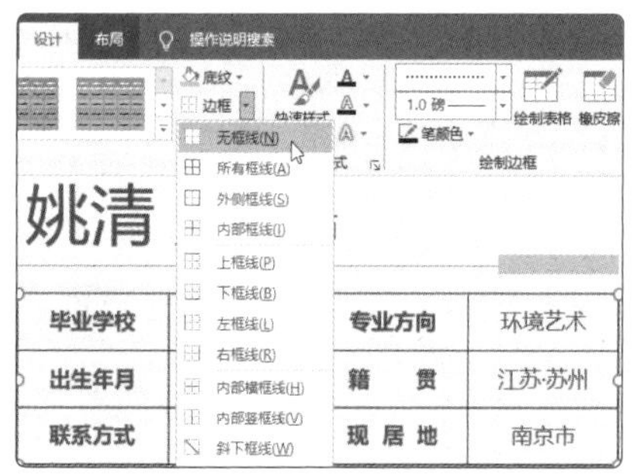

图10-39

STEP 16 在“设计”选项卡中设置“笔样式”❶、“笔画粗细”❷和“笔颜色”❸，然后单击“边框”下拉按钮❹，在列表中选择“内部横框线”选项❺，如图 10-40 所示。

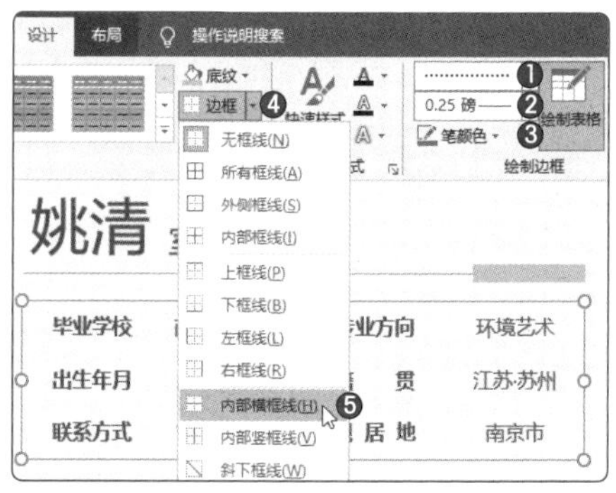

图10-40

STEP 17 在幻灯片页面下方绘制一个文本框，输入相关内容，完成基本信息页的制作，如图 10-41 所示。

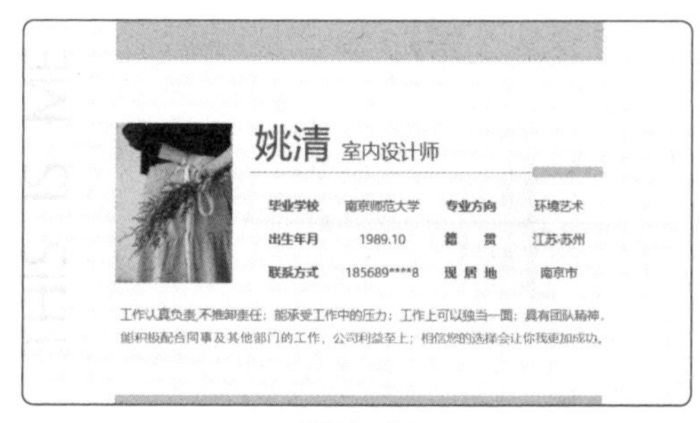

图10-41

10.2.2 制作工作历程页

工作历程页主要显示求职者的工作经验，按照时间段进行说明，可使求职者的工作历程一目了然，下面介绍如何制作工作历程页。

STEP 1 选择第 2 张幻灯片，按 Ctrl+D 组合键复制幻灯片，删除其中多余的内容，并输入需要的文本内容，如图 10-42 所示。

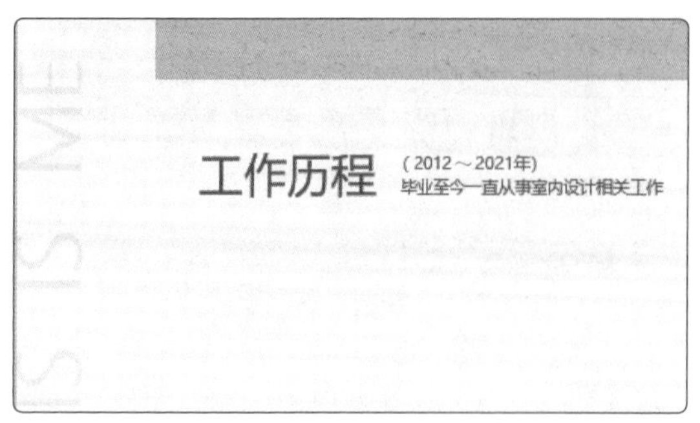

图10-42

STEP 2 选择“插入”选项卡，单击“形状”下拉按钮，在列表中选择“直线箭头”选项，如图 10-43 所示。

图10-43

STEP 3 按住 Shift 键不放，同时拖曳鼠标，在幻灯片页面中绘制一个直线箭头，并设置其形状样式，如图 10-44 所示。

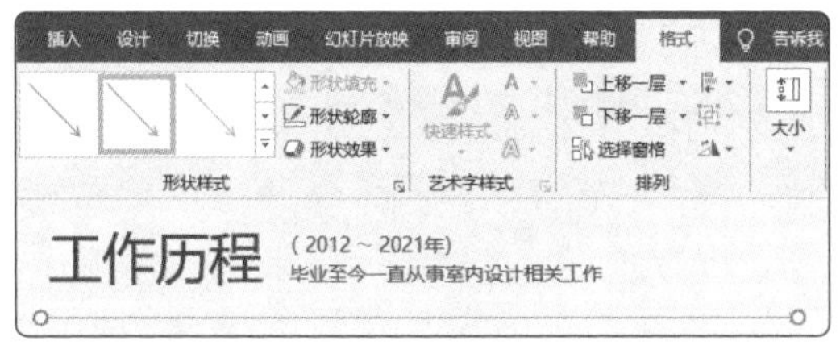

图10-44

STEP 4 在直线箭头下方绘制3个矩形，选择矩形，单击鼠标右键，在弹出的快捷菜单中选择“编辑文字”选项，如图 10-45 所示。

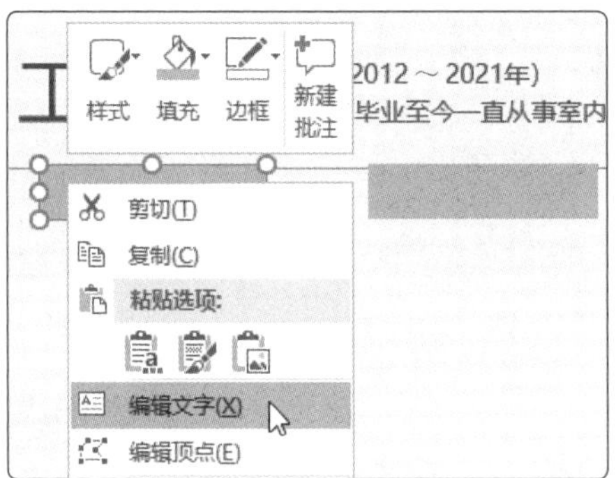

图10-45

STEP 5 在矩形中输入文字，按照同样的方法，在其他两个矩形中输入相关内容，如图 10-46 所示。

STEP 6 绘制 3 个文本框，并输入内容，选择文本内容，在“开始”选项卡中单击“项目符号”下拉按钮，在列表中选择合适的样式，即可为文本添加项目符号，如图 10-47 所示。

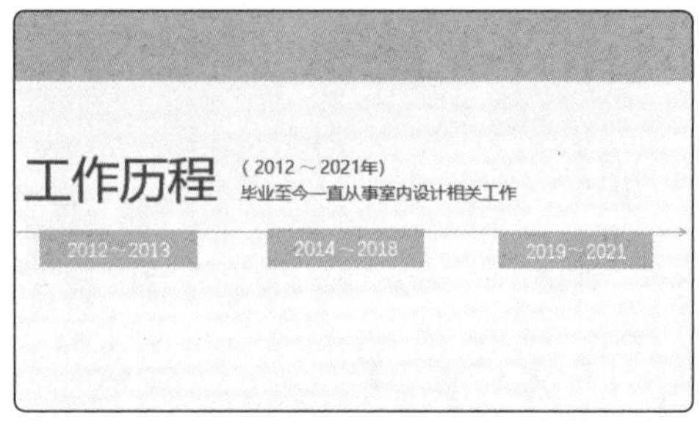

图10-46

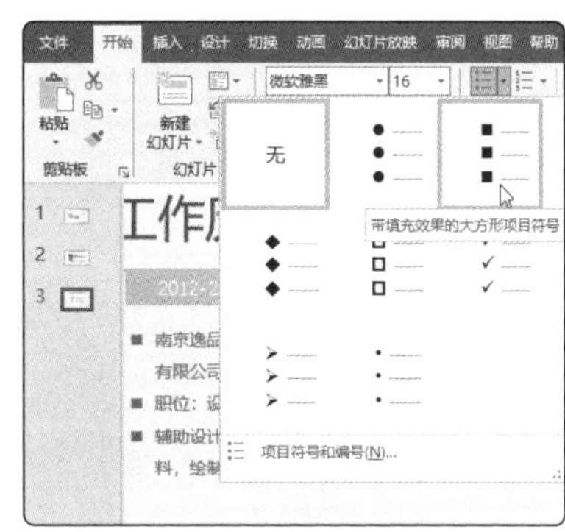

图10-47

STEP 7 按照上述方法，为其他文本添加项目符号，完成工作历程页的制作，如图 10-48 所示。

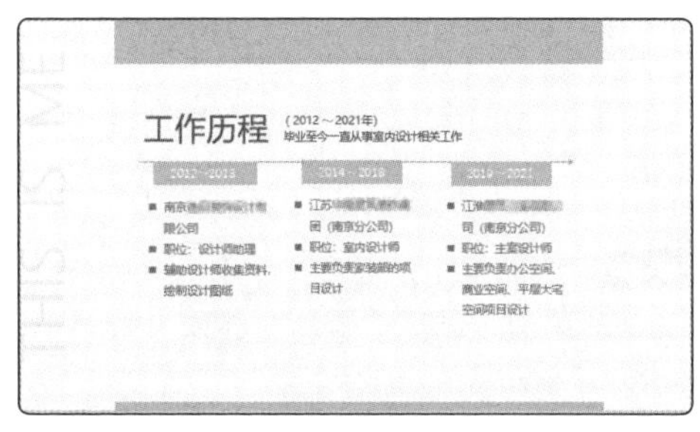

图10-48

10.2.3 制作作品展示页

作品展示页主要展示求职者在工作中取得的成果，或者优秀的作品，下面介绍如何制作作品展示页。

STEP 1 复制幻灯片，删除幻灯片中多余的内容，并输入标题，如图 10-49 所示。

STEP 2 绘制一条直线和一个矩形，并将其移至文本内容的下方，如图 10-50 所示。

STEP 3 在幻灯片中插入 4 张图片，调整图片的大小并进行裁剪，然后将图片移至合适的位置，如图 10-51 所示。

图10-49

图10-50

图10-51

STEP 4 按照上述方法，制作其他作品展示页，如图 10-52 所示。

图10-52

应用秘技

如果用户想要一次性插入多张图片，可以在“插入图片”对话框中，按住Ctrl键不放，选择多张图片，最后单击“插入”按钮。

10.2.4 制作结尾页

微课视频

结尾页是整个PPT必不可少的一部分，结尾页的设计要和封面页相呼应，下面介绍如何制作结尾页。

STEP 1 选择第 1 张幻灯片，单击鼠标右键，在弹出的快捷菜单中选择“复制”选项，如图 10-53 所示。

图10-53

STEP 2 将鼠标指针插入最后一张幻灯片下方，单击鼠标右键，在弹出的快捷菜单中选择“粘贴选项”下方的“保留源格式”选项，如图 10-54 所示。

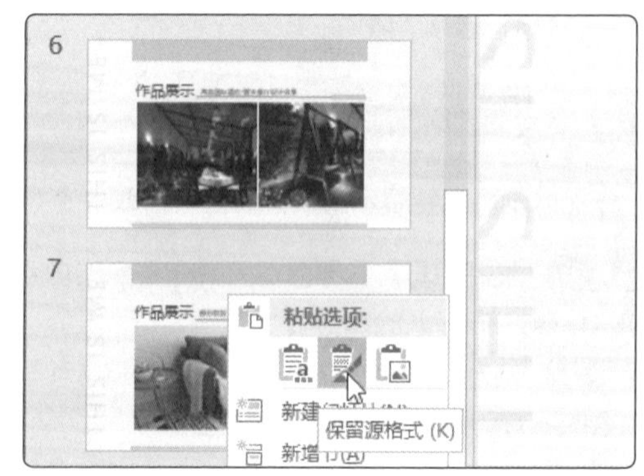

图10-54

STEP 3 复制一张幻灯片，删除幻灯片中不需要的元素，将矩形移至幻灯片左侧，如图 10-55 所示。

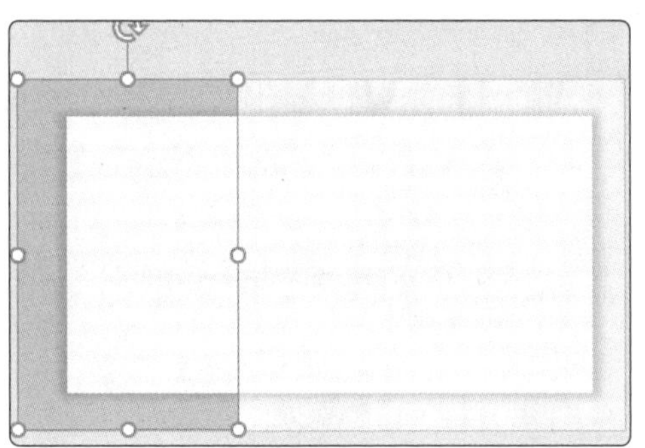

图10-55

STEP 4 绘制一个文本框，并输入文本“谢谢观看”，在“开始”选项卡中将“字体”设置为“微软雅黑 Light”，将“字号”设置为“160”，并加粗显示，如图 10-56 所示。

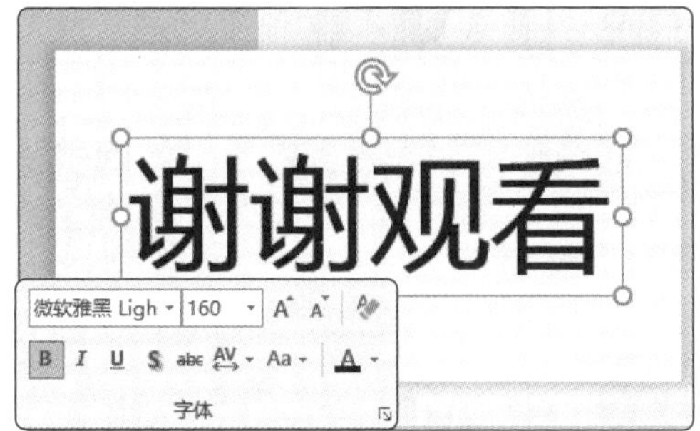

图10-56

STEP 5 选择文本框，打开“设置形状格式”窗格，将“透明度”设置为“96%”，如图 10-57 所示。

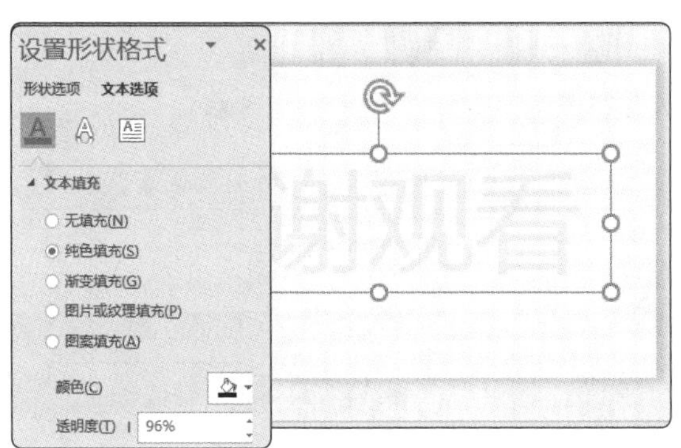

图10-57

STEP 6 选择“插入”选项卡，单击“形状”下拉按钮，在列表中选择“矩形”选项，在文本中绘制一个矩形，如图 10-58 所示。

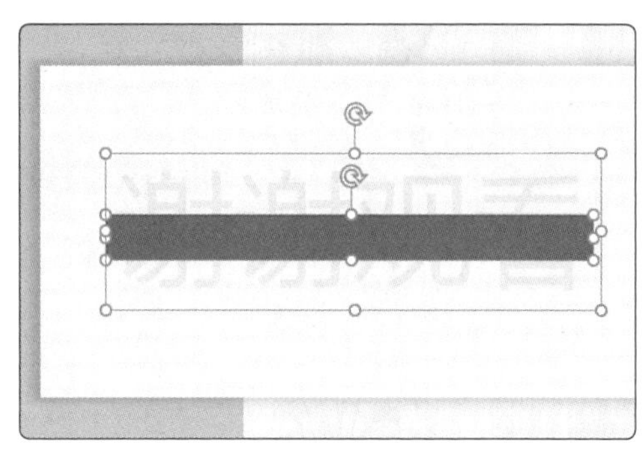

图10-58

STEP 7 选择文本框，然后选择矩形，在“格式”选项卡中单击“合并形状”下拉按钮，在列表中选择“剪除”选项，如图 10-59 所示。

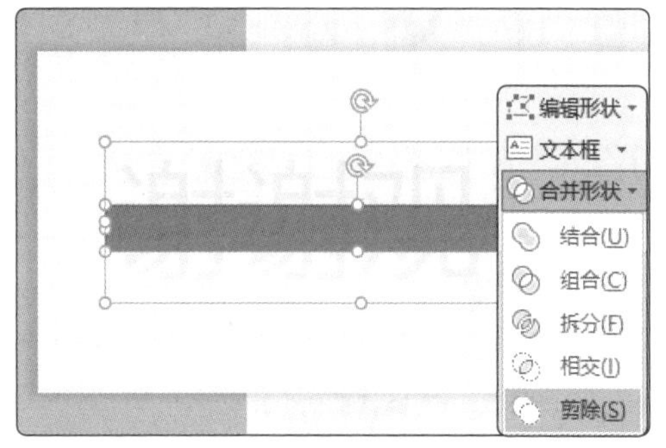

图10-59

STEP 8 绘制一条直线，并设置直线的形状样式，然后将其移至合适的位置，如图 10-60 所示。

图10-60

STEP 9 选择直线，在按住 Ctrl 键不放的同时拖曳鼠标，复制一条直线，如图 10-61 所示。

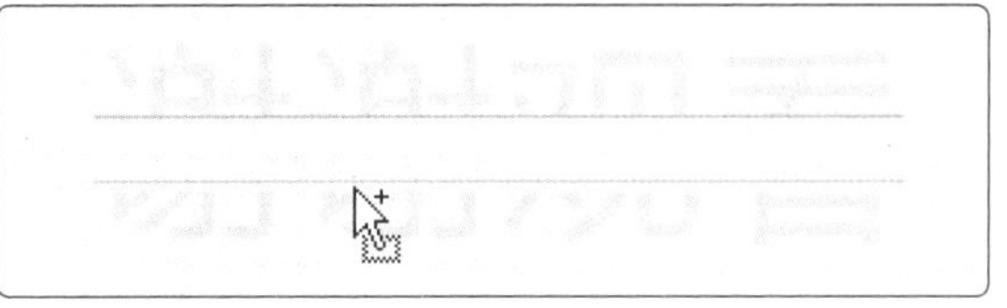

图10-61

STEP 10 绘制一个文本框，输入内容，并将其移至两条直线的中间，完成结尾页的制作，如图 10-62 所示。

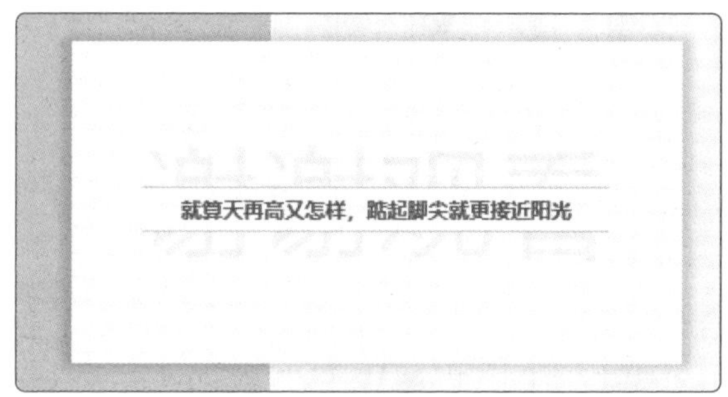

图10-62

10.3 输出个人简历

制作好个人简历后，用户可以按照需求将其输出或打印。下面介绍将简历输出为PDF文档和根据需要打印简历的方法。

10.3.1 将简历输出为 PDF 文档

微课视频

将简历输出为PDF文档，便于用户浏览和查看。下面介绍具体的操作方法。

STEP 1 单击“文件”按钮，选择“导出”选项❶，在“导出”界面选择“创建 PDF/XPS 文档”选项❷，并在右侧单击“创建 PDF/XPS”按钮❸，如图 10-63 所示。

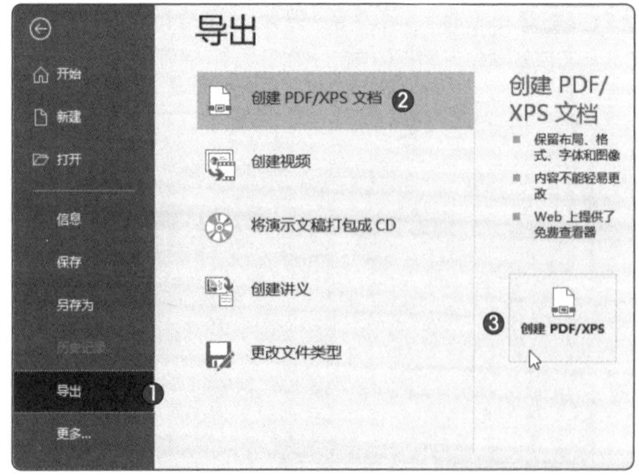

图10-63

STEP 2 在弹出的“发布为 PDF 或 XPS”对话框中选择保存位置，单击“发布”按钮，如图 10-64 所示。此时将简历输出为 PDF 文档，如图 10-65 所示。

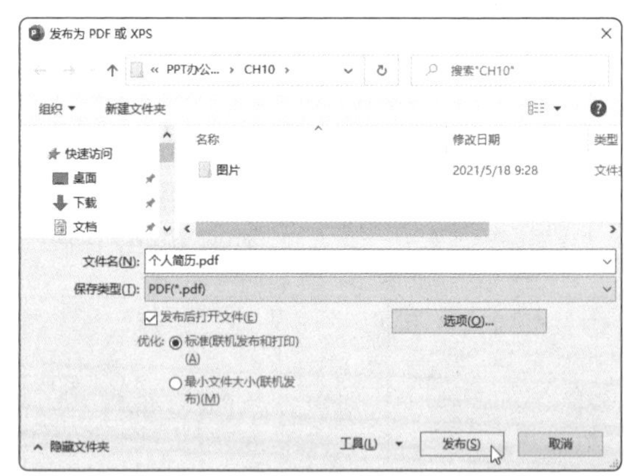

图10-64

图10-65

10.3.2 根据需要打印简历

将简历打印出来，可以方便传阅，或者在其他场合使用，下面介绍具体的操作方法。

STEP 1 单击“文件”按钮，选择“打印”选项，在“打印”界面的“份数”数值框中输入“3”，如图 10-66 所示。

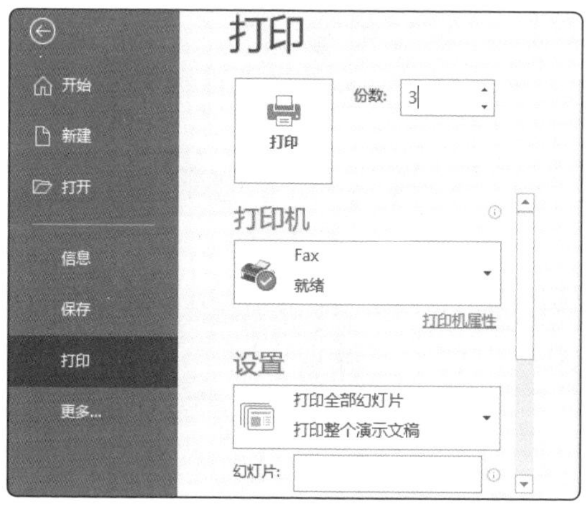

图10-66

STEP 2 单击“打印机”下拉按钮，在列表中选择需要的打印机类型，如图 10-67 所示。

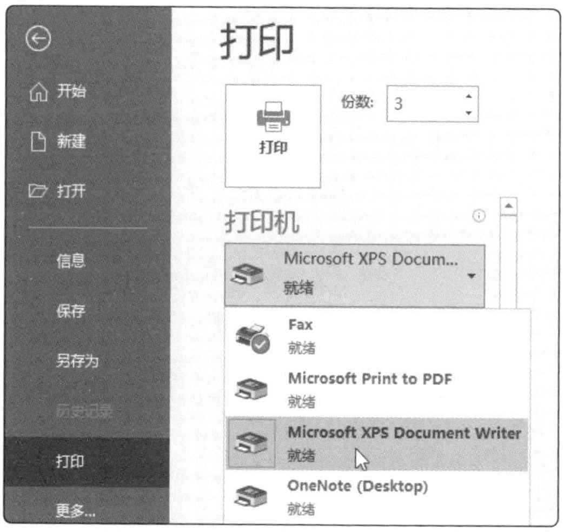

图10-67

STEP 3 单击“打印全部幻灯片”下拉按钮，在列表中选择打印的范围，如图 10-68 所示。

图10-68

STEP 4 单击“整页幻灯片”下拉按钮，在列表中选择打印版式，这里选择“整页幻灯片”选项，如图 10-69 所示。

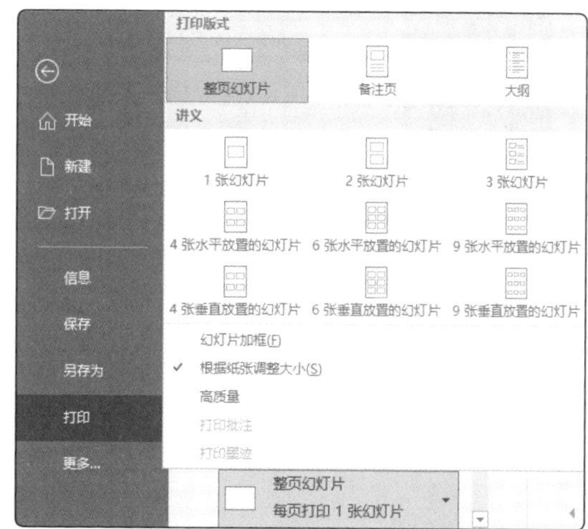

图10-69

STEP 5 单击“颜色”下拉按钮，在列表中选择打印颜色，如图 10-70 所示。

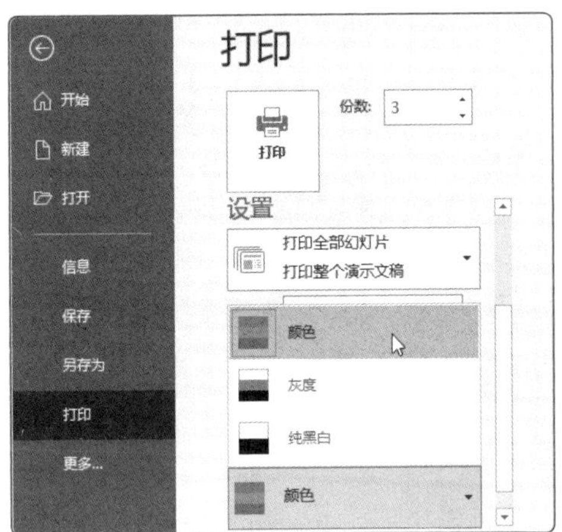

图10-70

STEP 6 单击“编辑页眉和页脚”超链接，如图 10-71 所示。

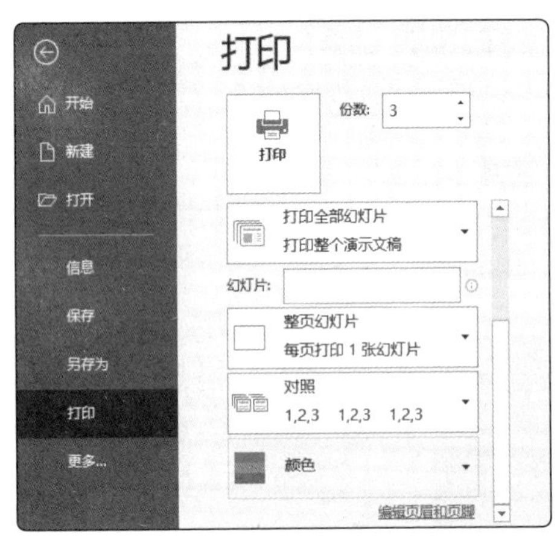

图10-71

STEP 7 在弹出的“页眉和页脚”对话框的“幻灯片”选项卡中勾选“幻灯片编号”复选框❶，单击“全部应用”按钮❷，如图 10-72 所示。

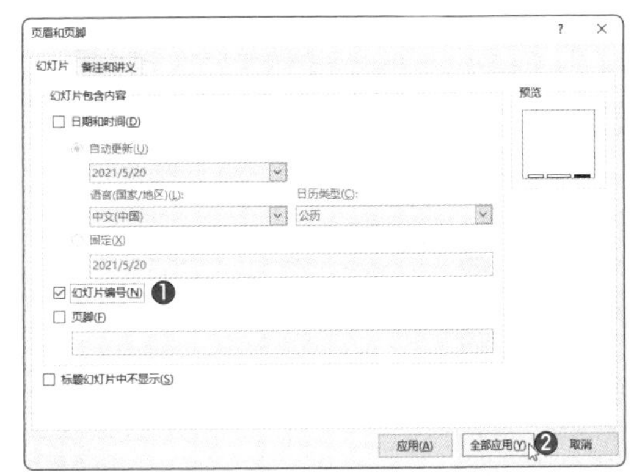

图10-72

STEP 8 在打印预览区可以看到所有幻灯片的右下角均添加了编号，如图 10-73 所示。

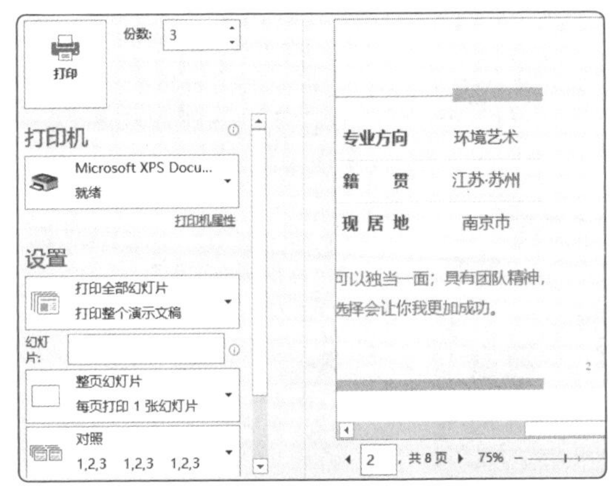

图10-73

实战案例篇

第 11 章

制作教学课件 PPT

教学课件具有辅助教学的作用，可以帮助学生更好地融入课堂氛围，吸引学生关注课堂教学知识，增进学生对教学知识的理解，从而更好地实现教学目的。本章将对教学课件 PPT 的制作过程进行详细介绍。

11.1 快速创建课件内容

用户可以根据Word文档快速创建课件，并按照需求对课件进行美化，下面进行详细介绍。

11.1.1 根据 Word 文档创建课件

微课视频

将Word文档中的内容创建成PPT课件，需要为内容设置大纲级别，下面介绍具体的操作方法。

STEP 1 打开 Word 文档，在“视图”选项卡的“视图”选项中选择“页面视图”，再单击“大纲”按钮，如图 11-1 所示。

文件 开始 插入 设计 布局 引用 邮件 审阅 视图 帮助
视图
垂直
翻页
显示
缩放
窗口
宏
属性
页面移动
宏
SharePoint
阅读视图
页面视图
Web 版式视图
大纲
草稿
视图
白杨礼赞
初中二年级 下册
大纲视图
以大纲形式查看你的文档，其中，内容将显示为项目符号。
此视图对于在文档中创建标题和移动整个段落很有用。
二、新课导入

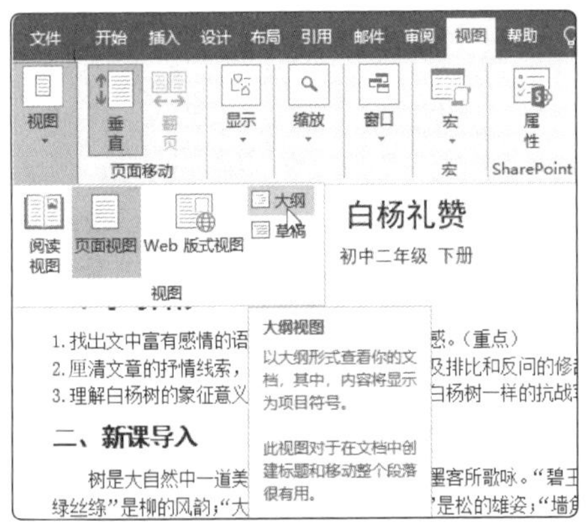

图11-1

STEP 2 进入大纲视图，单击文本左侧的“○”按钮，选择文本，如图 11-2 所示。

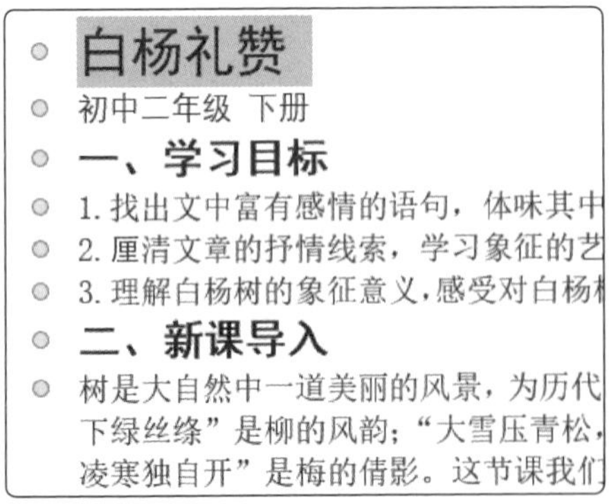

白杨礼赞
初中二年级 下册
一、学习目标
1. 找出文中富有感情的语句，体味其中
2. 厘清文章的抒情线索，学习象征的艺
3. 理解白杨树的象征意义，感受对白杨
二、新课导入
树是大自然中一道美丽的风景，为历代
下绿丝绦”是柳的风韵；“大雪压青松，
凌寒独自开”是梅的倩影。这节课我们

图11-2

STEP 3 在“大纲显示”选项卡中单击“大纲级别”下拉按钮，在列表中选择“1 级”选项，如图 11-3 所示。

STEP 4 选择文本，在“大纲级别”列表中选择“2 级”选项❶，并将 2 级文本的“字体”设置为“宋体”❷、“字号”设置为“五号”❸，取消加粗显示❹，如图 11-4 所示。

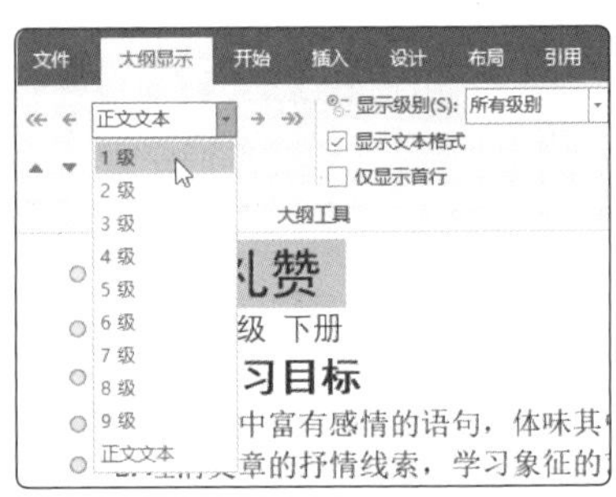

文件 大纲显示 开始 插入 设计 布局 引用
正文文本
显示级别(S): 所有级别
显示文本格式
仅显示首行
1 级
2 级
3 级
4 级
5 级
6 级
7 级
8 级
9 级
正文文本
大纲工具
学习目标

图11-3

文件 大纲显示 开始 插入 设计 布局 引用
2 级 ❶
显示级别(S):
显示文本格式
仅显示首行
大纲工具
白杨礼赞
初中二年级 下册
一、学习目标
宋体 ❷
五号 ❸
❹
字体
富有感情的语句，
的抒情线索，学习

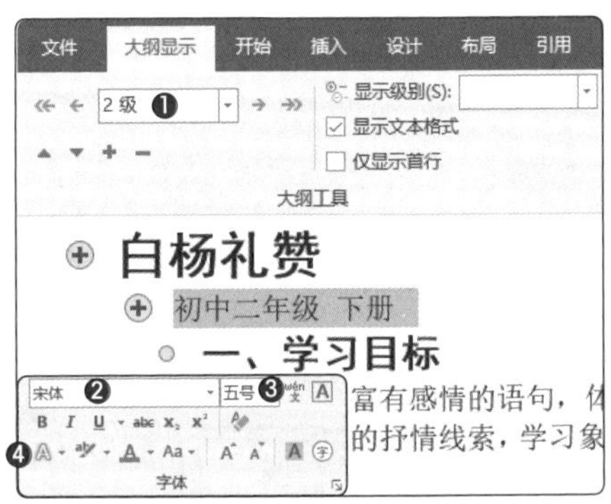

图11-4

STEP 5 按照上述方法，为其他文本设置“1 级”或“2 级”大纲级别，如图 11-5 所示。

文件 大纲显示 开始 插入 设计 布局 引用
2 级
显示级别(S):
显示文本格式
仅显示首行
大纲工具
白杨礼赞
初中二年级 下册
一、学习目标
1. 找出文中富有感情的语句，体味其中
2. 厘清文章的抒情线索，学习象征的艺术
3. 理解白杨树的象征意义，感受对白杨树
情。
二、新课导入
树是大自然中一道美丽的风景，为历代

图11-5

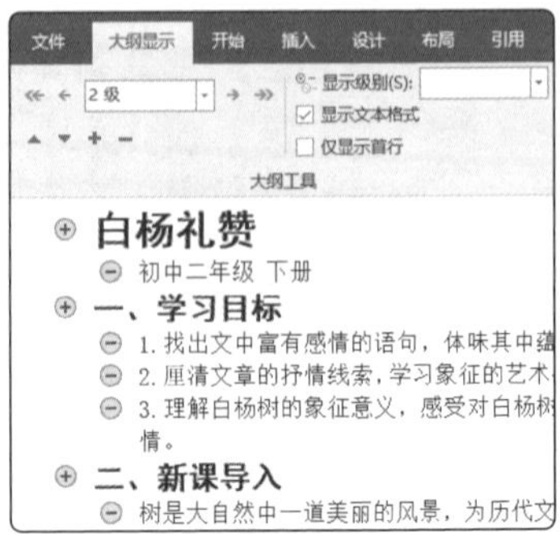

STEP 6 设置完成后，在“大纲显示”选项卡中单击“关闭大纲视图”按钮，退出大纲视图，如图 11-6 所示。

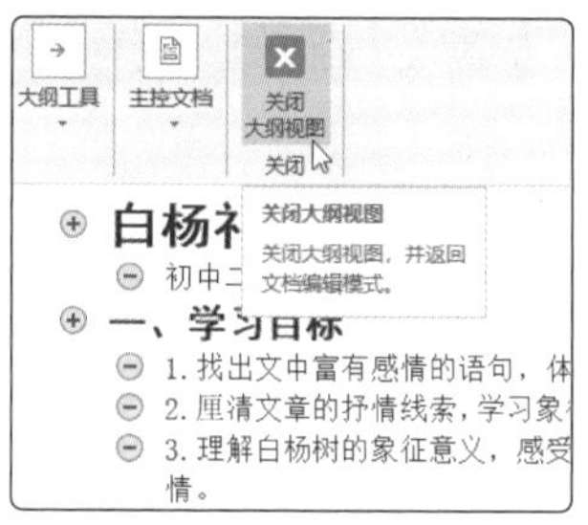

图11-6

STEP 7 单击“文件”按钮，选择“选项”选项，打开“Word 选项”对话框，选择“快速访问工具栏”选项❶，在“从下列位置选择命令”下拉列表框中选择“不在功能区中的命令”选项❷，并在下方的列表框中选择“发送到 Microsoft PowerPoint”选项❸，单击“添加”按钮❹，将其添加到“自定义快速访问工具栏”列表框中❺，单击“确定”按钮，如图 11-7 所示。

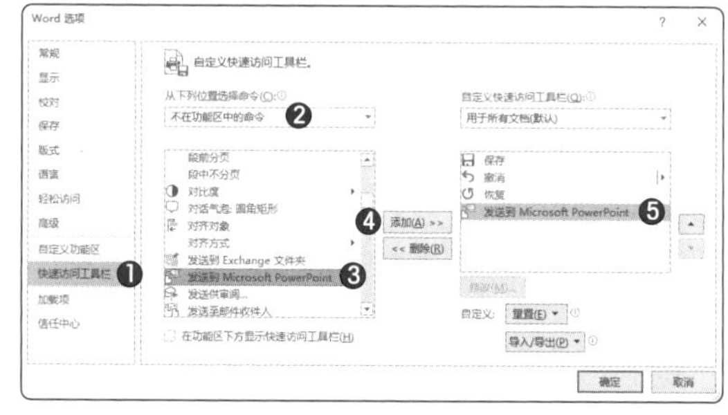

图11-7

STEP 8 在自定义快速访问工具栏中单击“![]”按钮，如图 11-8 所示。此时将 Word 文档中的内容创建成 PPT，并显示为受保护的视图模式，如图 11-9 所示。

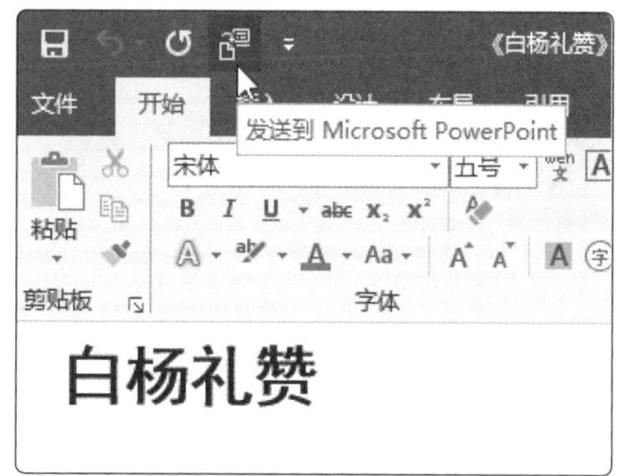

图11-8

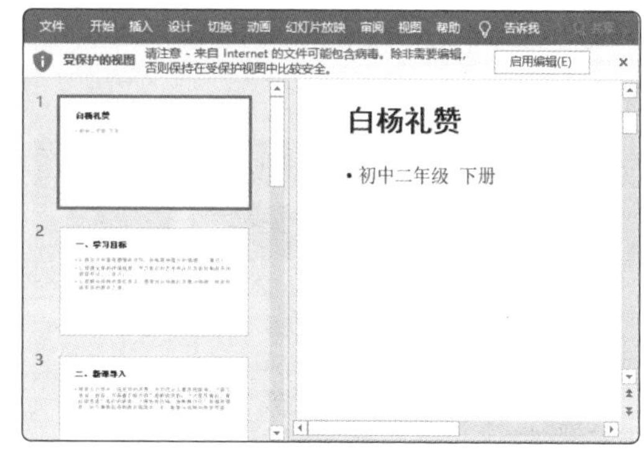

图11-9

11.1.2 美化课件内容

创建PPT课件后，用户需要对其进行美化，使课件看起来更加美观，下面介绍具体的操作方法。

STEP 1 在 PowerPoint 中单击“启用编辑”按钮，启用受保护的视图，如图 11-10 所示。

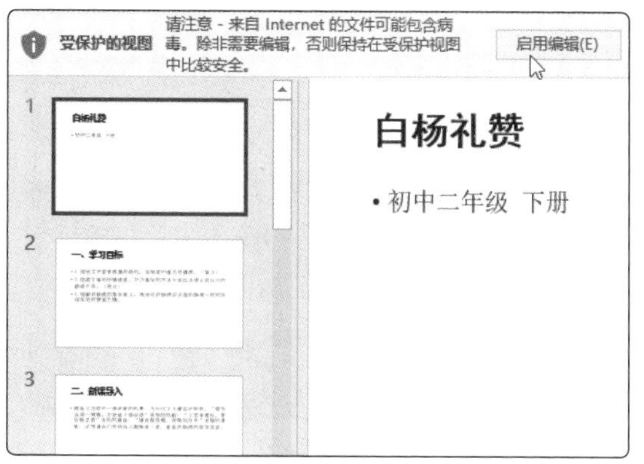

图11-10

STEP 2 按 Ctrl+S 组合键，弹出“另存为”界面，单击“浏览”按钮，如图 11-11 所示。

图11-11

STEP 3 在弹出的“另存为”对话框中选择保存位置，并设置“文件名”，单击“保存”按钮，如图 11-12 所示。

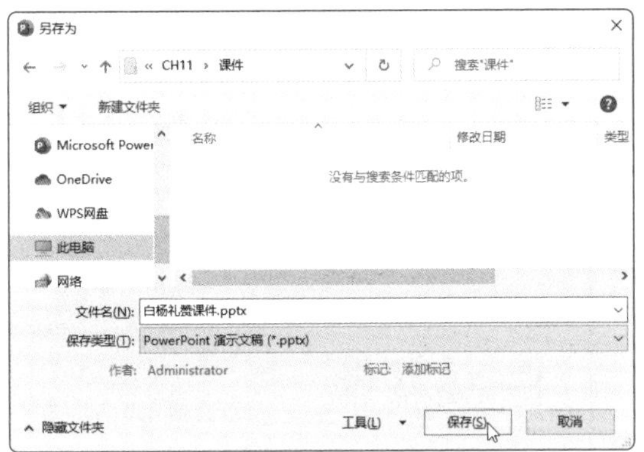

图11-12

STEP 4 选择“设计”选项卡，单击“主题”下拉按钮❶，在列表中选择“红利”主题❷，如图 11-13 所示。

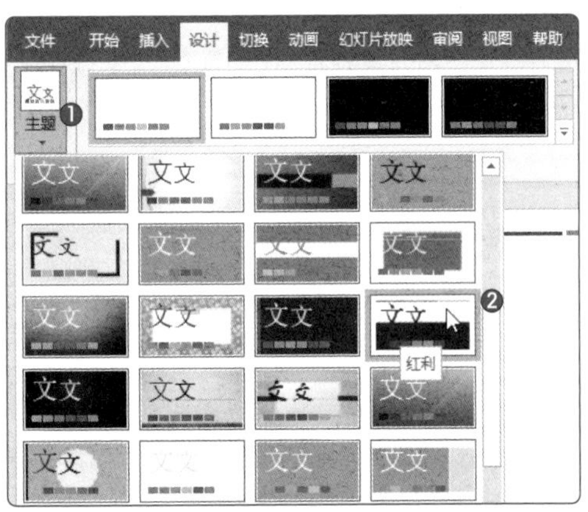

图11-13

STEP 5 在“变体”选项组中单击“其他”下拉按钮，在列表中选择“颜色”选项，并在其子列表中选择合适的主题颜色，如图 11-14 所示。

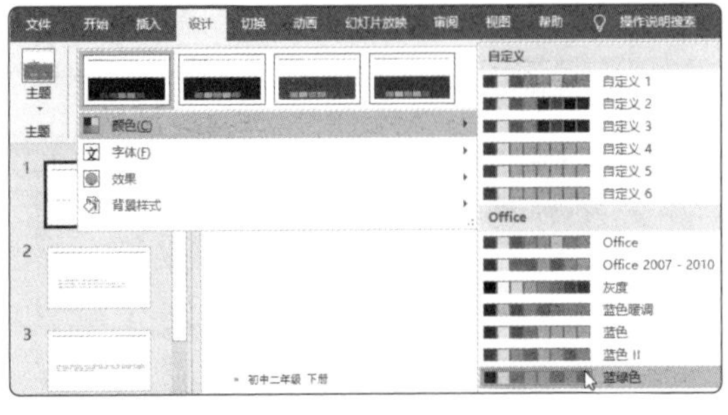

图11-14

STEP 6 选择第 1 张幻灯片，在“开始”选项卡中单击“版式”下拉按钮❶，在列表中选择“标题幻灯片”版式❷，如图 11-15 所示。

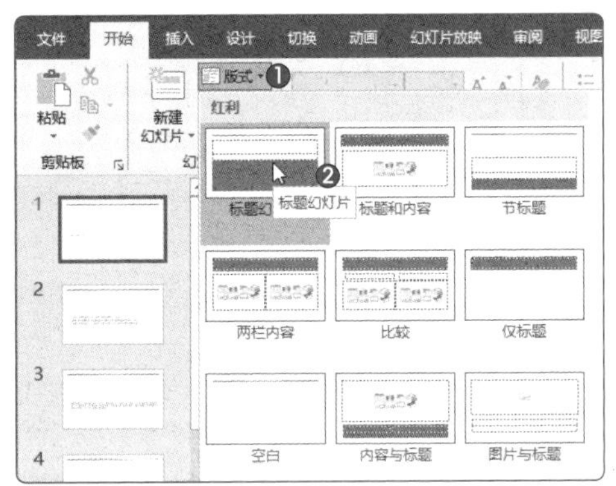

图11-15

STEP 7 更改第 1 张幻灯片中文本的字体格式，并将其移至合适的位置，如图 11-16 所示。

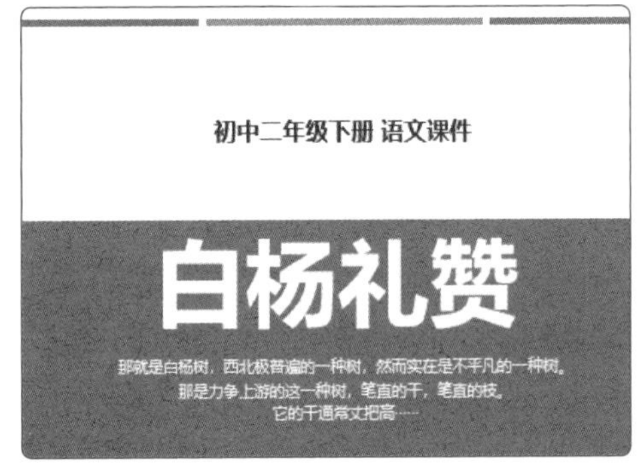

图11-16

STEP 8 在幻灯片中插入一张图片，将其裁剪至合适的大小，在“格式”选项卡中单击“下移一层”下拉按钮，在列表中选择“置于底层”选项，将图片置于底层，如图 11-17 所示。

图11-17

STEP 9 选择图片，在“格式”选项卡中单击“颜色”下拉按钮❶，在列表中选择合适的颜色❷，如图 11-18 所示。

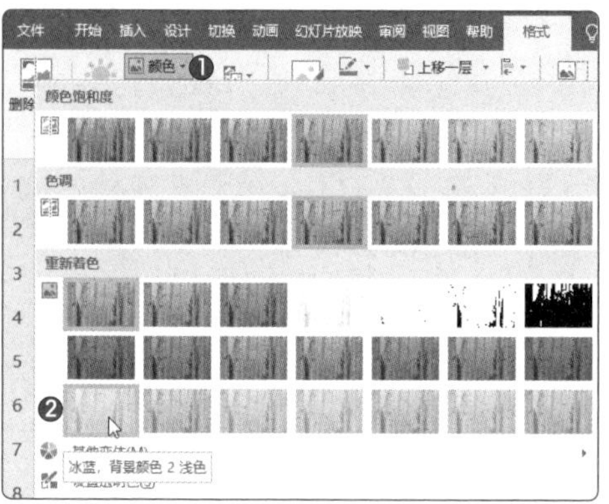

图11-18

STEP 10 选择第 1 张幻灯片，在“开始”选项卡中单击“新建幻灯片”下拉按钮，在列表中选择“节标题”选项，如图 11-19 所示。

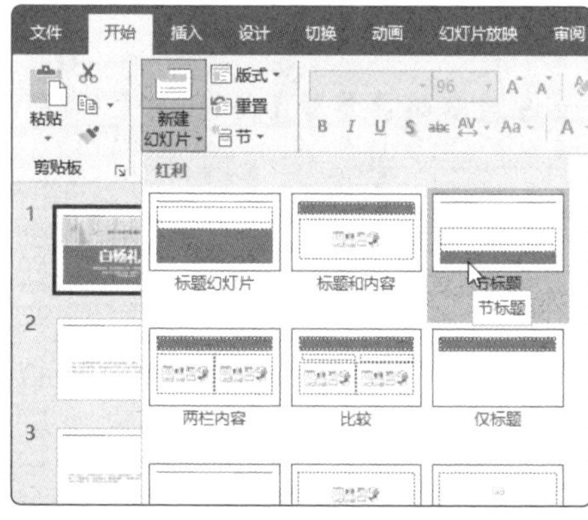

图11-19

STEP 11 删除第 2 张幻灯片中的占位符，输入目录内容，如图 11-20 所示。

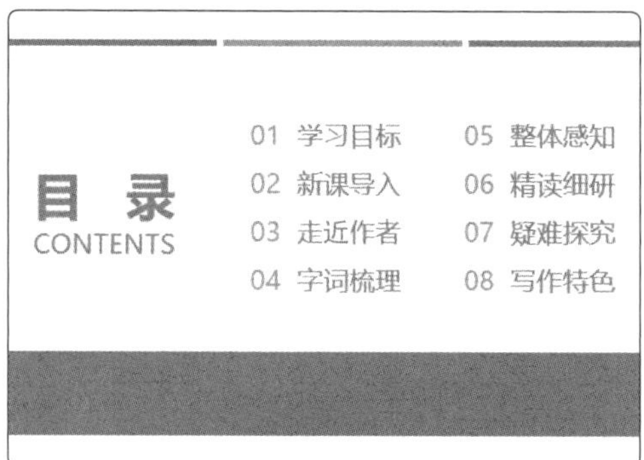

图11-20

STEP 12 选择第 3 张幻灯片，在“开始”选项卡中单击“版式”下拉按钮，在列表中选择“标题和内容”选项，如图 11-21 所示。

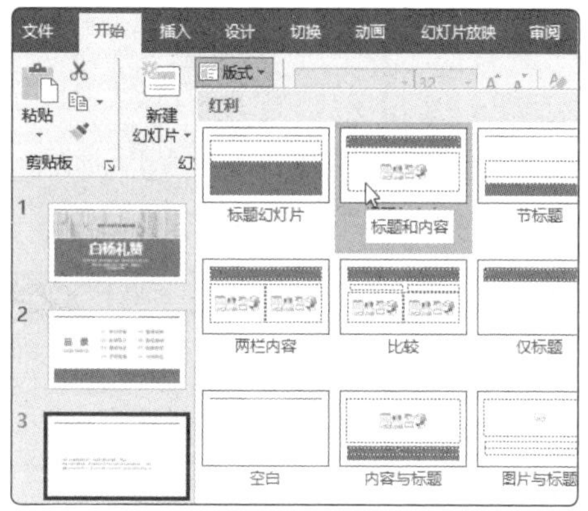

图11-21

STEP 13 更改第 3 张幻灯片中的相关文本内容，并设置文本的字体格式，如图 11-22 所示。

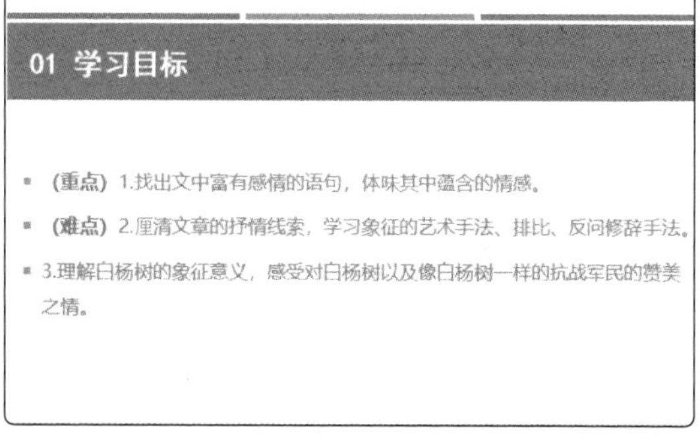

图11-22

STEP 14 按照同样的方法，将其他幻灯片更改为“标题和内容”版式，并修改文本内容，设置字体格式，如图 11-23 所示。

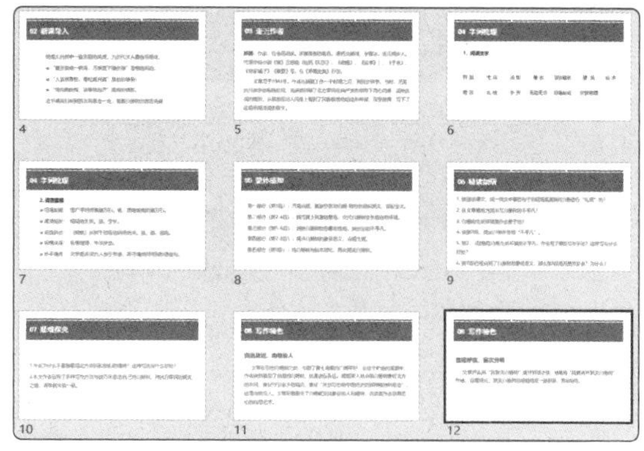

图11-23

STEP 15 选择第 12 张幻灯片，在“开始”选项卡中单击“新建幻灯片”下拉按钮，在列表中选择“标题幻灯片”选项，如图 11-24 所示。

图11-24

STEP 16 在第 13 张幻灯片中输入结束内容，并设置字体格式，如图 11-25 所示。

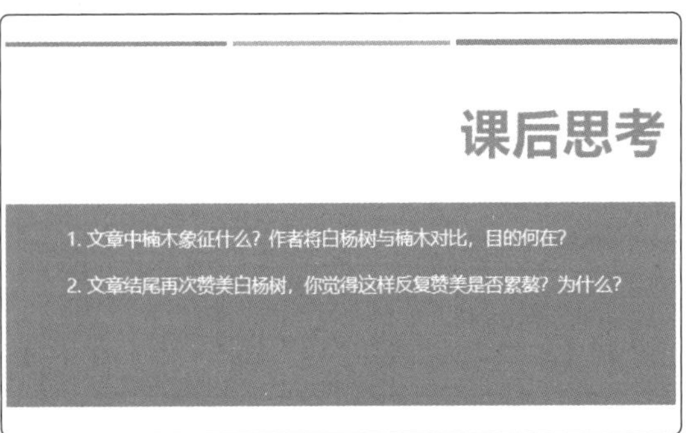

图11-25

STEP 17 选择第 6 张幻灯片，在文本上方输入拼音，如图 11-26 所示。

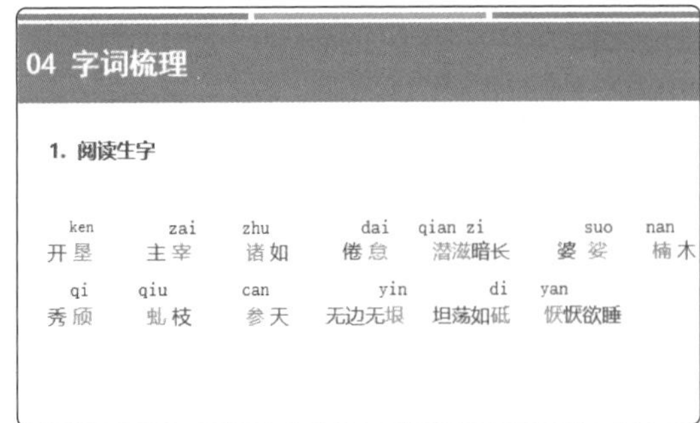

图11-26

STEP 18 选择需要添加声调的字母，在“插入”选项卡中单击“符号”按钮，如图 11-27 所示。

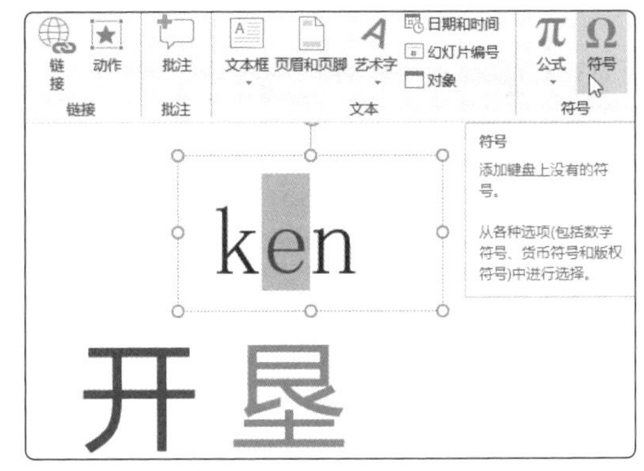

图11-27

STEP 19 在弹出的“符号”对话框中将“字体”设置为“宋体”❶，将“子集”设置为“拼音”❷，在下方的列表框中选择需要的符号❸，单击“插入”按钮❹，即可替换所选字母，如图 11-28 所示。

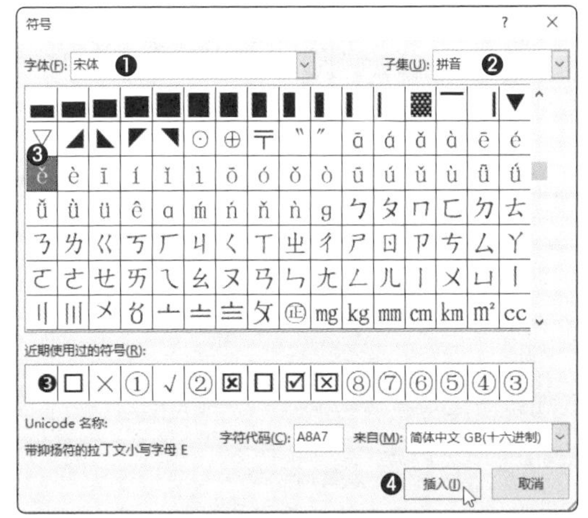

图11-28

STEP 20 按照上述方法，为其他拼音添加声调，完成对课件的美化操作，如图 11-29 所示。

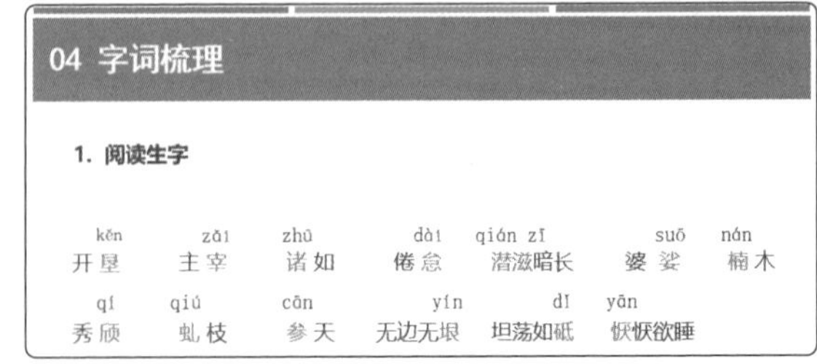

图11-29

11.2 为课件添加动画效果

为课件添加动画效果可以使幻灯片在放映时更加生动、活泼，从而更容易吸引学生的注意力，下面进行详细介绍。

11.2.1 设置封面动画

微课视频

为封面设置进入动画可以丰富放映效果，下面介绍具体的操作方法。

STEP 1 选择第 1 张幻灯片中的文本，在“动画”选项卡中单击“动画样式”下拉按钮，在列表中选择“进入”动画下的“缩放”动画效果，如图 11-30 所示。

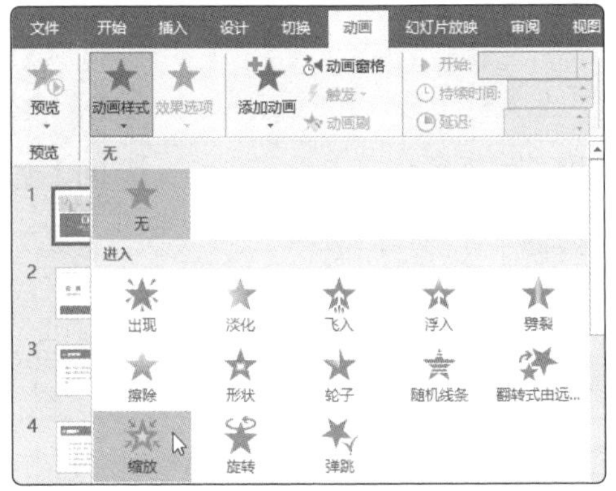

图11-30

STEP 2 在“计时”选项组中单击“开始”下拉按钮，在列表中选择“与上一动画同时”选项，如图 11-31 所示。

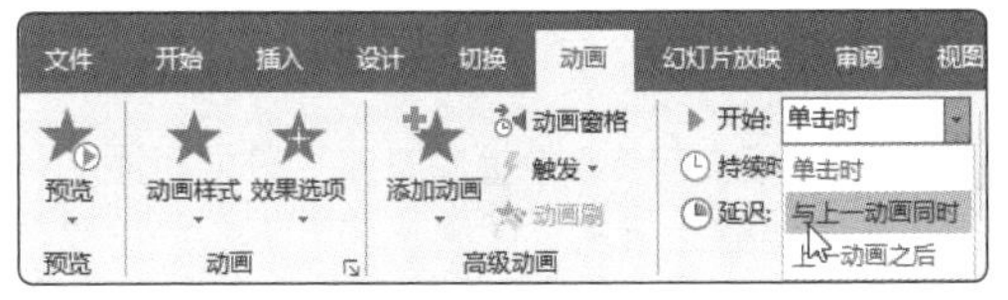

图11-31

STEP 3 选择文本对象“初中二年级下册语文课件”，在“动画”选项卡中单击“动画样式”❶下拉按钮，在列表中选择“浮入”❷动画效果，如图 11-32 所示。

STEP 4 在“计时”选项组中，将“开始”设置为“上一动画之后”，将“持续时间”设置为“01.00”，如图 11-33 所示。

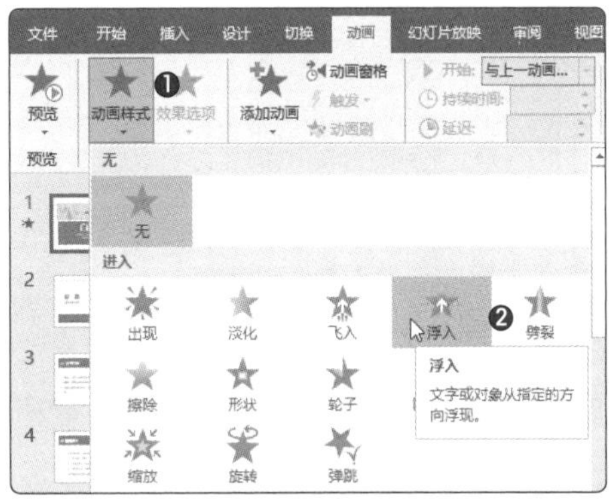

图11-32

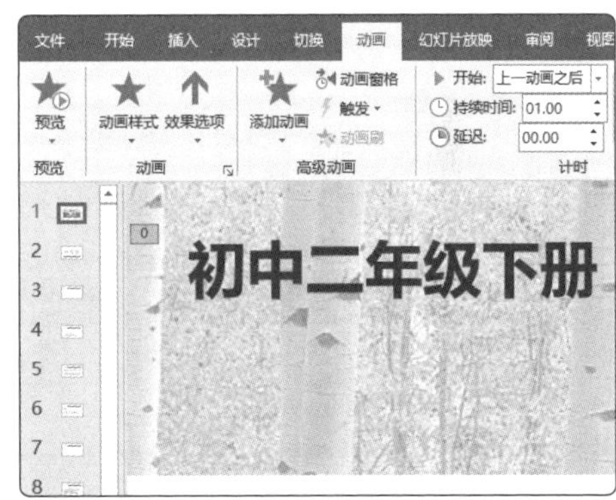
初中二年级下册

图11-33

STEP 5 选择文本对象，为其添加“浮入”动画效果❶，并将“开始”设置为“与上一动画同时”❷，将“持续时间”设置为“01.00”❸，如图 11-34 所示。

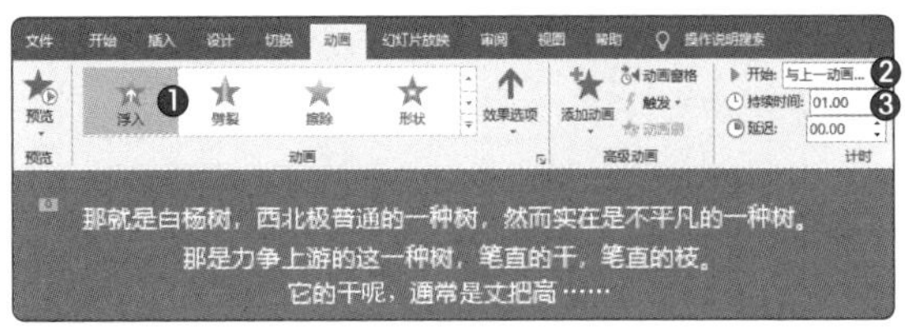
那就是白杨树，西北极普通的一种树，然而实在是不平凡的一种树。
那是力争上游的这一种树，笔直的干，笔直的枝。
它的干呢，通常是丈把高……

图11-34

STEP 6 单击“效果选项”下拉按钮，在列表中选择“下浮”选项，如图 11-35 所示。

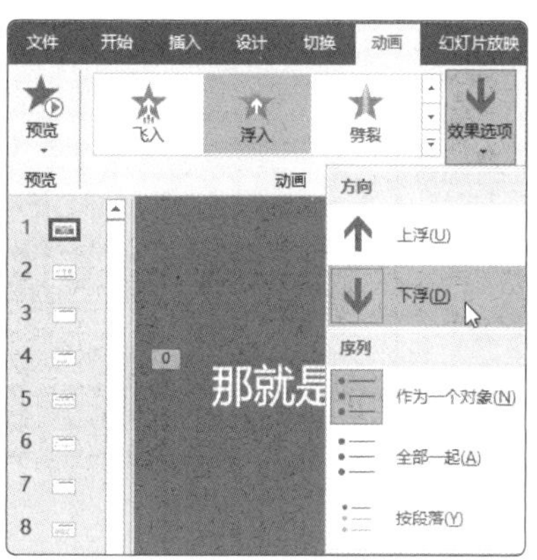

图11-35

STEP 7 单击“预览”按钮，预览设置的封面动画效果，如图 11-36 所示。

图11-36

11.2.2 设置内容动画

微课视频

用户可以为内容设置进入、强调、触发等动画，下面介绍具体的操作方法。

STEP 1 选择第 2 张幻灯片，选择“目录 CONTENTS”文本❶，为其添加“擦除”动画效果❷，如图 11-37 所示。

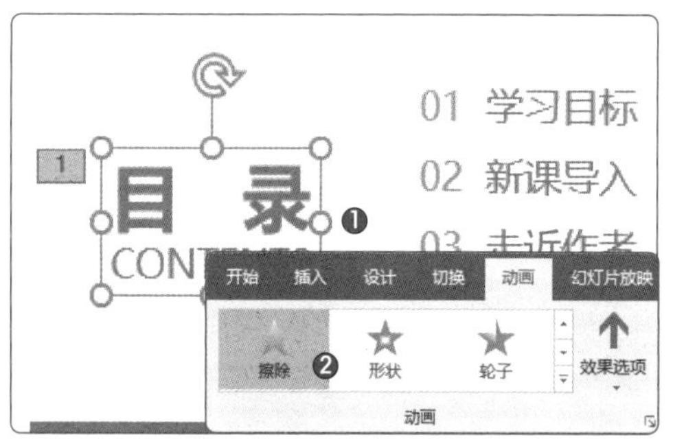

图11-37

STEP 2 单击“效果选项”下拉按钮，在列表中选择“自左侧”选项，如图 11-38 所示。

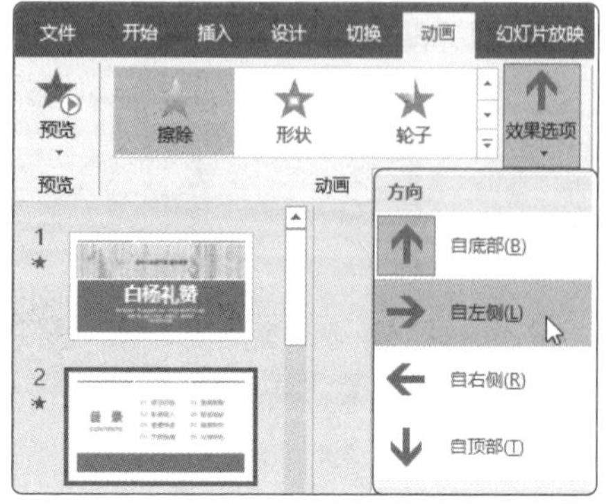

图11-38

STEP 3 在“计时”选项组中将“开始”设置为“与上一动画同时”，如图 11-39 所示。

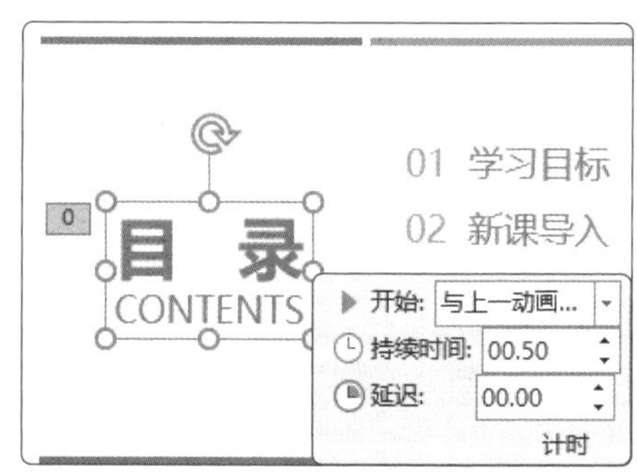

图11-39

STEP 4 同时选择 4 个标题文本，并为其添加“擦除”动画效果❶，单击“效果选项”下拉按钮❷，如图 11-40 所示，在列表中选择“自左侧”选项。

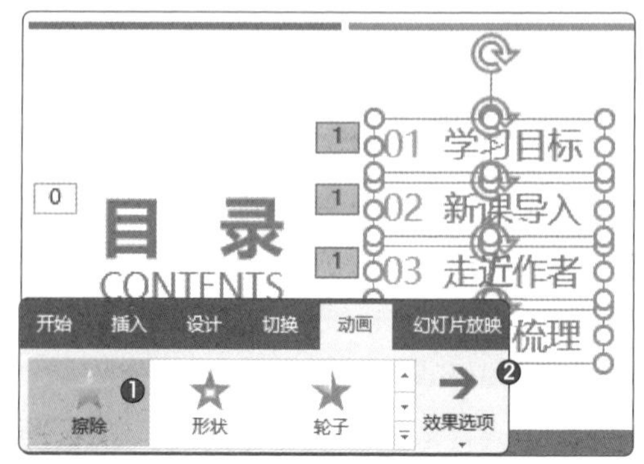

图11-40

实战案例篇

STEP 5 在“动画”选项卡中单击“动画窗格”按钮❶，打开同名窗格，选择“文本框 4”动画选项❷，在“计时”选项组中将“开始”设置为“上一动画之后”❸，如图 11-41 所示。

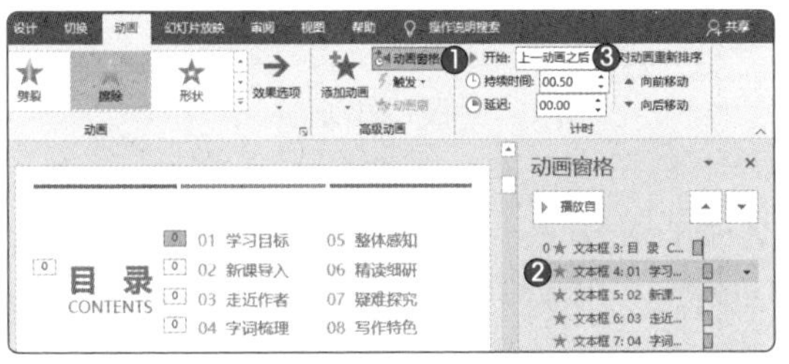

图11-41

STEP 6 选择右侧 4 个标题文本，并为其添加“擦除”动画效果，如图 11-42 所示，将“效果选项”设置为“自左侧”。

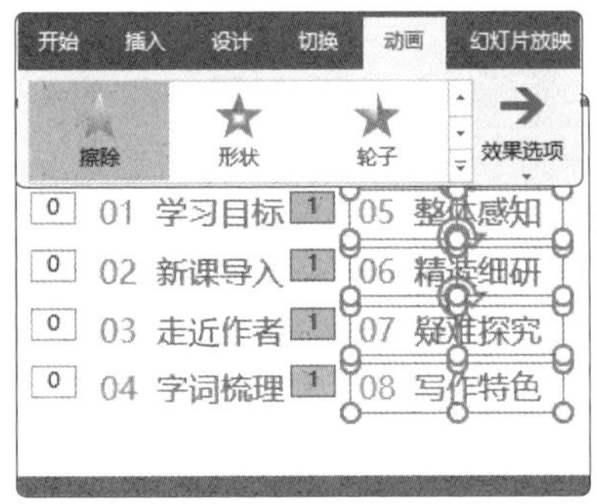

图11-42

STEP 7 在“动画窗格”窗格中选择“文本框 8”动画选项❶，在“计时”选项组中将“开始”设置为“上一动画之后”❷，如图 11-43 所示。

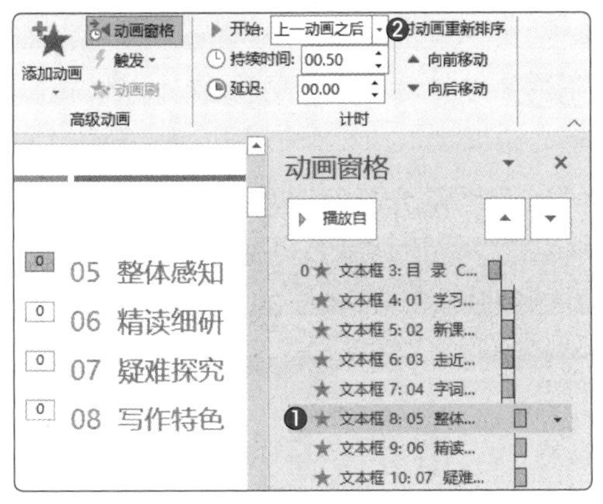

图11-43

STEP 8 选择第 4 张幻灯片中的文本内容❶，在“动画”选项卡中单击“动画样式”下拉按钮❷，在列表中选择“强调”动画下的“下划线”动画效果❸，如图 11-44 所示。

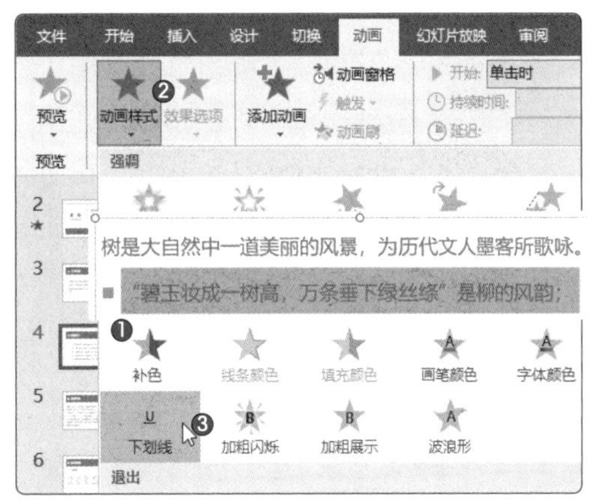

图11-44

STEP 9 按照上述方法，为其他文本添加“下划线”动画效果，如图 11-45 所示。

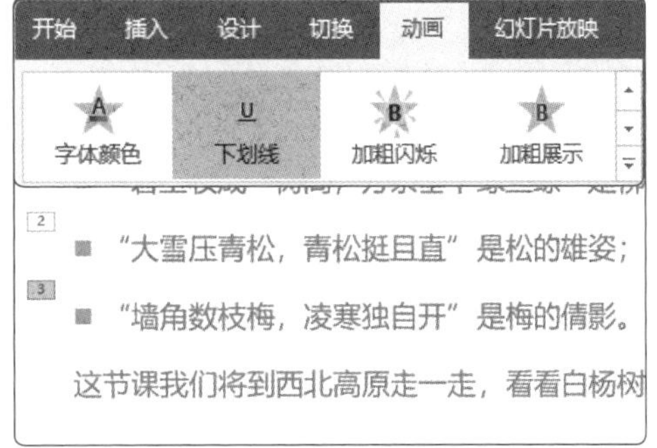

图11-45

STEP 10 选择第 6 张幻灯片中所有的拼音，单击鼠标右键，在弹出的快捷菜单中选择“组合”选项，并在其子菜单中选择“组合”选项，如图 11-46 所示。

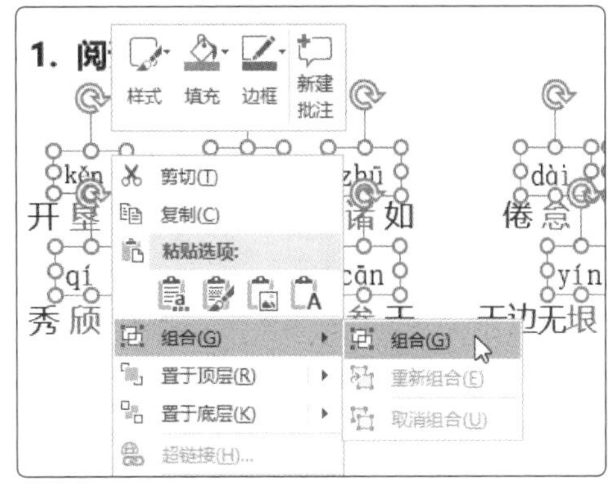

图11-46

STEP 11 选择组合后的文本，为其添加“浮入”动画效果，如图 11-47 所示。

图11-47

STEP 12 选择第 7 张幻灯片中的文本对象❶，为其添加“擦除”动画效果❷，如图 11-48 所示，并将“效果选项”设置为“自左侧”。

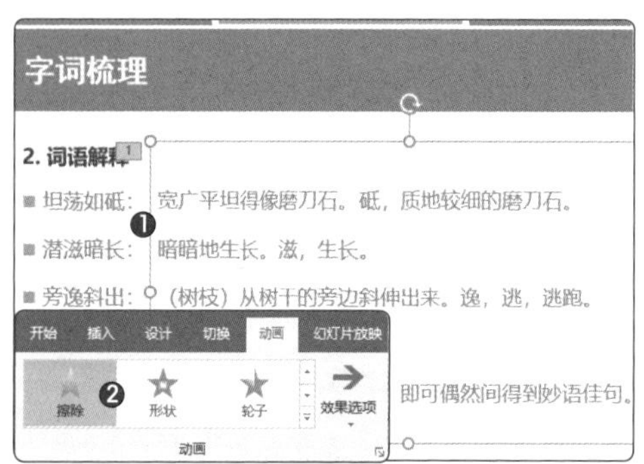

图11-48

STEP 13 打开“格式”选项卡，单击“选择窗格”按钮，如图 11-49 所示。

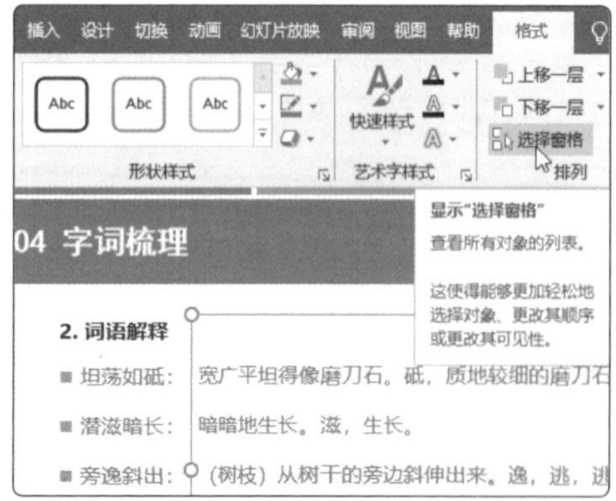

图11-49

STEP 14 在弹出的“选择”窗格中为 3 个文本框重新命名，如图 11-50 所示。

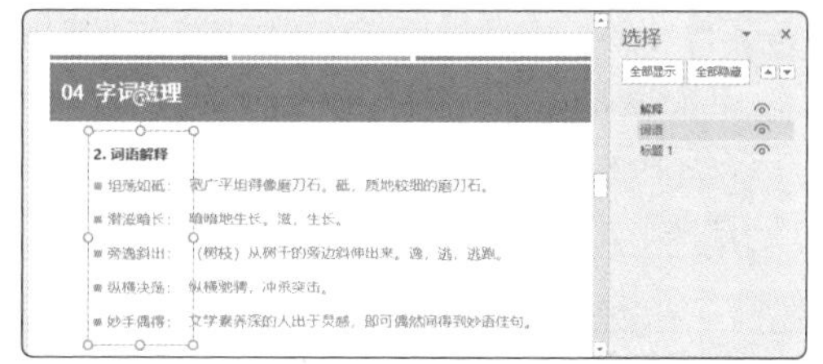

图11-50

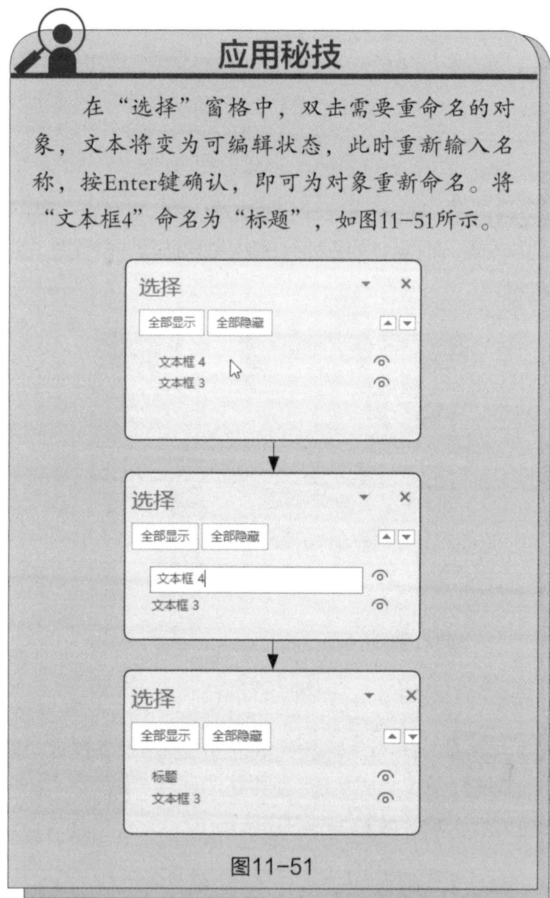

应用秘技

在“选择”窗格中，双击需要重命名的对象，文本将变为可编辑状态，此时重新输入名称，按Enter键确认，即可为对象重新命名。将“文本框4”命名为“标题”，如图11-51所示。

图11-51

STEP 15 选择文本对象，在“动画”选项卡中单击“触发”下拉按钮，在列表中选择“通过单击”选项，并在其子列表中选择“词语”选项，如图 11-52 所示。

图11-52

STEP 16 按 Shift+F5 组合键，放映当前幻灯片，单击“词语解释”文本，如图 11-53 所示。此时出现相关词语的解释内容，如图 11-54 所示。

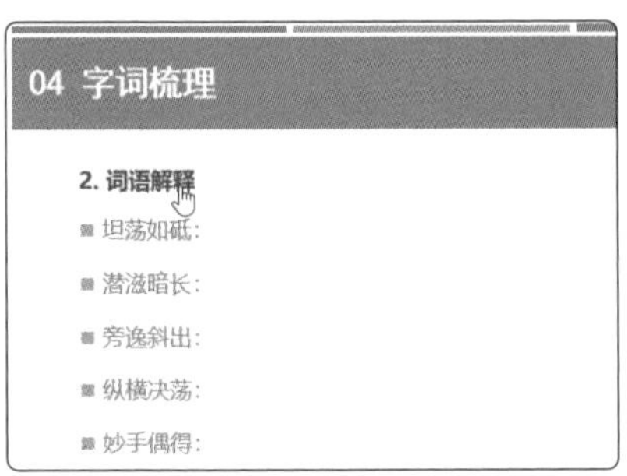

图11-53

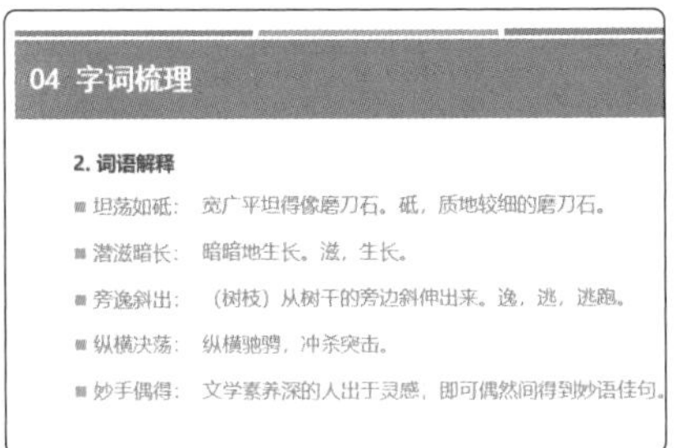

图11-54

STEP 17 选择第 13 张幻灯片中的文本对象❶，为其添加“飞入”动画效果❷，如图 11-55 所示，并将“效果选项”设置为“自右侧”。

STEP 18 在“计时”选项组中将“开始”设置为“与上一动画同时”，如图 11-56 所示。

图11-55

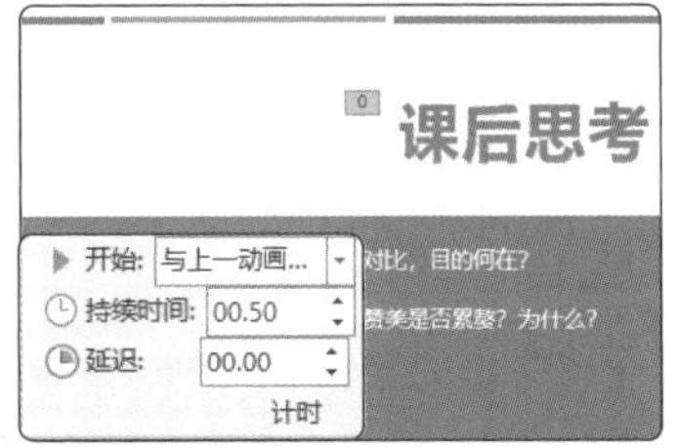

图11-56

STEP 19 选择正文文本，为其添加“飞入”动画效果❶，并将“效果选项”设置为“自左侧”❷，如图 11-57 所示，将“开始”设置为“与上一动画同时”。至此，内容动画的设置完成。

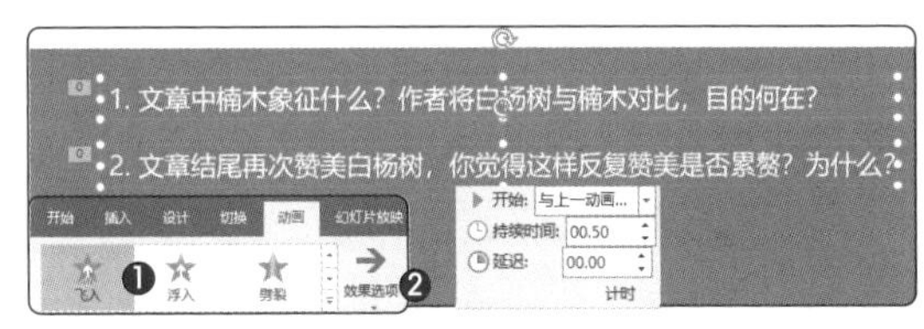

图11-57

11.2.3 为课件添加切换动画

微课视频

为了使放映幻灯片时各幻灯片之间的切换效果更加流畅、自然，用户需要为课件添加切换动画，下面介绍具体的操作方法。

STEP 1 选择第 1 张幻灯片，选择“切换”选项卡，单击“切换到此幻灯片”选项组中的“其他”下拉按钮，在列表中选择“推入”选项，如图 11-58 所示。

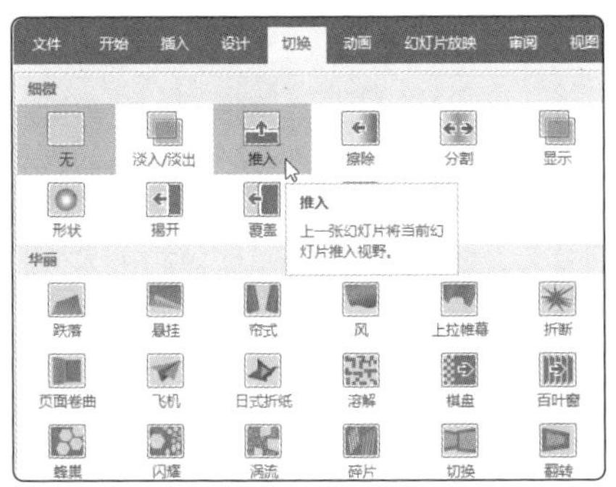

图11-58

STEP 2 单击“效果选项”下拉按钮，在列表中选择“自左侧”选项，如图 11-59 所示。

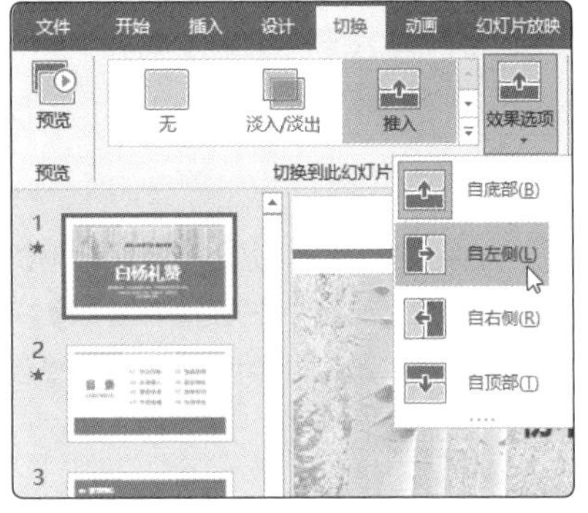

图11-59

STEP 3 在“计时”选项组中单击“声音”下拉按钮❶，在列表中选择“风铃”选项❷，如图 11-60 所示。

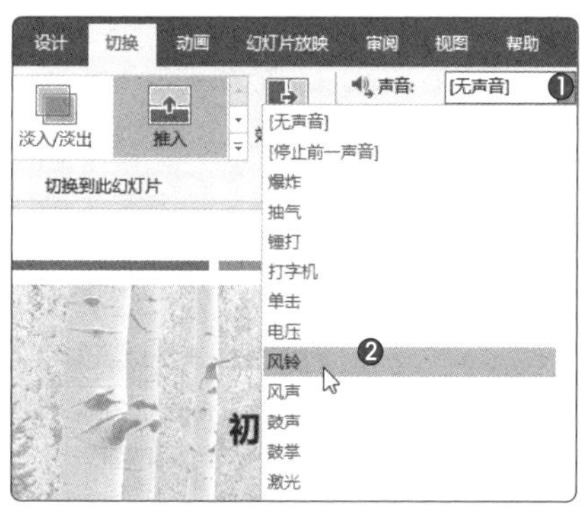

图11-60

STEP 4 设置好“持续时间”和“换片方式”，单击“应用到全部”按钮，即可将切换效果应用至所有幻灯片中，如图 11-61 所示。

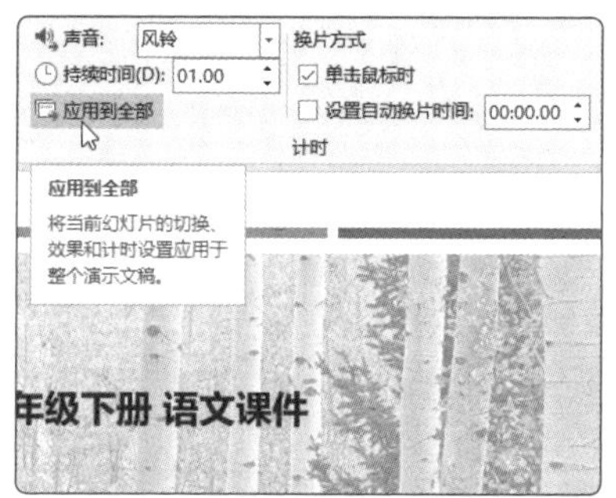

图11-61

11.3 为课件添加链接

为课件添加链接可以方便用户在演讲时快速跳转到所需幻灯片，下面介绍如何为课件目录添加链接和设置动作按钮。

11.3.1 为课件目录添加链接

用户可以为课件目录添加链接，然后通过单击目录跳转到相应的幻灯片，下面介绍具体的操作方法。

STEP 1 选择第 2 张幻灯片中“01 学习目标”文本所在的文本框❶，单击鼠标右键，在弹出的快捷菜单中选择“超链接”选项❷，如图 11-62 所示。

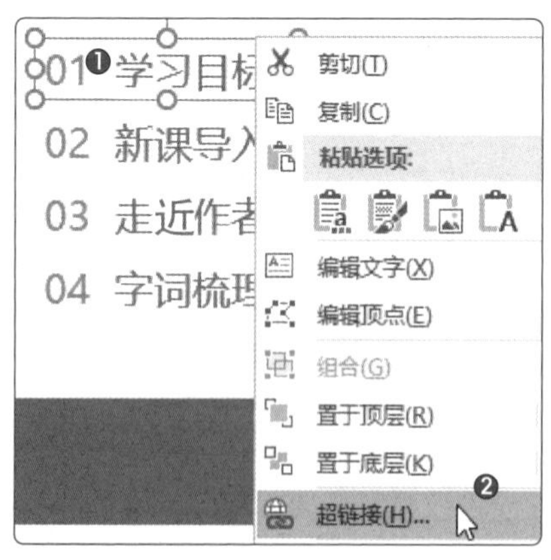

图11-62

STEP 2 在弹出的“插入超链接”对话框的“链接到”列表框中选择“本文档中的位置”选项❶，并在“请选择文档中的位置”列表框中选择需要链接到的幻灯片，这里选择“01 学习目标”选项❷，单击“确定”按钮❸，如图 11-63 所示。

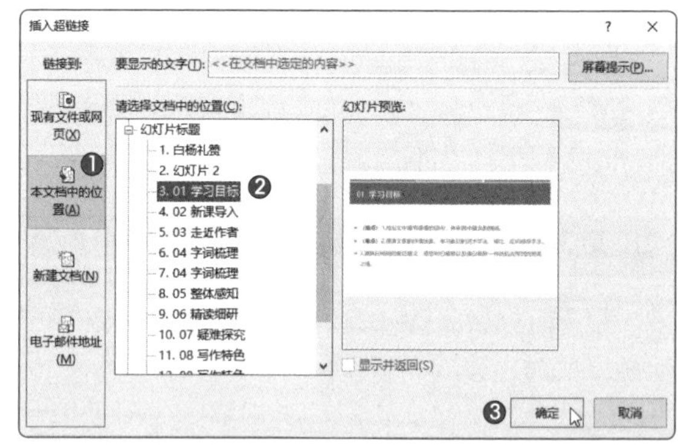

图11-63

STEP 3 将鼠标指针悬停在添加了链接的文本上方，会弹出链接信息，如图 11-64 所示。

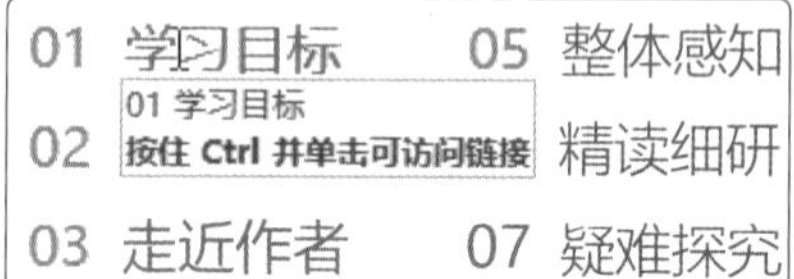

图11-64

STEP 4 按 F5 键放映幻灯片，单击添加了链接的文本，如图 11-65 所示。此时跳转到相应的幻灯片，如图 11-66 所示。

实战案例篇

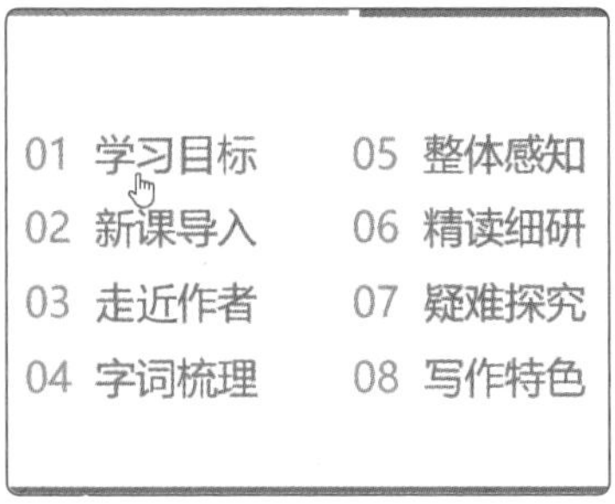

01 学习目标
05 整体感知
02 新课导入
06 精读细研
03 走近作者
07 疑难探究
04 字词梳理
08 写作特色

图11-65

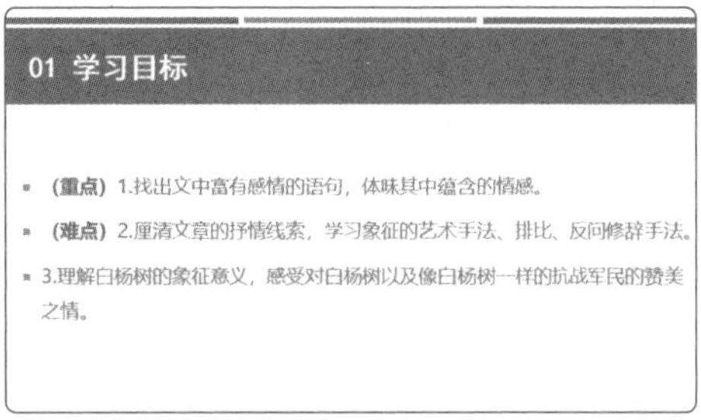

01 学习目标
（重点）1.找出文中富有感情的语句，体味其中蕴含的情感。
（难点）2.厘清文章的抒情线索，学习象征的艺术手法、排比、反问修辞手法。
3.理解白杨树的象征意义，感受对白杨树以及像白杨树一样的抗战军民的赞美之情。

图11-66

STEP 5 按照上述方法，为其他目录标题添加链接。

11.3.2 设置动作按钮

微课视频

用户可以为幻灯片添加一个动作按钮，单击该按钮就可以返回特定的幻灯片，下面介绍具体的操作方法。

STEP 1 选择第 3 张幻灯片，在“插入”选项卡中单击“形状”下拉按钮，在列表中选择“箭头：左”选项，如图 11-67 所示。

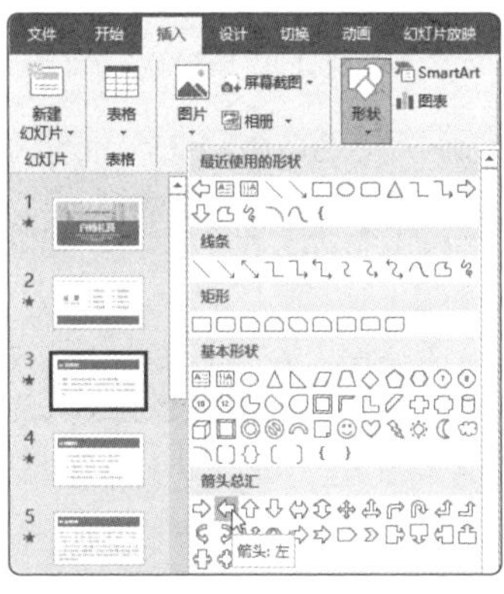

图11-67

STEP 2 在幻灯片页面下方绘制一个箭头❶，并将“形状填充”设置为“无填充”❷，在“形状轮廓”❸列表中选择合适的轮廓颜色，如图 11-68 所示。

01 学习目标
形状填充
形状轮廓
主题颜色
标准色
无填充(N)
无轮廓(N)

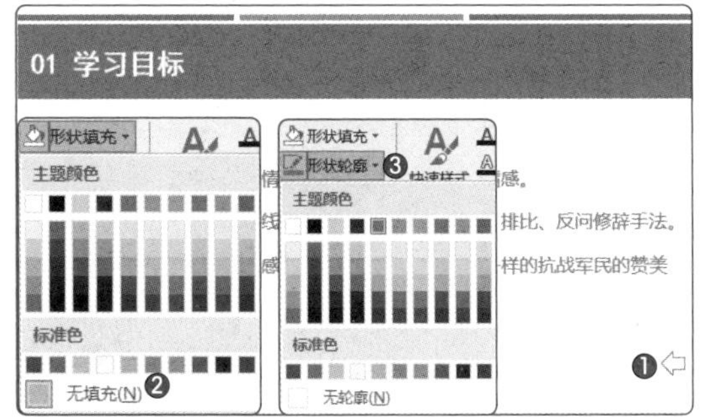

图11-68

STEP 3 选择箭头，在“插入”选项卡中单击“动作”按钮，如图 11-69 所示。

排比、反问修辞手法。
样的抗战军民的赞美
链接
动作
链接

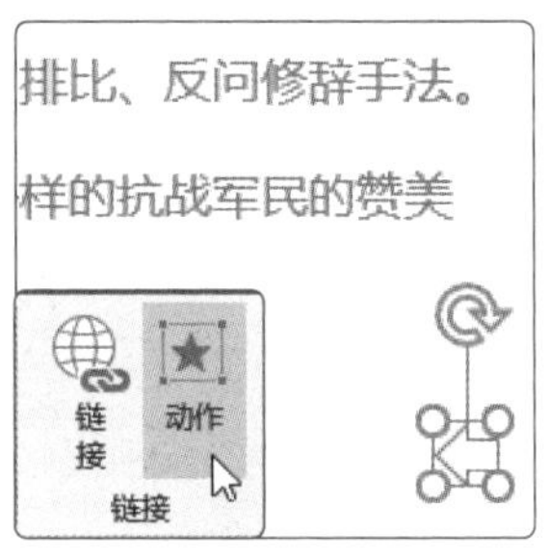

图11-69

STEP 4 在弹出的“操作设置”对话框的“单击鼠标”选项卡中单击“超链接到”单选按钮，单击其下方的下拉按钮，在列表中选择“幻灯片”选项，如图 11-70 所示。

操作设置
单击鼠标
鼠标悬停
单击鼠标时的动作
无动作(N)
超链接到(H):
下一张幻灯片
上一张幻灯片
第一张幻灯片
最后一张幻灯片
最近观看的幻灯片
结束放映
自定义放映:
幻灯片...
URL...
其他 PowerPoint 演示文稿...
其他文件...
确定
取消

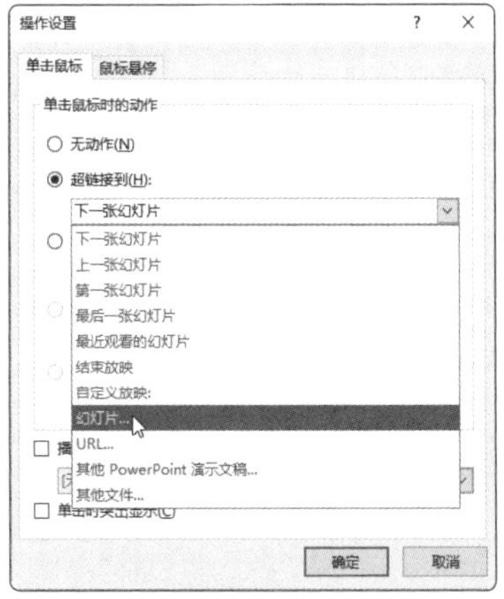

图11-70

STEP 5 在弹出的“超链接到幻灯片”对话框的“幻灯片标题”列表框中选择需要链接到的幻灯片，这里选择“幻灯片 2”选项，单击“确定”按钮，如图 11-71 所示。

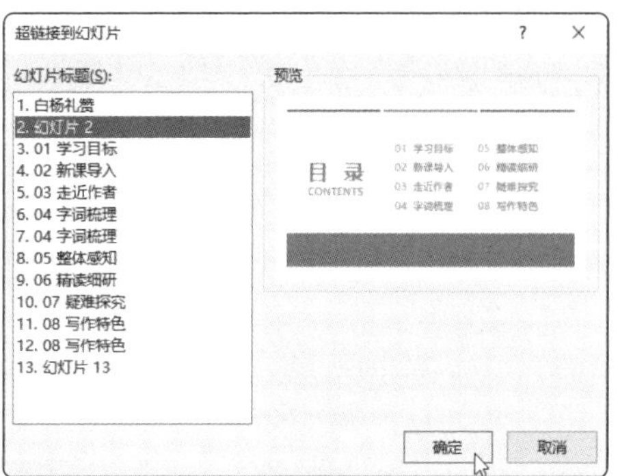

图11-71

STEP 6 返回“操作设置”对话框，直接单击“确定”按钮，如图 11-72 所示。

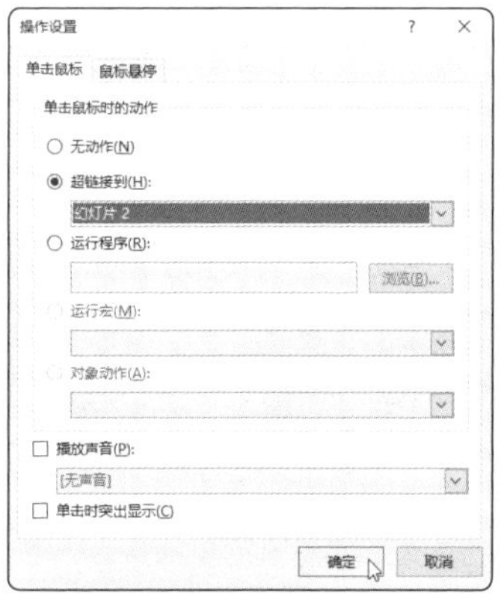

图11-72

STEP 7 按 F5 键放映幻灯片，单击动作按钮，如图 11-73 所示。此时跳转到目录幻灯片，如图 11-74 所示。

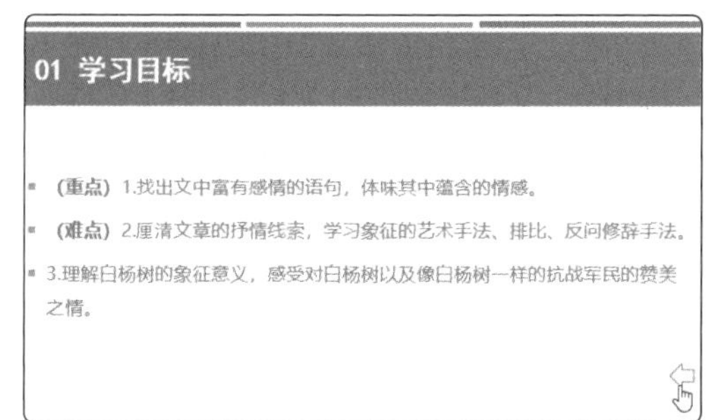

图11-73

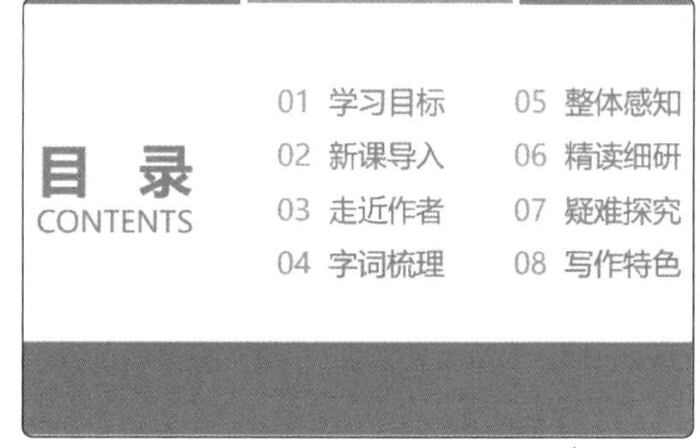

图11-74

实战案例篇

实战案例篇

第 12 章

制作企业入职培训 PPT

新员工入职后，通常需要进行入职培训。入职培训主要介绍企业的背景、组织结构、人事制度、员工的责任和义务等内容，目的是帮助新员工快速融入企业。本章将对企业入职培训 PPT 的制作过程进行详细介绍。

12.1 创建企业入职培训 PPT 的内容

制作企业入职培训文稿，需要制作封面页、内容页和结尾页，下面进行详细介绍。

12.1.1 制作封面页

微课视频

封面页主要显示标题信息，美观的封面可以使PPT脱颖而出，下面介绍具体的操作方法。

STEP 1 新建一个空白 PPT，并命名为“企业入职培训”，打开空白 PPT，在“开始”选项卡中单击“新建幻灯片”下拉按钮，在列表中选择“空白”选项，如图 12-1 所示。

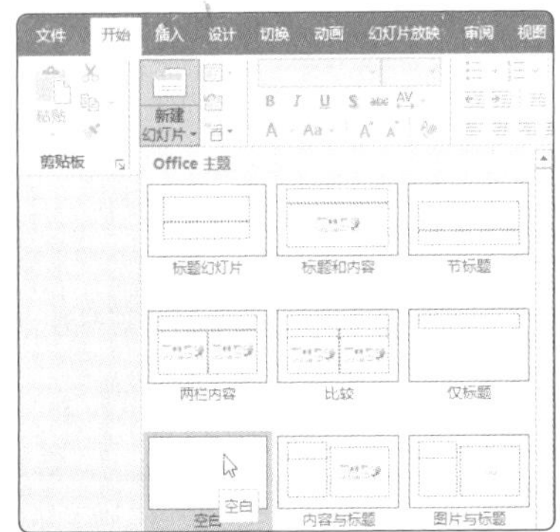

图12-1

STEP 2 选择“设计”选项卡，单击“设置背景格式”按钮❶，打开“设置背景格式”窗格，在“填充”选项中单击“纯色填充”单选按钮❷，单击“颜色”下拉按钮❸，在列表中选择合适的颜色❹，如图 12-2 所示。

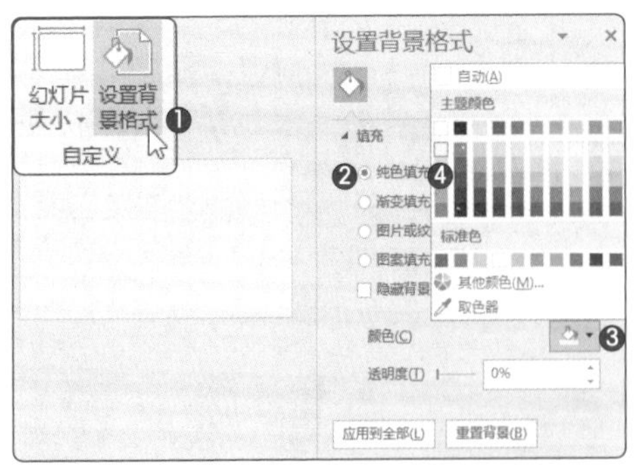

图12-2

STEP 3 在幻灯片中插入一张图片，调整其大小，然后移至合适的位置，如图 12-3 所示。

图12-3

STEP 4 选择图片，在“格式”选项卡中单击“颜色”下拉按钮❶，在列表中选择“蓝色，个性色 1 浅色”选项❷，如图 12-4 所示。

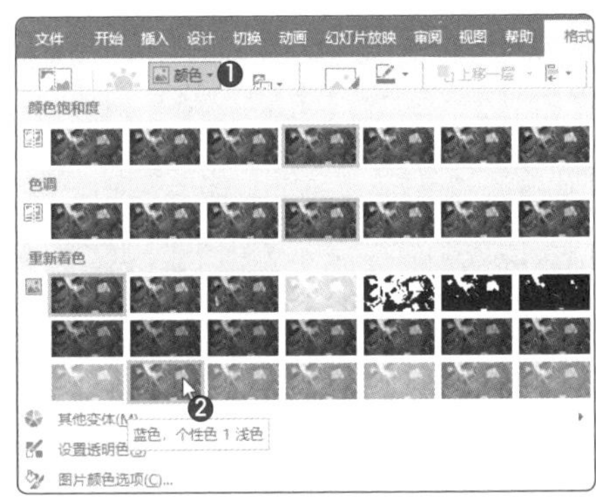

图12-4

STEP 5 选择“插入”选项卡，单击“形状”下拉按钮❶，在列表中选择“平行四边形”选项❷，绘制一个平行四边形❸，如图 12-5 所示。

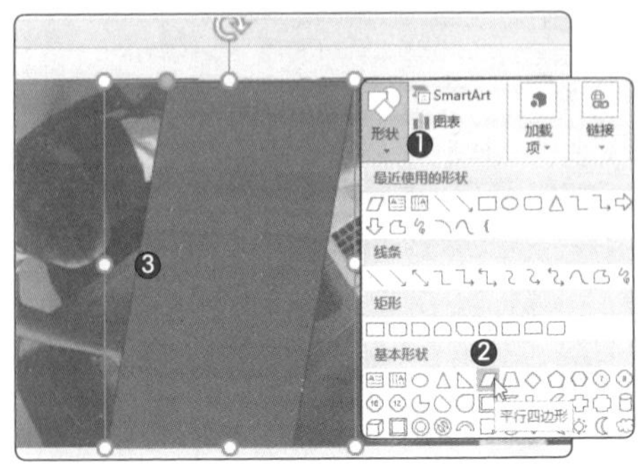

图12-5

STEP 6 选中平行四边形，单击鼠标右键，在弹出的快捷菜单中选择“设置形状格式”选项，如图 12-6 所示。

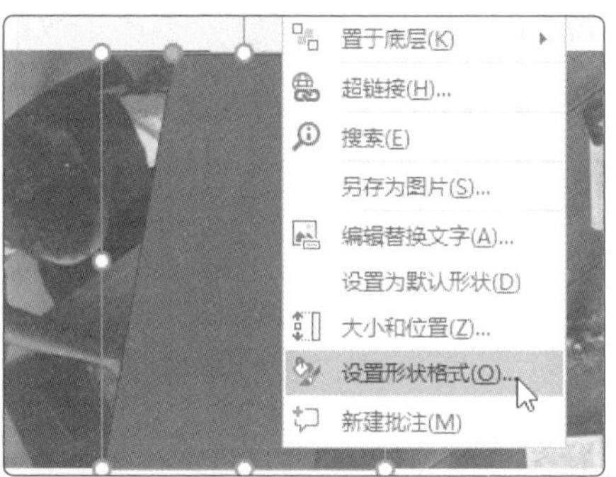

图12-6

STEP 7 在“设置形状格式”窗格的“填充”选项中单击“纯色填充”单选按钮❶，并设置合适的填充颜色❷，将“透明度”设置为“39%”❸，在“线条”选项中单击“无线条”单选按钮❹，如图 12-7 所示。

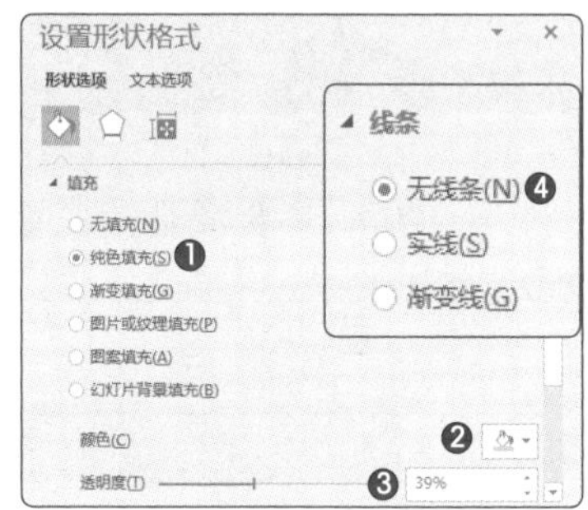

图12-7

STEP 8 复制平行四边形，调整其大小，然后移至页面中合适的位置，如图 12-8 所示。

图12-8

应用秘技

选择形状，将鼠标指针移至“”控制点上，按住鼠标左键不放并拖曳，可以更改形状的外观样式，如图12-9所示。将鼠标指针移至“”控制点上，按住鼠标左键不放并拖曳，可以更改形状的大小，如图12-10所示。

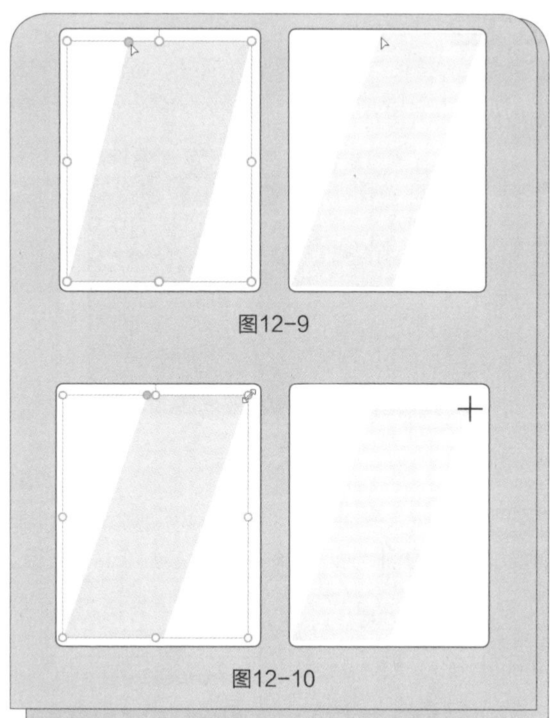

图12-9

图12-10

STEP 9 绘制 4 条直线，并设置直线的形状样式，然后移至页面中合适的位置，如图 12-11 所示。

图12-11

STEP 10 在“插入”选项卡中单击“形状”下拉按钮，在列表中选择“矩形：圆角”选项，在幻灯片页面中绘制一个圆角矩形，如图 12-12 所示。

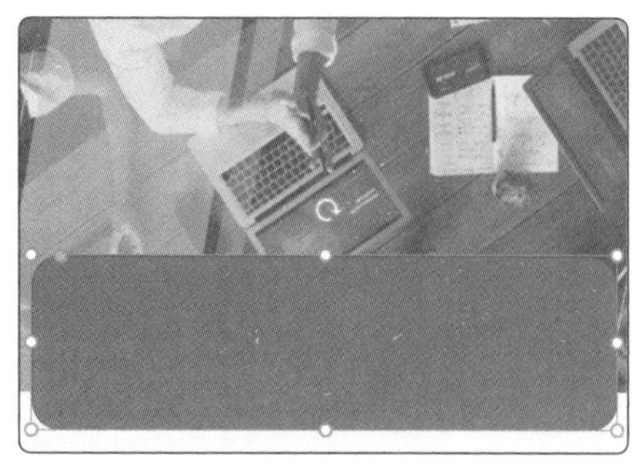

图12-12

STEP 11 将鼠标指针移至圆角矩形左上方的“●”控制点上，按住鼠标左键不放并拖曳，调整矩形的圆角，如图 12-13 所示。

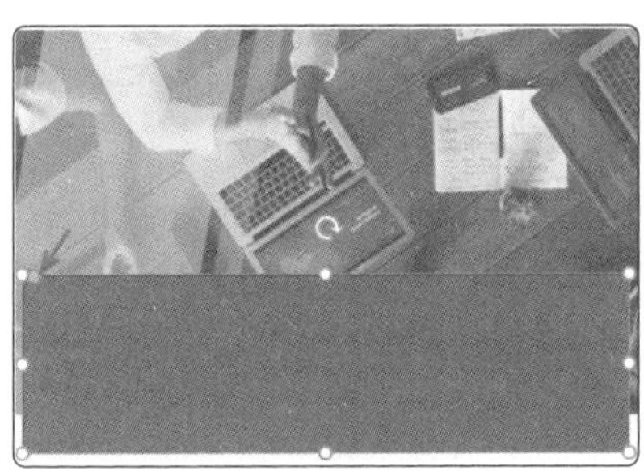

图12-13

STEP 12 选择圆角矩形，在“格式”选项卡中设置“形状填充”❶和“形状轮廓”❷，如图 12-14 所示。

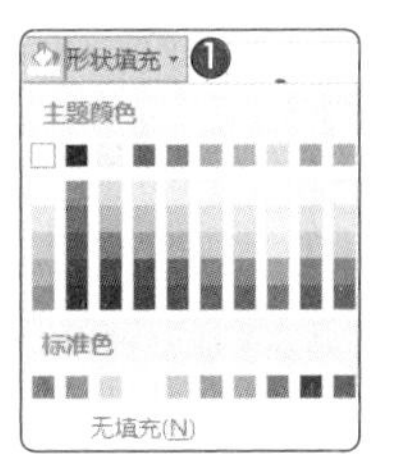

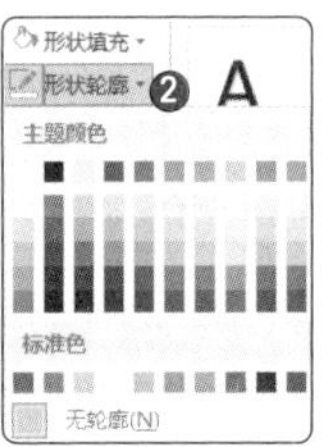

图12-14

STEP 13 打开“设置形状格式”窗格，在“效果”选项卡中设置阴影效果，如图 12-15 所示。

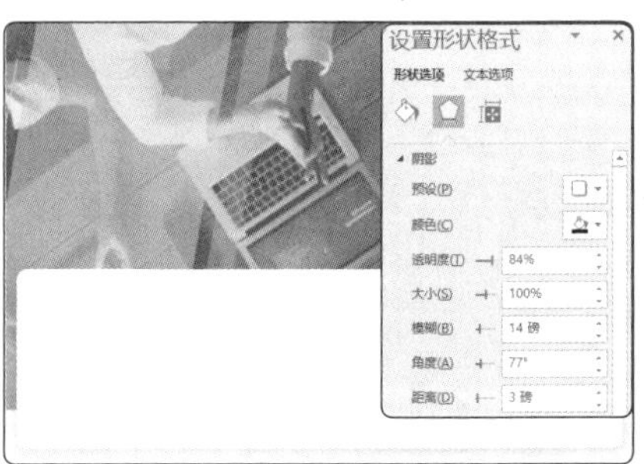

图12-15

STEP 14 在圆角矩形中输入标题内容，并绘制两条直线和一个等腰三角形，然后移至页面中合适的位置，如图 12-16 所示。

至此，封面页制作完成。

图12-16

12.1.2 制作内容页

内容页通常用来呈现详细内容，其设计风格要和封面页统一，下面介绍具体的操作方法。

STEP 1 选择第 1 张幻灯片，按 Enter 键，新建一张空白幻灯片，在其中插入一张图片，并设置好图片的颜色，如图 12-17 所示。

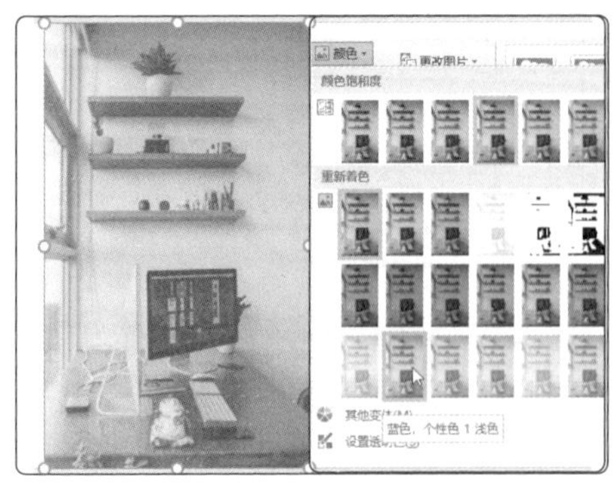

图12-17

STEP 2 绘制两个矩形，并设置形状样式，分别移至图片中合适的位置，如图 12-18 所示。

图12-18

STEP 3 在图片右侧绘制文本框，输入目录标题❶，然后绘制一条直线，设置直线的轮廓颜色❷和粗细❸，并将其移至合适的位置，如图 12-19 所示。

STEP 4 绘制一个圆角矩形，然后绘制一个文本框，输入“01”，并设置文本的字体格式，如图 12-20 所示。

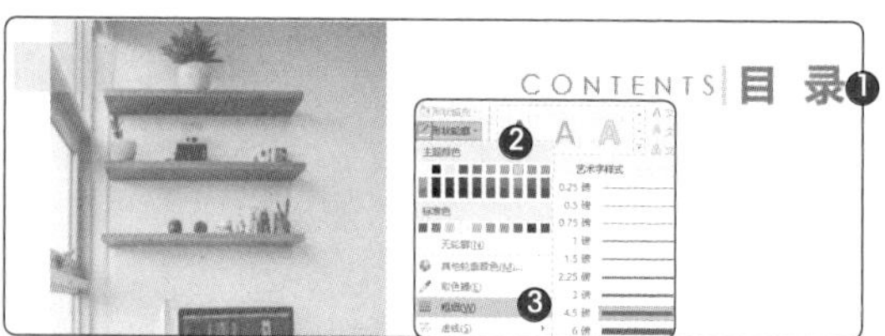

图12-19

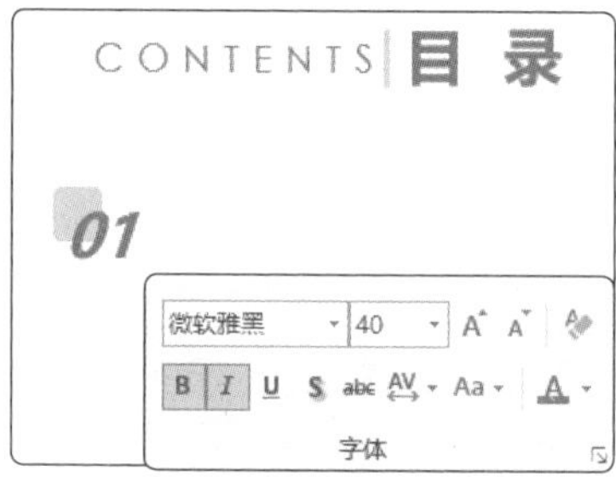

图12-20

STEP 5 选择圆角矩形和文本框，单击鼠标右键，在弹出的快捷菜单中选择“组合”选项，并在其子菜单中选择“组合”选项，如图 12-21 所示。

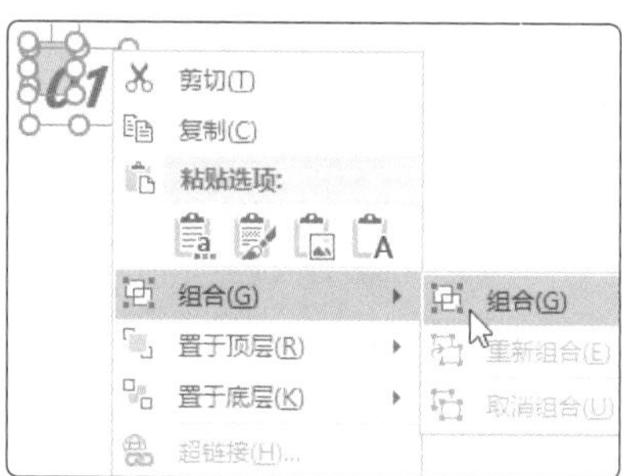

图12-21

STEP 6 在目录序号后面绘制一个文本框，输入标题文本，如图 12-22 所示。

图12-22

STEP 7 复制 3 次组合图形和标题文本，更改其中的目录序号和标题内容，如图 12-23 所示。

图12-23

STEP 8 按 Enter 键新建一张空白幻灯片，在其中绘制一个矩形，并输入标题内容❶和序号❷，如图 12-24 所示。

图12-24

STEP 9 在幻灯片页面绘制 3 个正方形，并将其组合在一起，如图 12-25 所示。

图12-25

STEP 10 选择组合后的图形，在“格式”选项卡中单击“形状填充”下拉按钮❶，在列表中选择“图片”选项❷，如图 12-26 所示。

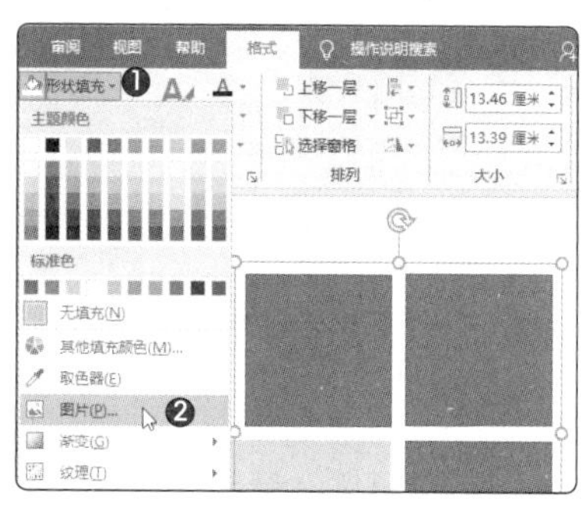

图12-26

第12章 制作企业入职培训PPT

STEP 11 在“插入图片”窗格中单击“从文件”右侧的“浏览”按钮，打开“插入图片”对话框，在其中选择需要的图片，单击“插入”按钮，即可将所选图片填充到图形中，如图 12-27 所示。

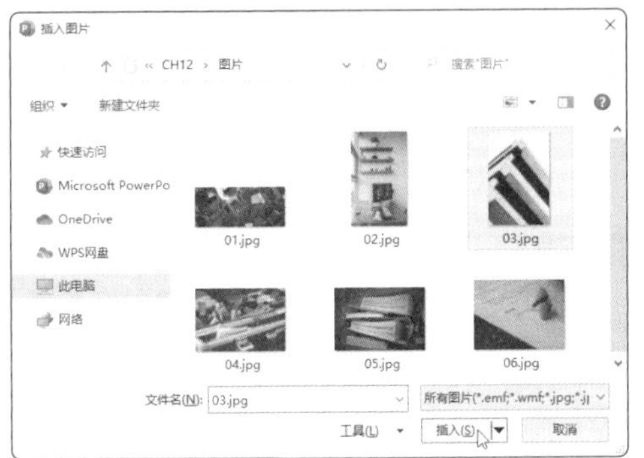

图12-27

STEP 12 在“格式”选项卡中单击“形状轮廓”下拉按钮❶，在列表中选择“无轮廓”选项❷，如图 12-28 所示。

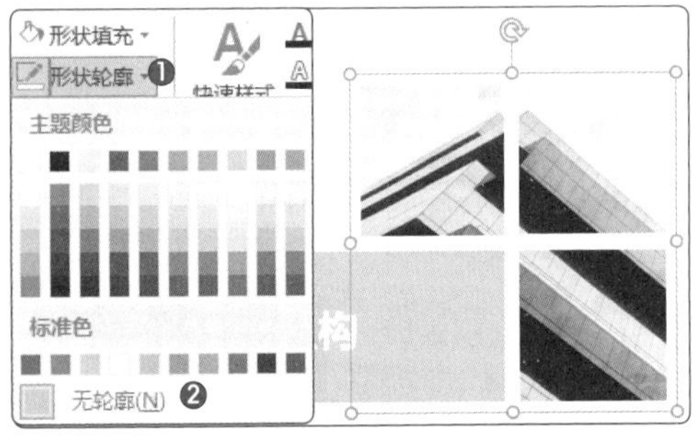

图12-28

STEP 13 在“图片工具 - 格式”选项卡中单击“颜色”下拉按钮❶，在列表中选择合适的颜色❷，如图 12-29 所示。

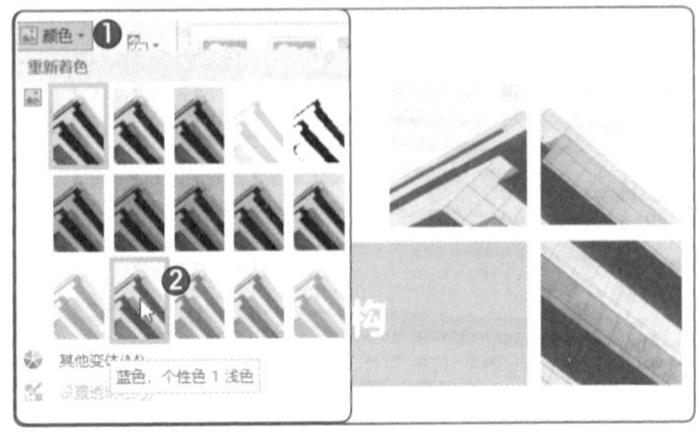

图12-29

STEP 14 新建一张空白幻灯片，在其中绘制一个矩形❶，并在矩形右侧输入标题内容❷，如图 12-30 所示。

图12-30

STEP 15 绘制一条直线，在直线上方输入相关文本内容，如图 12-31 所示。

图12-31

STEP 16 在直线下方绘制矩形，并复制 3 份，设置矩形的颜色和形状样式，在其中输入文本内容，如图 12-32 所示。

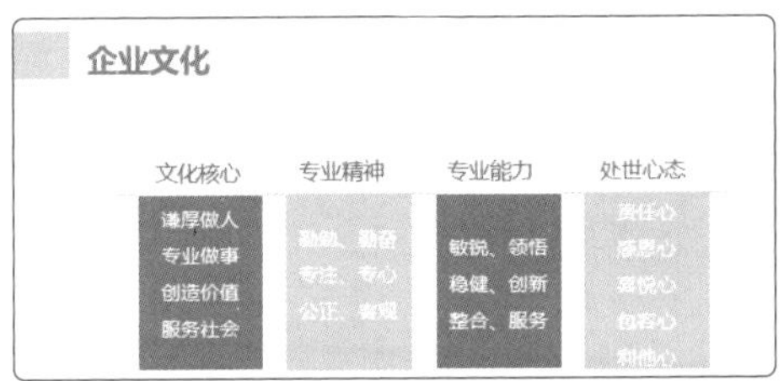

图12-32

STEP 17 复制一张幻灯片，删除幻灯片中多余的元素，并更改标题内容，如图 12-33 所示。

图12-33

STEP 18 选择“插入”选项卡，单击“SmartArt”按钮，如图 12-34 所示。打开“选择 SmartArt 图形”对话框，选择“层次结构”选项，然后选择“表层次结构”选项，单击“确定”按钮，如图 12-35 所示。

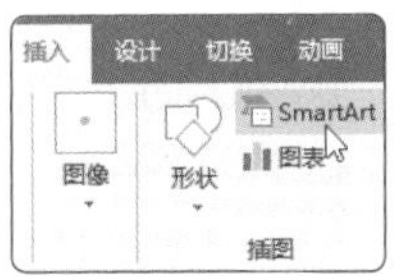

图12-34

实战案例篇

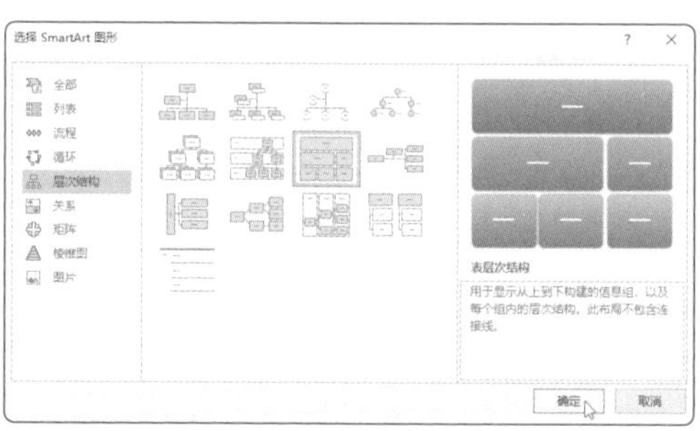

图12-35

STEP 19 在幻灯片中插入一个 SmartArt 图形，然后调整图形的大小，如图 12-36 所示。

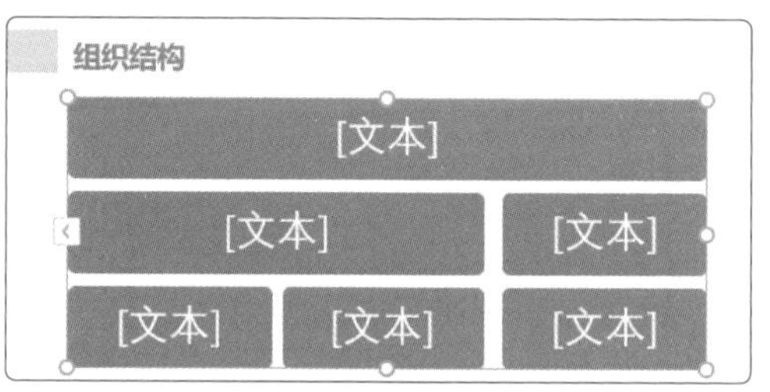

图12-36

STEP 20 选择 SmartArt 图形，在“设计”选项卡中单击“添加形状”下拉按钮，在列表中根据需要进行选择，为 SmartArt 图形添加形状，如图 12-37 所示。

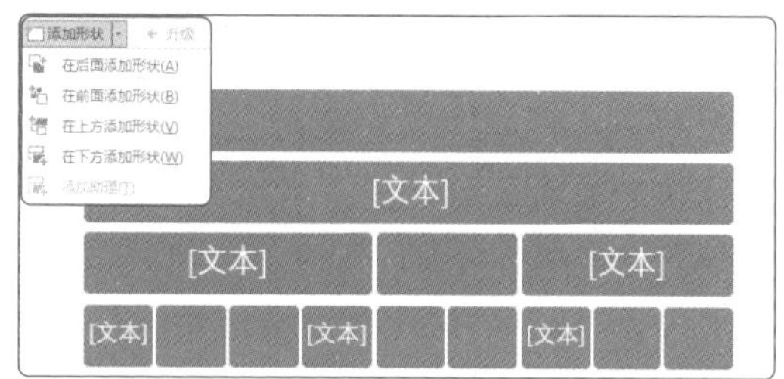

图12-37

STEP 21 在 SmartArt 图形中输入相关内容，在“设计”选项卡中单击“更改颜色”下拉按钮，在列表中选择合适的颜色，如图 12-38 所示。

图12-38

STEP 22 按照上述方法，完成剩余内容页的制作。

12.1.3 制作结尾页

微课视频

结尾页和封面页都是PPT中不可缺少的一部分，下面介绍如何制作结尾页。

STEP 1 新建一张空白幻灯片，在其中插入一张图片，并调整图片大小至覆盖整张幻灯片，如图 12-39 所示。

图12-39

STEP 2 绘制一个矩形并选中，单击鼠标右键，在弹出的快捷菜单中选择“设置形状格式”选项，如图 12-40 所示。

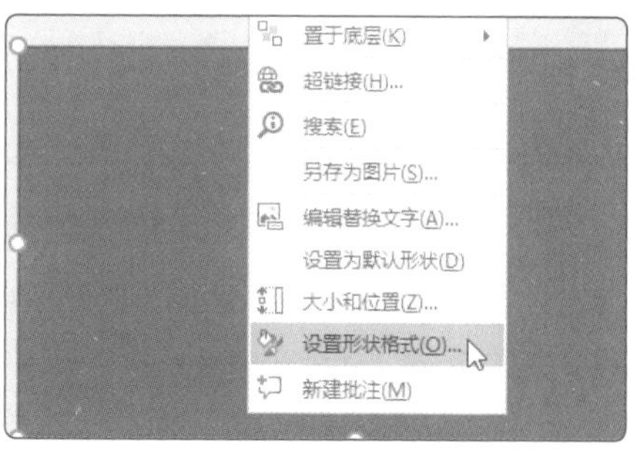

图12-40

STEP 3 在“设置形状格式”窗格的“填充”选项中单击“纯色填充”单选按钮，并设置填充颜色，将“透明度”设置为“8%”，在“线条”选项中单击“无线条”单选按钮，如图 12-41 所示。

STEP 4 绘制一个矩形，并设置矩形的形状样式，在矩形上方绘制一个文本框，并输入文本“Thanks”，如图 12-42 所示。

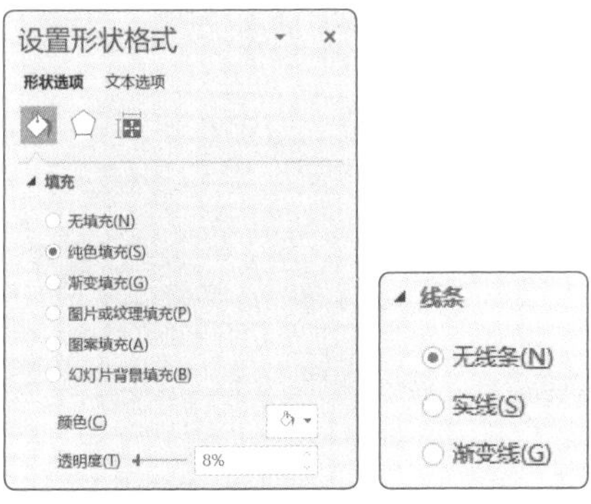

图12-41

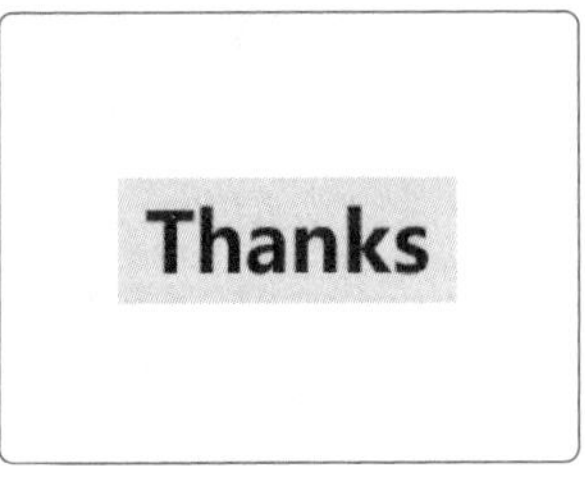

图12-42

STEP 5 选择步骤 4 中的矩形和文本框，在“格式”选项卡中单击“合并形状”下拉按钮，在列表中选择“剪除”选项，如图 12-43 所示。

图12-43

STEP 6 在矩形的上方和下方输入相关内容，完成结尾页的制作，如图 12-44 所示。

图12-44

实战案例篇

12.2 为企业入职培训 PPT 添加动画

制作好企业入职培训PPT后，用户还需要为其添加动画效果，下面进行详细介绍。

12.2.1 设置封面页动画

微课视频

用户可以为封面页设置进入和强调动画，下面介绍具体的操作方法。

STEP 1 选择第 1 张幻灯片中的平行四边形❶，为其添加“彩色脉冲”动画效果❷，在“计时”选项组中将“开始”设置为“与上一动画同时”❸，如图 12-45 所示。

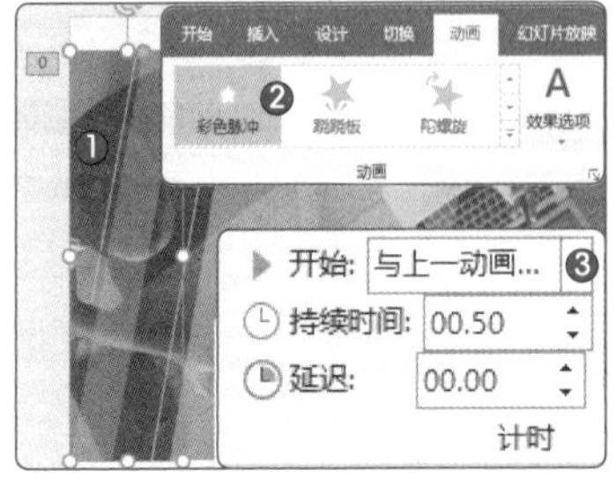

图12-45

STEP 2 打开“动画窗格”窗格，选择动画选项，单击其右侧的下拉按钮❶，在列表中选择“计时”选项❷，如图 12-46 所示。

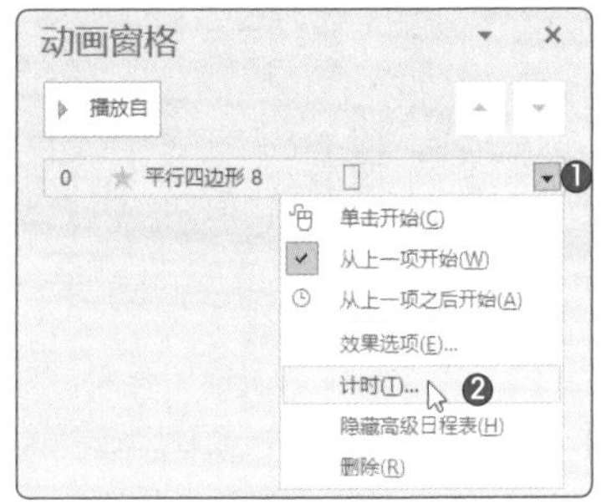

图12-46

STEP 3 在弹出的“彩色脉冲”对话框的“计时”选项卡中将“重复”设置为“3”，单击“确定”按钮，如图 12-47 所示。

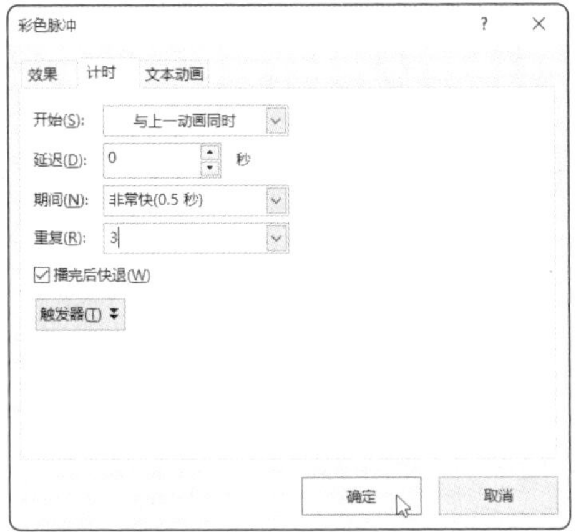

图12-47

STEP 4 选择添加了动画的平行四边形，在“动画”选项卡中双击“动画刷”按钮，如图 12-48 所示。

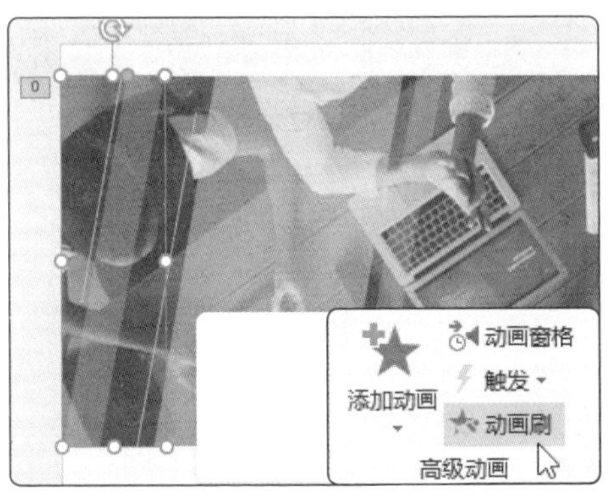

图12-48

STEP 5 此时鼠标指针变为“![]”形状，单击其他平行四边形，即可复制“彩色脉冲”动画效果，如图 12-49 所示。

图12-49

STEP 6 选择第 2 个平行四边形❶，在“计时”选项组中将“延迟”设置为“00.50”❷，如图 12-50 所示。

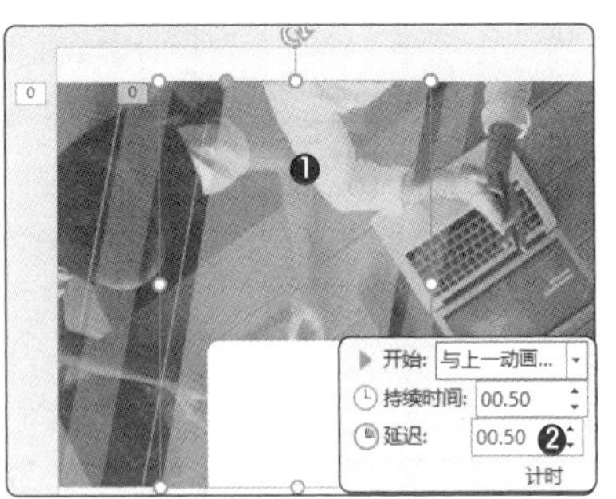

图12-50

STEP 7 选择第 3 个平行四边形❶，在“计时”选项组中将“延迟”设置为“01.00”❷，如图 12-51 所示。

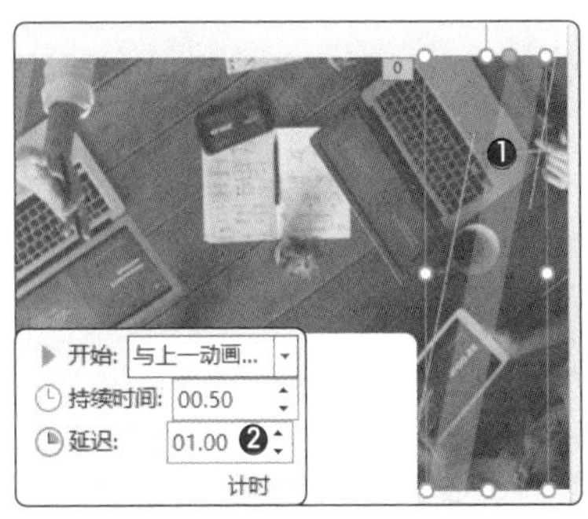

图12-51

STEP 8 选择圆角矩形，为其添加“缩放”动画效果❶，将“效果选项”设置为“幻灯片中心”❷，将“开始”设置为“与上一动画同时”❸，如图 12-52 所示。

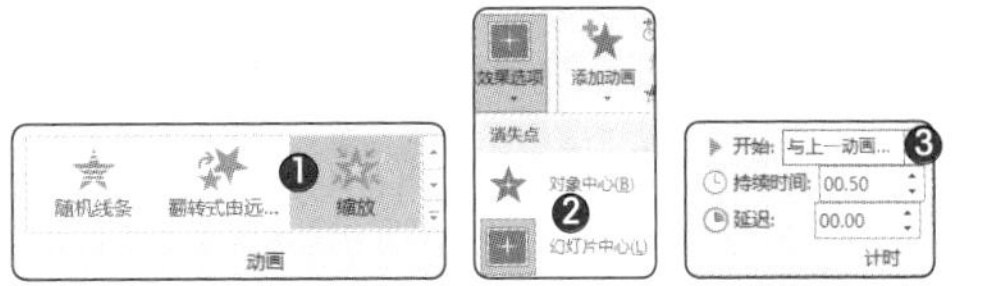

图12-52

STEP 9 选择文本框❶，为其添加“浮入”动画效果❷，将“效果选项”设置为“下浮”❸，如图 12-53 所示。然后添加动画效果，将“开始”设置为“与上一动画同时”，将“持续时间”设置为“00.50”，将“延迟”设置为“00.25”，如图 12-54 所示。

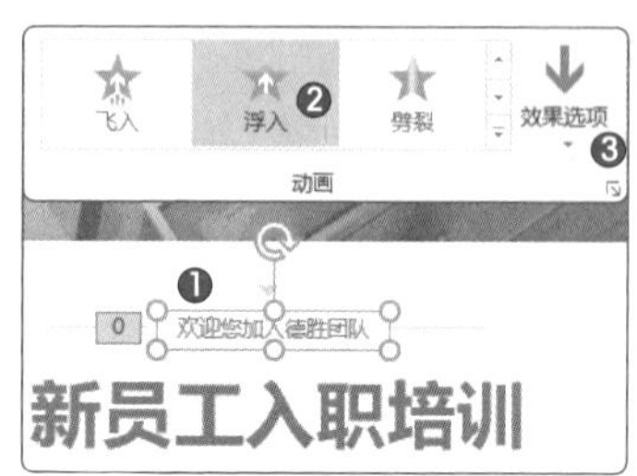

图12-53

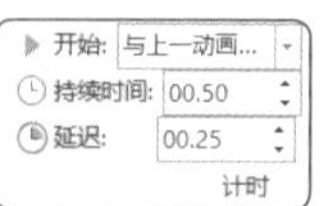

图12-54

STEP 10 选择标题文本框，为其添加“浮入”动画效果，将“效果选项”设置为“上浮”，如图 12-55 所示。添加动画效果，将“开始”设置为“与上一动画同时”。

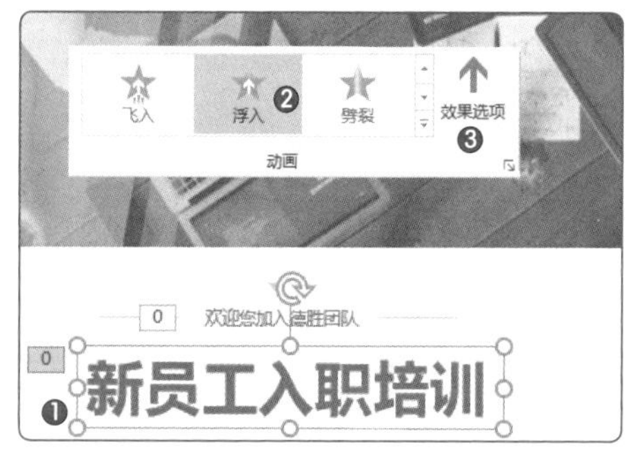

图12-55

STEP 11 选择两条直线，为其添加“擦除”动画效果，如图 12-56 所示。将“开始”设置为“与上一动画同时”，将“持续时间”设置为“00.50”，将“延迟”设置为“00.75”，将第 1 条直线的“效果选项”设置为“自右侧”，将第 2 条直线的“效果选项”设置为“自左侧”，如图 12-57 所示。

图12-56

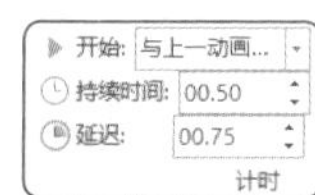

图12-57

STEP 12 选择等腰三角形，为其添加“淡化”动画效果，如图 12-58 所示。将“开始”设置为“与上一动画同时”，如图 12-59 所示。

图12-58

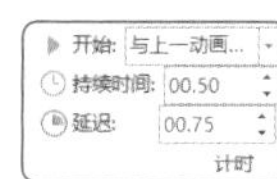

图12-59

STEP 13 完成设置如图 12-60 所示。单击“预览”按钮，即可预览设置的封面页动画效果。

图12-60

12.2.2 设置内容页动画

用户可以为内容页设置进入和退出动画，下面介绍具体的操作方法。

STEP 1 选择第 3 张幻灯片中的图片❶，为其添加“缩放”动画效果❷，如图 12-61 所示。将“开始”设置为“与上一动画同时”，如图 12-62 所示。

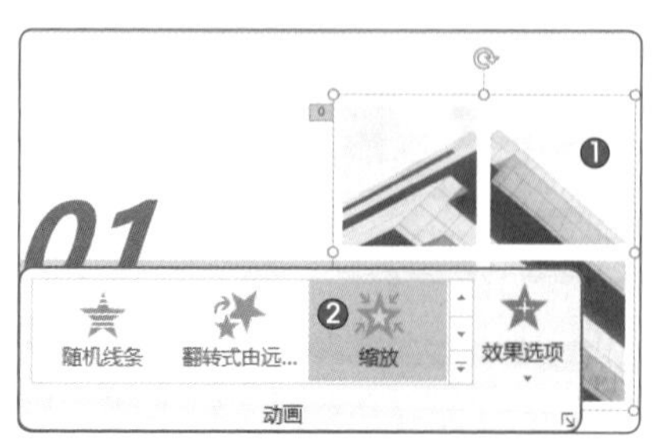

图12-61

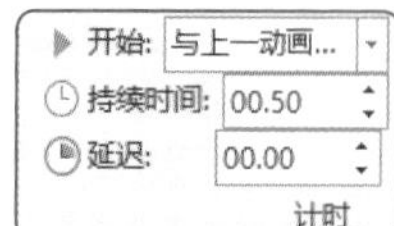

图12-62

STEP 2 选择矩形，为其添加“擦除”动画效果❶，将“效果选项”设置为“自右侧”❷，如图 12-63 所示，将“开始”设置为“与上一动画同时”。

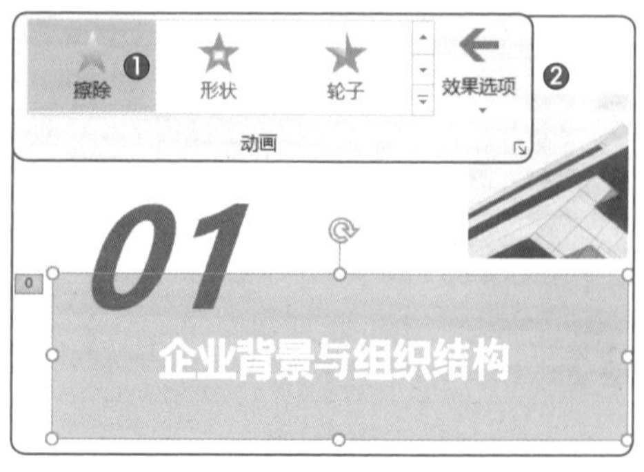

图12-63

实战案例篇

STEP 3 选择文本框，为其添加“浮入”动画效果，将“效果选项”设置为“下浮”，如图 12-64 所示。将“开始”设置为“上一动画之后”。

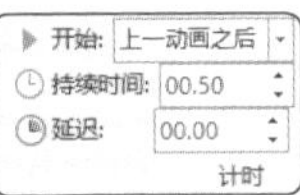

图12-64

STEP 4 选择标题文本框，为其添加“浮入”动画效果，将“效果选项”设置为“上浮”，如图 12-65 所示。将“开始”设置为“与上一动画同时”。

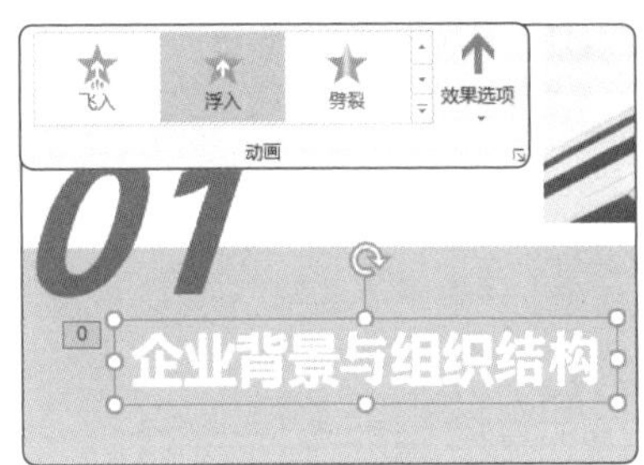

图12-65

STEP 5 选择第 4 张幻灯片中的直线，为其添加“擦除”动画效果，将“效果选项”设置为“自左侧”，如图 12-66 所示。将“开始”设置为“与上一动画同时”。

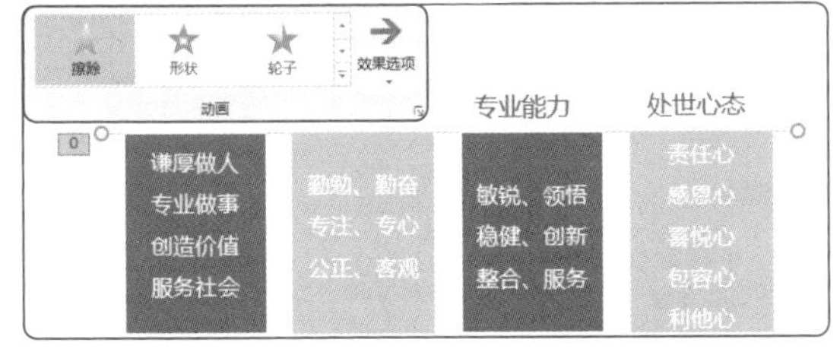

图12-66

STEP 6 在“高级动画”选项组中单击“添加动画”下拉按钮❶，在列表中选择“退出”选项下的“擦除”动画效果❷，如图 12-67 所示。

STEP 7 将“效果选项”设置为“自左侧”，如图 12-68 所示。将“开始”设置为“上一动画之后”。

图12-67

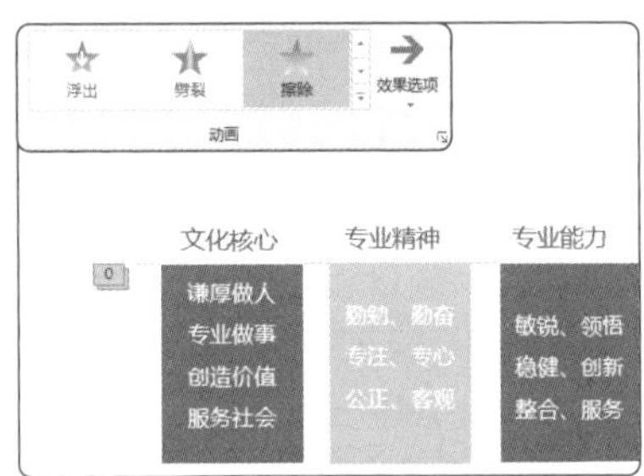

图12-68

STEP 8 选择所有文本框和矩形，为其添加“擦除”动画效果，如图 12-69 所示。

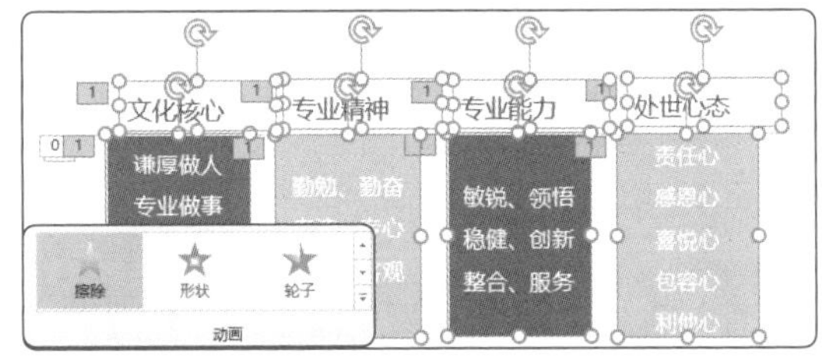

图12-69

STEP 9 选择第 1 个文本框，将“效果选项”设置为“自底部”，如图 12-70 所示。将“开始”设置为“与上一动画同时”。

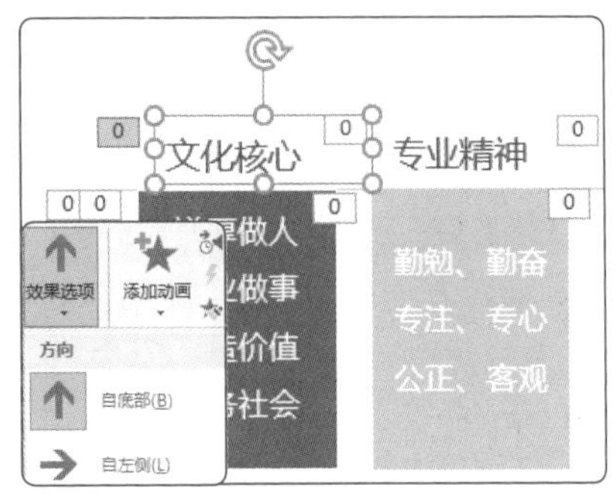

图12-70

STEP 10 选择第 1 个矩形，将“效果选项”设置为“自顶部”，如图 12-71 所示。将“开始”设置为“上一动画之后”。

图12-71

STEP 11 按照上述方法，为其他文本框和矩形设置“效果选项”和“开始”方式。打开“动画窗格”窗格，选择退出动画选项，按住鼠标左键不放并向下拖曳，如图 12-72 所示。将其移至最下方，如图 12-73 所示。

至此，内容页动画设置完成。

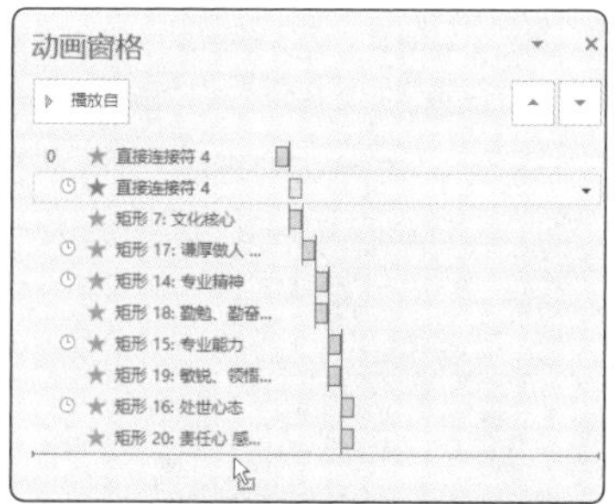

图12-72

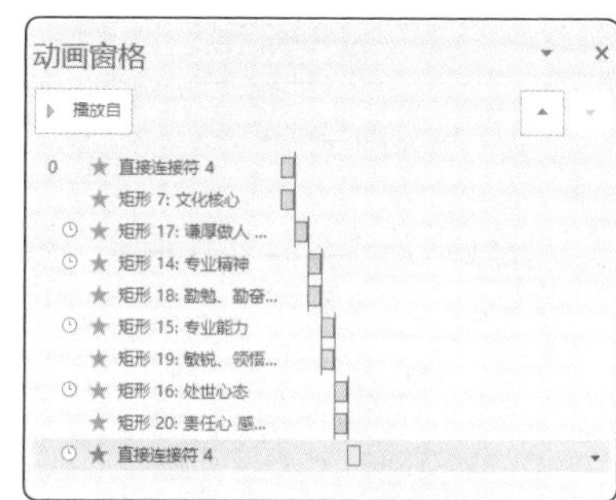

图12-73

12.2.3 设置结尾页动画

用户可以为结尾页设置进入和组合动画，下面介绍具体的操作方法。

STEP 1 选择最后一张幻灯片中“Thanks”处的矩形，为其添加“缩放”动画效果，将“开始”设置为“与上一动画同时”，如图 12-74 所示。

图12-74

STEP 2 选择矩形上方的文本框，为其添加“飞入”动画效果，将“效果选项”设置为“自左侧”，将“开始”设置为“上一动画之后”，如图 12-75 所示。

图12-75

STEP 3 在“高级动画”选项组中单击“添加动画”下拉按钮，在列表中选择“退出”选项下的“飞出”动画效果，如图 12-76 所示。

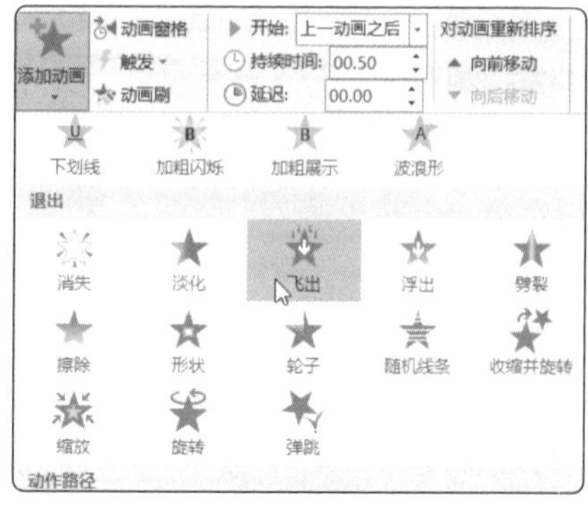

图12-76

STEP 4 将“效果选项”设置为“到右侧”，将“开始”设置为“上一动画之后”，将“延迟”设置为“00.75”，如图 12-77 所示。

图12-77

STEP 5 按照上述方法，为矩形下方的文本框添加“飞入”和“飞出”动画效果。打开“动画窗格”窗格，选择“文本框 11”退出动画选项，如图 12-78 所示。将其移至“文本框 12”退出动画选项的上方，如图 12-79 所示。

STEP 6 单击“预览”按钮，预览设置的结尾页动画效果。

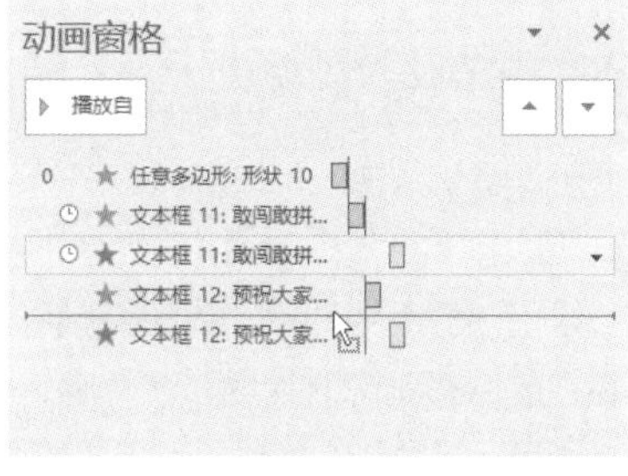

图12-78

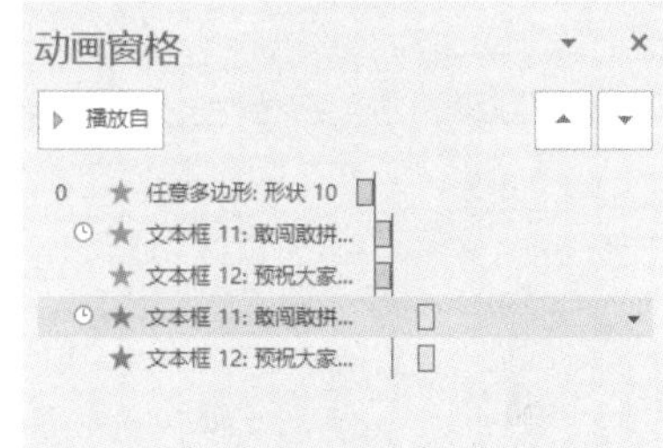

图12-79

12.3 放映并输出企业入职培训 PPT

制作好企业入职培训PPT后，还需要在特定的场合放映，因此要根据实际需求将其输出为指定格式，下面进行详细介绍。

12.3.1 为企业入职培训 PPT 设置排练计时

如果用户想要PPT在规定的时间内放映完毕，可以为其设置排练计时，下面介绍具体的操作方法。

STEP 1 选择“幻灯片放映”选项卡，单击“排练计时”按钮，如图 12-80 所示。

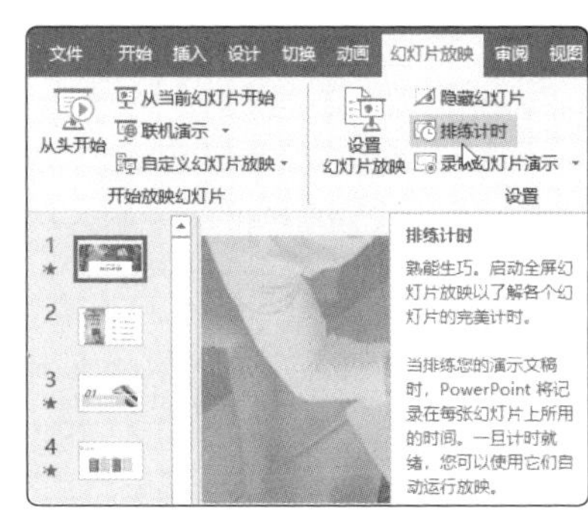

图12-80

STEP 2 进入放映模式后，界面左上角弹出“录制”工具栏，按照需要设置每张幻灯片的播放时间，如图 12-81 所示。

STEP 3 设置完成后将弹出提示对话框，直接单击“是”按钮，保留幻灯片计时，如图 12-82 所示。按 F5 键即可按照设置的排练计时放映幻灯片。

图12-81

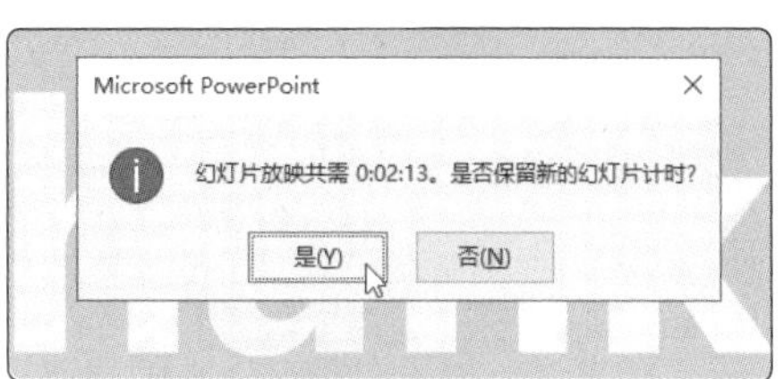

图12-82

12.3.2 将企业入职培训 PPT 输出为视频

微课视频

为了便于观看和放映，用户可以将PPT输出为视频，下面介绍具体的操作方法。

STEP 1 单击“文件”按钮，选择“导出”选项❶，在“导出”界面中选择“创建视频”选项❷，在右侧设置“放映每张幻灯片的秒数”❸，单击“创建视频”按钮❹，如图 12-83 所示。

图12-83

STEP 2 在弹出的“另存为”对话框中选择保存位置，并设置文件名，单击“保存”按钮，如图 12-84 所示。此时将 PPT 输出为视频，如图 12-85 所示。

图12-84

图12-85

附录　PowerPoint 常用快捷键

功能键

按键	功能描述	按键	功能描述
F1	获取帮助文件	F2	在图形和图形内的文本间切换
F4	重复最后一次操作	F5	从头开始放映PPT
F7	执行拼写检查操作	F12	执行“另存为”命令

Ctrl组合功能键

组合键	功能描述	组合键	功能描述
Ctrl+A	选择全部对象或幻灯片	Ctrl+B	应用（解除）文本加粗
Ctrl+C	执行复制操作	Ctrl+D	生成对象或幻灯片的副本
Ctrl+E	段落居中对齐	Ctrl+F	打开“查找”对话框
Ctrl+G	打开“网格线和参考线”对话框	Ctrl+H	打开“替换”对话框
Ctrl+I	应用（解除）文本倾斜	Ctrl+J	段落两端对齐
Ctrl+K	插入链接	Ctrl+L	段落左对齐
Ctrl+M	插入新幻灯片	Ctrl+N	生成新PPT
Ctrl+O	打开PPT	Ctrl+P	执行“打印”命令
Ctrl+Q	关闭程序	Ctrl+R	段落右对齐
Ctrl+S	保存当前文档	Ctrl+T	打开“字体”对话框
Ctrl+U	应用（解除）文本下划线	Ctrl+V	执行粘贴操作
Ctrl+W	关闭当前文件	Ctrl+X	执行剪切操作
Ctrl+Y	重复最后操作	Ctrl+Z	撤销操作
Ctrl+Shift+H	解除组合	Ctrl+Shift+G	组合对象
Ctrl+Shift+P	更改字号	Ctrl+Shift+“+”	显示上标
Ctrl+Shift+“<”	减小字号	Ctrl+“=”	将文本更改为下标（自动调整间距）
Ctrl+Shift+“>”	增大字号	Ctrl+Shift+“=”	将文本更改为上标（自动调整间距）